教科書ワーク

アプリでバッチリ！

ポイント確認！

雲の量と天気

イの天気は？

❶

いろいろな雲

ア・イの雲の名前は？

雨をふらせる雲はどっち？

❷

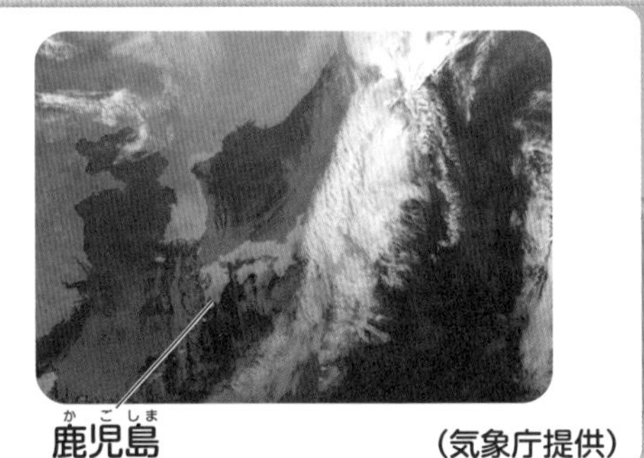

（気象庁提供）

白い部分は何？

鹿児島の天気は雨？晴れ？

❸

インゲンマメの種子

ア
イ

アは何になる？

イには何がある？

❹

発芽・成長と養分

液

イ発芽して成長したインゲンマメの子葉

アインゲンマメの種子

でんぷんを調べる液の名前は？

ア・イででんぷんが少ないのは？

❺

けんび鏡

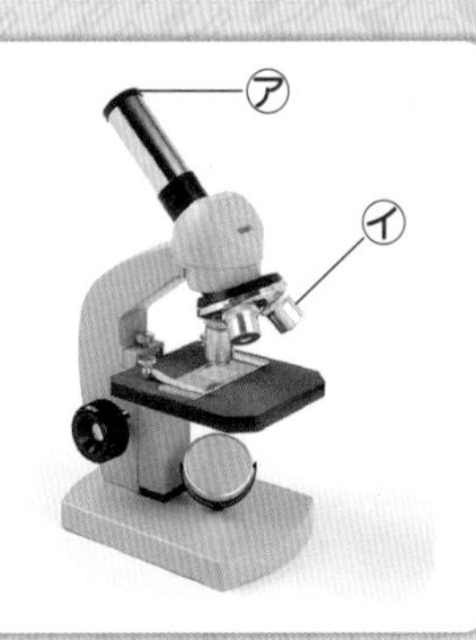

アの名前は？

イの名前は？

❻

花粉

ヘチマ
アサガオ
どっちの花粉？

花粉はどこでつくられる？

❼

かいぼうけんび鏡の使い方

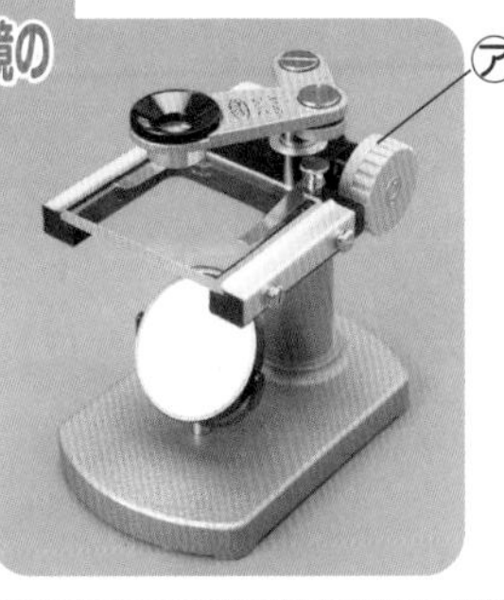

アの名前は？

かた目
両目
どっちで見る？

❽

メダカのおすとめす

めすはア・イのどっち？

ア・イのどこがちがう？

❾

子メダカのようす

アには何がある？

たんじょうして2～3日の間えさは食べる？

❿

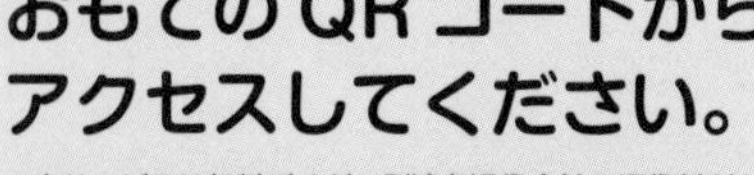

アプリでバッチリ！ポイント確認！

おもての QR コードからアクセスしてください。

使い方

●切りとり線にそって切りはなしましょう。
●写真や図を見て、質問に答えてみましょう。
●使い終わったら、あなにひもなどを通して、まとめておきましょう。

いろいろな雲

㋐の積乱雲ははげしい雨をふらせるよ！

・㋐は積乱雲（かみなり雲）
・㋑は巻雲（すじ雲）

2

雲の量と天気

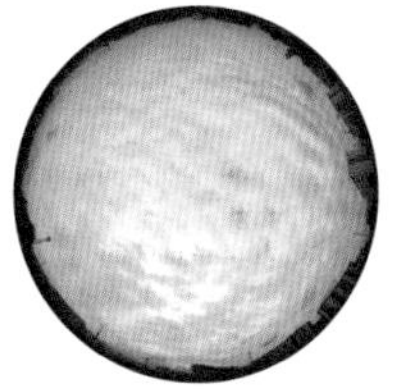

1

インゲンマメの種子

でんぷんは発芽や成長するときの養分になるんだ。

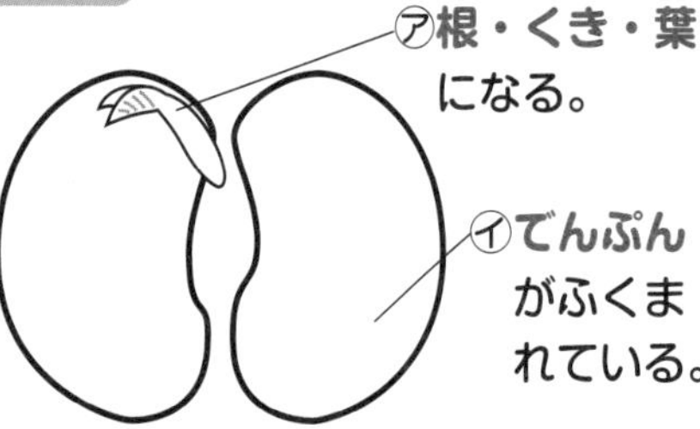

4

雲のようす

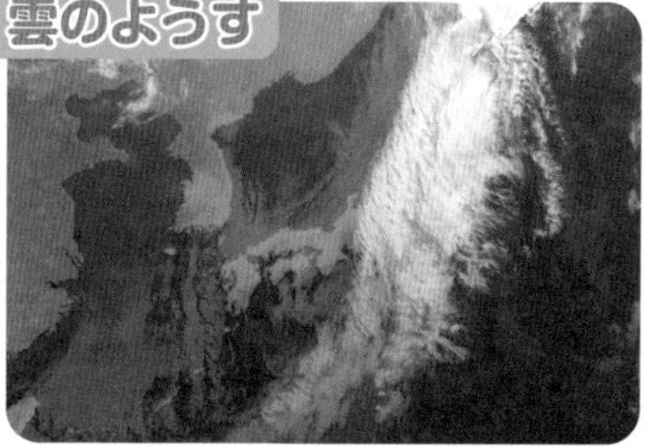

白い部分は雲だよ。鹿児島には雲が見られないから、天気は晴れだね。

3

けんび鏡

倍率を大きくすると大きく見えるけれど明るさは暗くなるよ。

・㋐は接眼レンズ
・㋑は対物レンズ

けんび鏡の倍率＝接眼レンズの倍率×対物レンズの倍率

6

発芽・成長と養分

・液の名前はヨウ素液。
・でんぷんが少ないのは㋑。

ヨウ素液はでんぷんがあると青むらさき色になるよ。

5

かいぼうけんび鏡の使い方

・㋐は調節ねじ。
・かた目で観察する。

見るものをステージの上に置いて観察する。

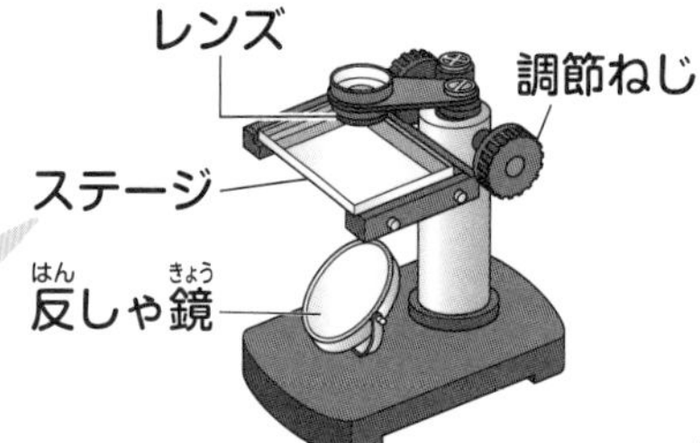

8

花粉

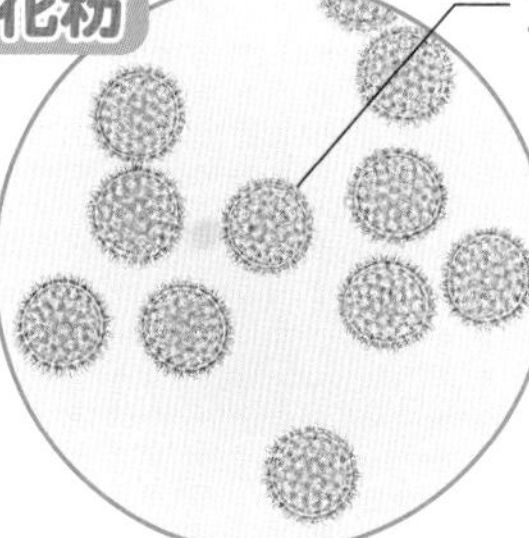

・花粉はおしべでつくられる。

めしべの先はべたべたしていて、花粉がつきやすくなっているよ。

7

子メダカのようす

たんじょうしてから2～3日はえさを食べない。

かえったばかりの子メダカは、はら(㋐)に養分の入ったふくろがある。

10

メダカのおすとめす

・㋐がめす。
・めすのせびれには切れこみがなく、しりびれの後ろが短い。おなかがふくらんでいる。

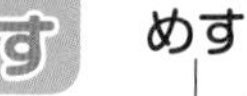

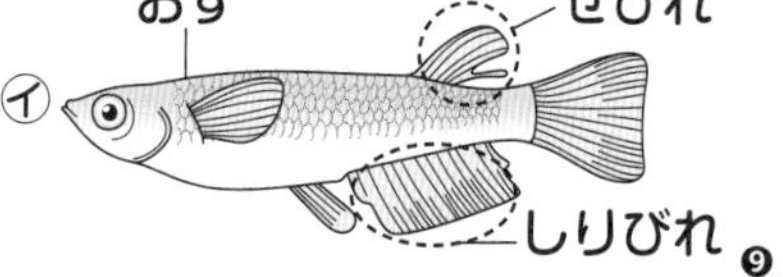

9

アサガオ

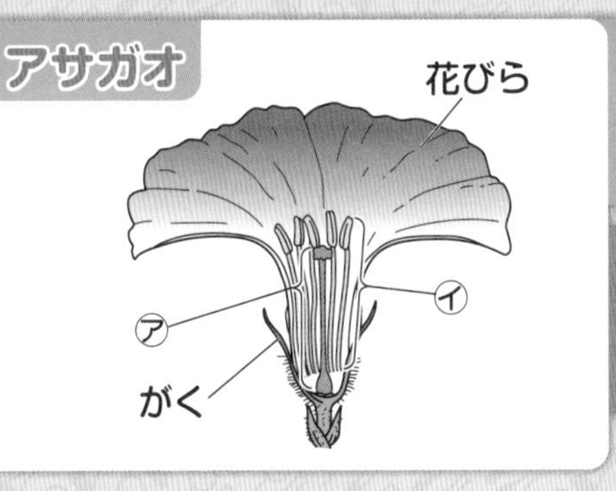

アの名前は？

イの名前は？

⑪

ヘチマ

おばなかめばなか？

アは何になる？

⑫

子宮の中のようす

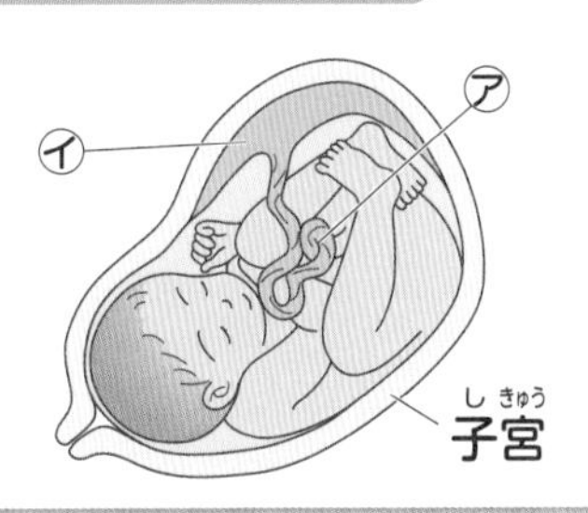

アの名前は？

イの名前は？

⑬

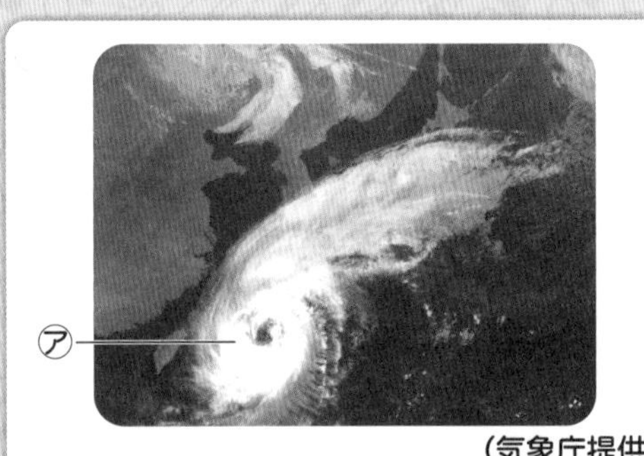

（気象庁提供）

アは何？

アが近づくと雨や風はどうなる？

⑭

川のようす

流れが速いのは？

石などがたい積しているのは？

⑮

山の中を流れる川

山の中での流れの速さは？

石の形、大きさは？

⑯

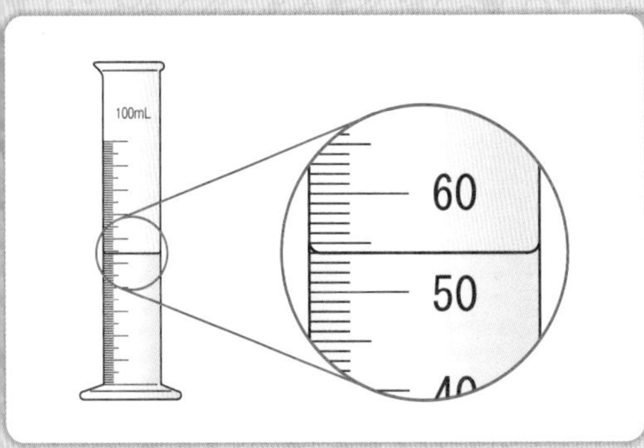

この器具の名前は？

液は何mL入っている？

⑰

ろ過

アの紙の名前は？

液はどのように注ぐ？

⑱

ふりこ

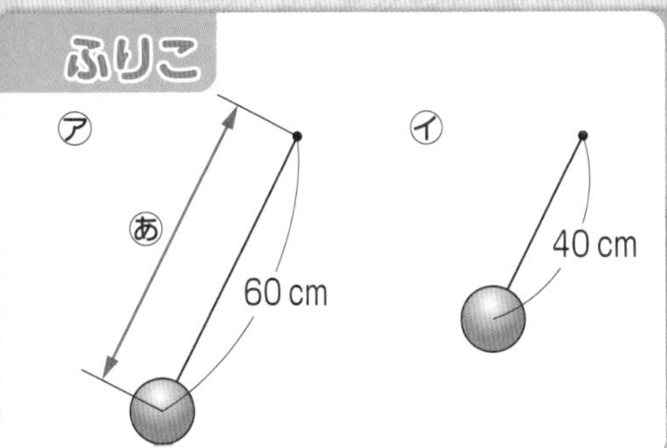

ふりこのあは何という？

ア・イで1往復する時間が短いのは？

⑲

電磁石

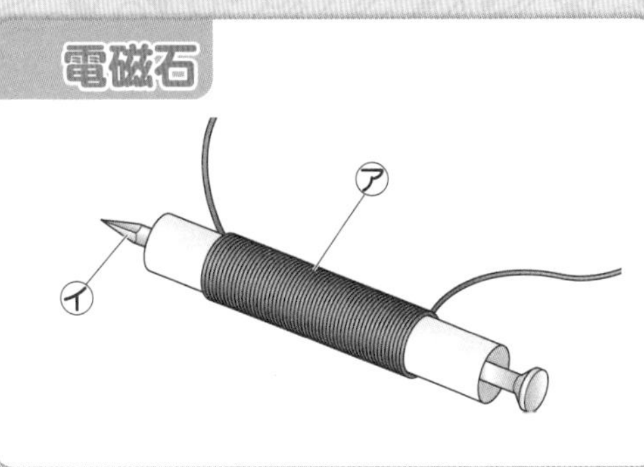

アどう線をまいたものを何という？

イ何をしんにする？

⑳

電磁石の極

電磁石の極はどうなる？

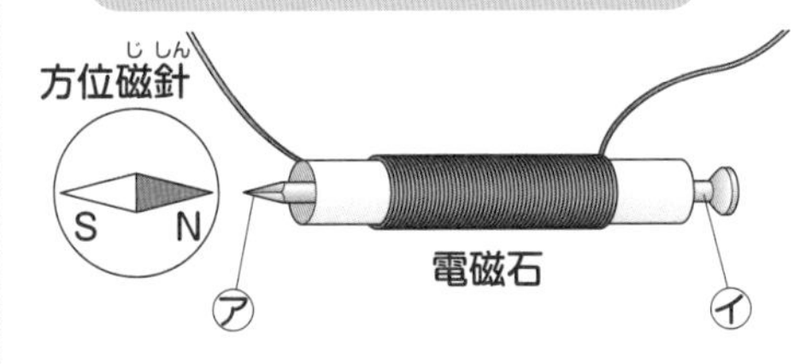

ア・イで電磁石のN極は？

電流が逆向きだとどうなる？

㉑

電磁石の強さ

電磁石を強くするには？

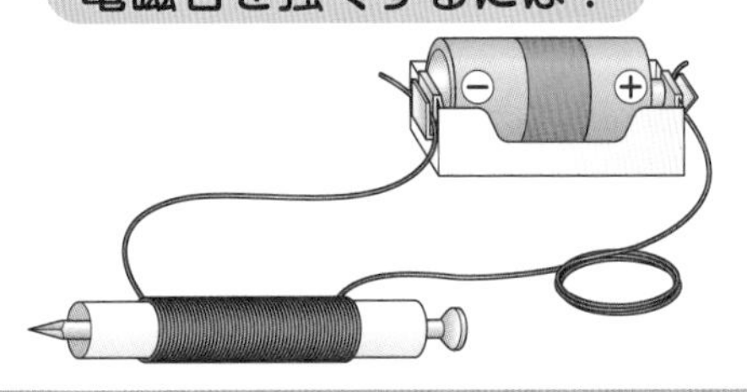

コイルのまき数はどうする？

電流の大きさはどうする？

㉒

ヘチマ

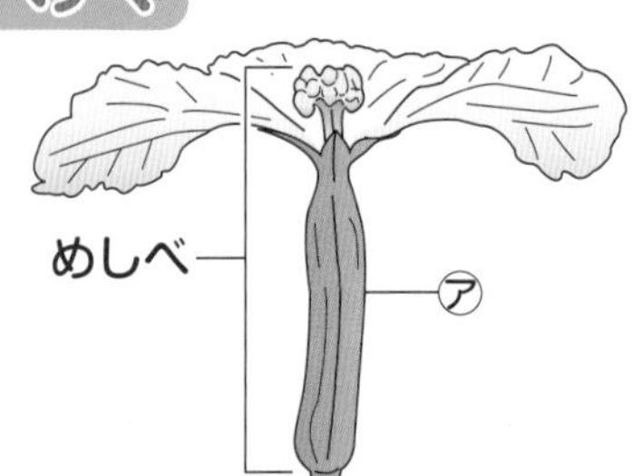

・めしべがあるので めばな。
・めしべのもと(㋐)は受粉後実になる。

⑫

アサガオ

アサガオはめしべとおしべが1つの花についているね。

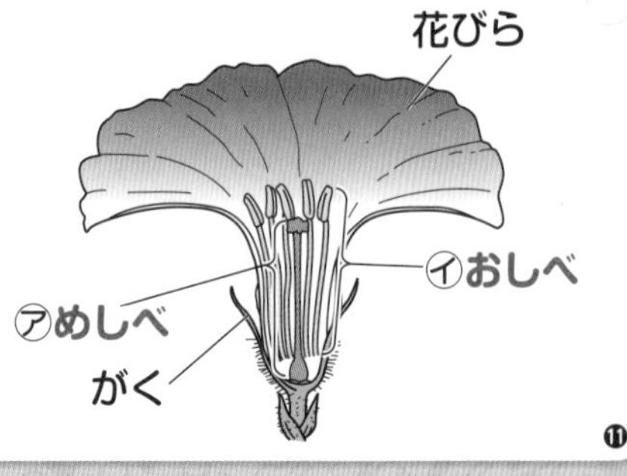

⑪

台風

・台風が近づくと雨や風が強くなる。

台風は南の海の上で発生するよ。

⑭

子宮の中のようす

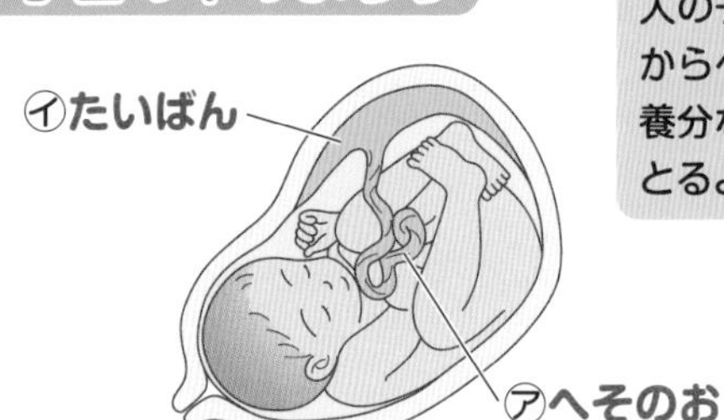

人の子どもは、たいばんからへそのおを通して、養分などを母親から受けとるよ。

⑬

山の中を流れる川

・山の中での流れは速い。
・山の中の石は角ばっていて大きい。

平地では流れはおそくなる。

海に近づくにしたがって石は丸く小さくなる。

⑯

川のようす

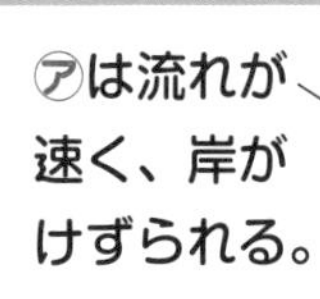

㋐は流れが速く、岸がけずられる。

㋑は流れがおそく、流された石などがたい積する。

⑮

ろ過

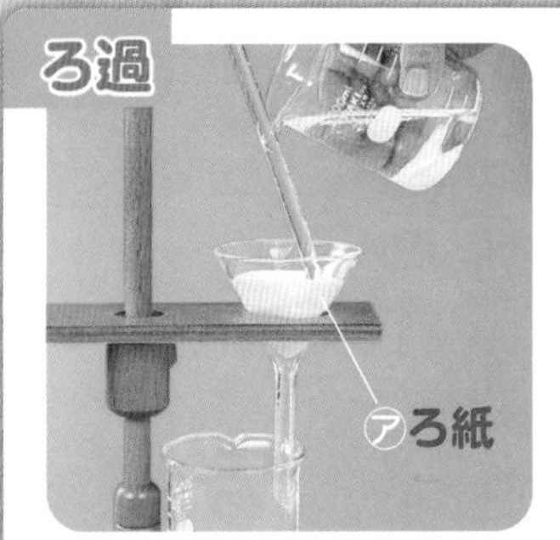

・ろ過する液はガラスぼうなどに伝わらせて注ぐ。

ろうとの先はビーカーのかべにくっつくようにするよ。

⑱

メスシリンダーの使い方

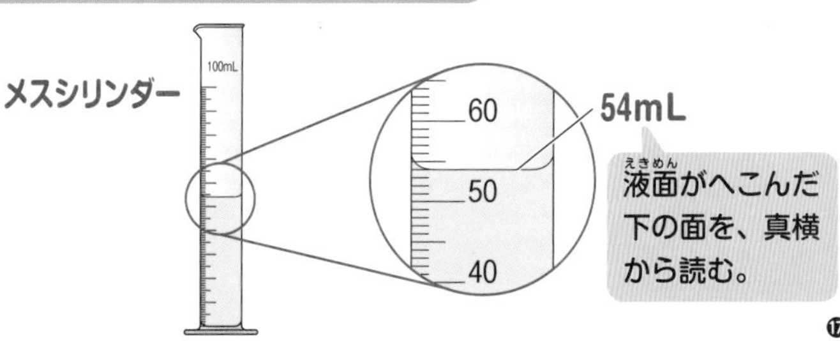

液面がへこんだ下の面を、真横から読む。

⑰

電磁石

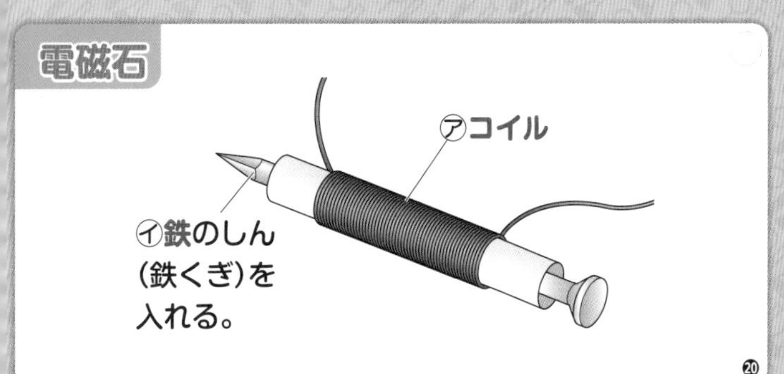

⑳

ふりこ

ふりこの長さが長いほど1往復する時間が長くなるよ！

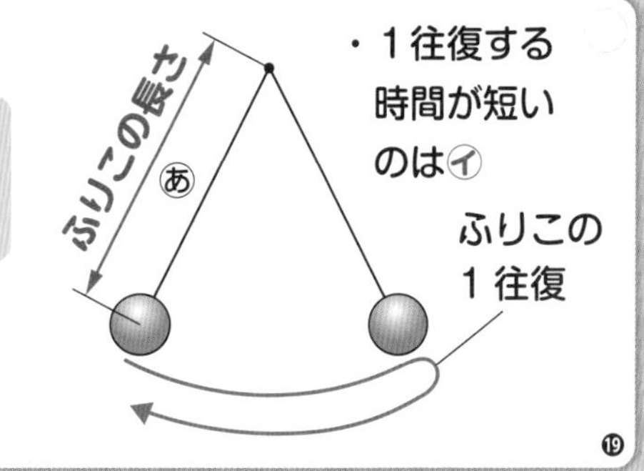

・1往復する時間が短いのは㋑

⑲

電磁石の強さ

かん電池2つを直列つなぎにすると、電流は大きくなるよ。

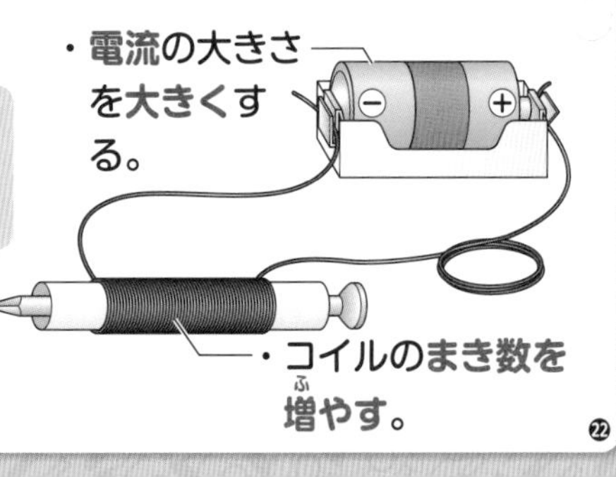

・電流の大きさを大きくする。
・コイルのまき数を増やす。

㉒

電磁石の極

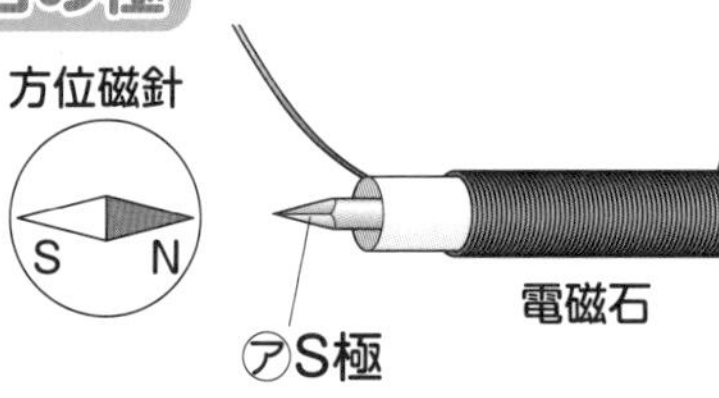

・電流の向きが逆になると、電磁石のN極とS極が反対になる。

㉑

わくわくシール

★学習が終わったら、ページの上に好きなふせんシールをはろう。
がんばったページやあとで見直したいページなどにはってもいいよ。
★実力判定テストが終わったら、まんてんシールをはろう。

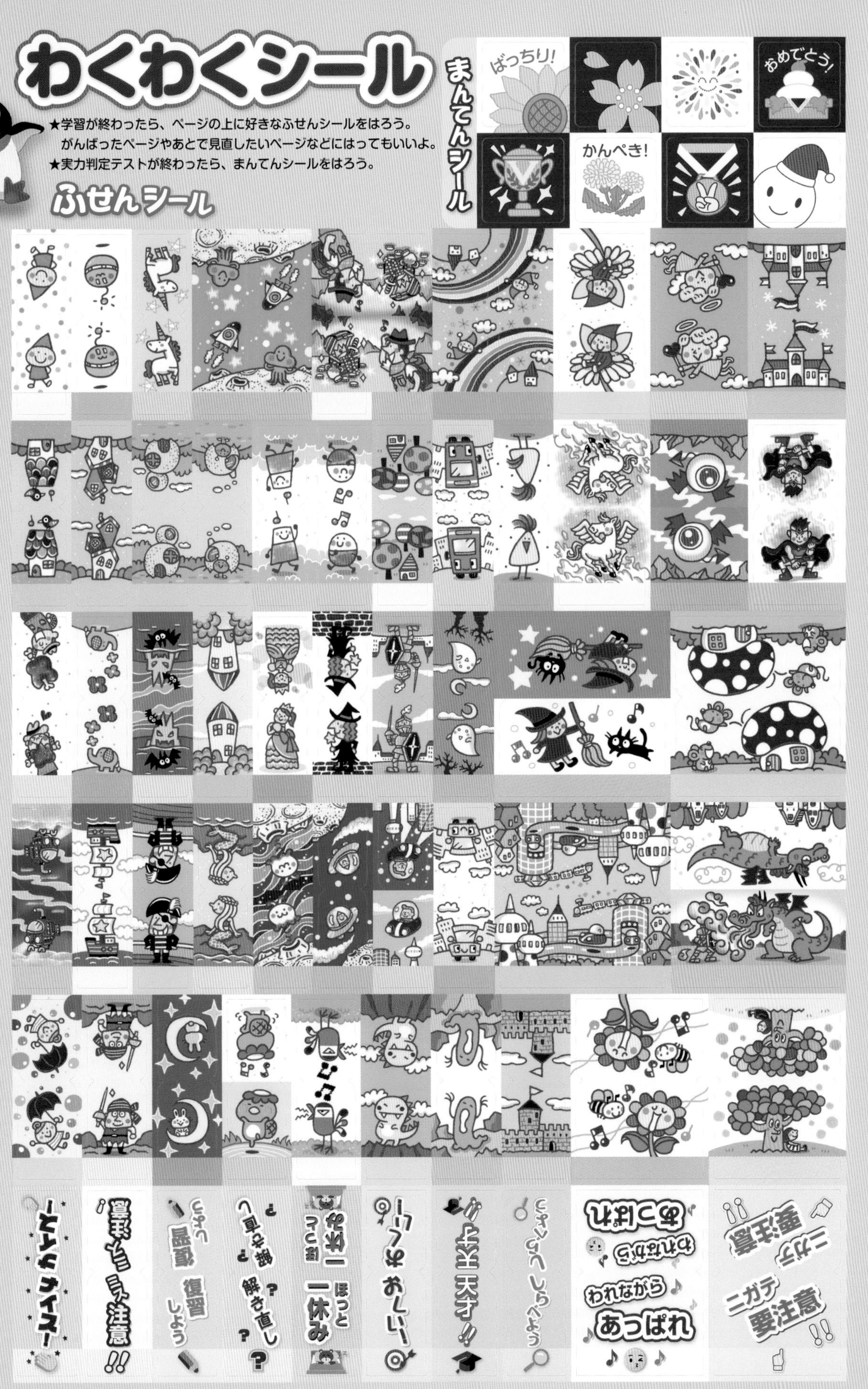

わくわくポスター
理科 5年
いろい
ブドウ
レーズンは、ブドウをかんそうさせたものだよ。
夏
花
秋
種子
実
たねなしブドウは、薬を使って種子ができないようにしているんだ。
ミカンのなかまは、かんきつ類とよばれる。
ミカン
夏
花
愛媛県の「県の花」に選ばれているよ。
種子
リンゴ
春
青森県の「県の花」に選ばれているよ。
秋
花
実にふくろをかけて育てると、色がきれいになるよ。
ふくろをかけないで育てると、日光が当たってあまくなるんだ。
名前が「サン」で始まるリンゴは、ふくろをかけないで育てたものだよ。
ここは、花たく（花しょう）というよ。
実
種子
リンゴのしんの部分が実なんだよ。

ダイズ
もやし、豆腐(とうふ)、豆乳(とうにゅう)、
おから、しょうゆ、みそ、
きなこ、納豆(なっとう)、大豆油(だいず)・・・
ダイズはいろいろな形で
食べられているね。
花
実
種子
エダマメは
じゅくす前の種子だよ。
「トマトは
くだもの？野菜？」
ということが、昔、外国で
さいばんになったんだって。
実
スのなかまだよ。
ガイモも
なんだ。
ゴマ
ゴマの種子から
とった油がごま油
だよ。
花
実
種子
種子の部分を
食べるんだ。

わくわくポスター　理科 5年　いろい

カボチャ

しゅうかくして数か月後が
食べごろなんだって。

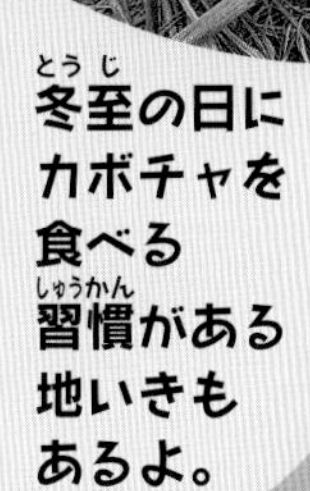

冬至(とうじ)の日に
カボチャを
食べる
習慣(しゅうかん)がある
地いきも
あるよ。

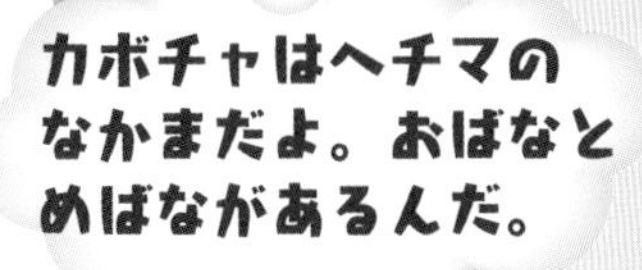

カボチャはヘチマの
なかまだよ。おばなと
めばながあるんだ。

種子

トマ

種子

トマトはナス
実は、ジャガ
同じなかまな

ピーマン

じゅくすと
黄色や赤色などに
なるよ。
パプリカとよばれる
品種もあるよ。

ピーマンは
トウガラシの１種なんだ。
形が似(に)ているでしょ？

ろな花と実①

実は、「野菜」に
分類されるよ。

実

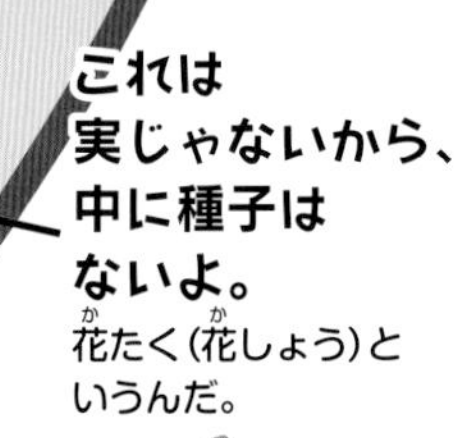

これは
実じゃないから、
中に種子は
ないよ。
花たく(花しょう)と
いうんだ。

種子のように見える
ツブツブの1つ1つが
イチゴの実なんだ。

よ。

実

ンシュウミカンは
子ができにくい
種なんだ。

バナナ

これは花じゃないよ。
花をつつんでいるんだ。

もともとバナナには
種子があったんだ。
野生のバナナには
種子が見られるよ。

実

じゅくすと
黄色くなるよ。

種子のなごり

東京書籍版 理科5年

●写真提供：アーテファクトリー、アフロ、気象庁、ウェザーマップ、PIXTA
●動画提供：アフロ

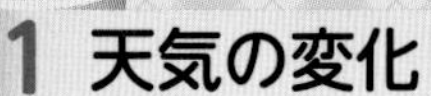

勉強した日 月 日

1 雲と天気

基本のワーク

学習の目標
天気の変化と雲のようすについて考えてみよう。

教科書 6～11ページ　答え 1ページ

図を見て、あとの問いに答えましょう。

1 雲の量と天気の見分け方

雲の量は
①(0　3　10)。

天気は
③□。

雲の量は
②(0　3　10)。

天気は
④□。

(1) 空全体を10としたとき、それぞれの雲の量はいくつですか。①、②の(　)のうち、正しいものを◯で囲み(かこ)ましょう。

(2) それぞれの雲の量のとき、天気は晴れとくもりのどちらですか。③、④の□に書きましょう。

雲の量が0～8は晴れ、9～10はくもりだね。

2 雲のようすと天気

雲の形	時こくによって ①(変化する／変化しない)。
雲の量	時こくによって ②(変化する／変化しない)。

天気の変化には、雲の動きや③□が関係している。

(1) 雲の形や量は時こくによって変化しますか。①、②の(　)のうち、正しいほうを◯で囲みましょう。

(2) 天気の変化には、何が関係していますか。③の□に当てはまる言葉を書きましょう。

まとめ 〔 量　晴れ　くもり 〕から選んで(　)に書きましょう。

- 雲の量が0～8のときを①(　　　　)、9～10のときを②(　　　　)とする。
- 雲の形や③(　　　　)は、時こくによって変化する。

雲は、けん雲、けん積雲(せきうん)、けんそう雲、高積雲(こうせきうん)、高そう雲、積らん雲(かみなり雲)、らんそう雲(雨雲(あまぐも))、積雲、そう積雲、そう雲の10種類に分けられています。

練習のワーク

教科書　6～11ページ　答え　1ページ

できた数　／6問中

1　次の記録カードは、ある年の4月16日と4月20日の雲のようすと天気の変化を調べたときのものです。あとの問いに答えましょう。

雲のようすと天気の変化　4月16日

	午前10時	午後２時
天　気	晴れ	くもり
雲の量	5	10
雲の形	わたのような形	はい色でかさなりあった雲
雲の動き	西から東へとゆっくりと動いていた。	ほとんど動いていなかった。
考えたこと	西の空の雲の量が多いので、これからくもってくると思う。	予想どおり雲がふえてきて、くもりになった。

雲のようすと天気の変化　4月20日

	午前10時	午後２時
天　気	くもり	晴れ
雲の量	10	7
雲の形	はい色でかさなりあった雲	うすく広がった雲
雲の動き	ほとんど動いていなかった。	西から東へとゆっくりと動いていた。
考えたこと	雲がほとんど動いていないので、しばらくくもりだと思う。	予想とちがって雲が動き、晴れてきた。

(1)　晴れとくもりの天気は、何の量で決めますか。（　　　　）

(2)　空全体を１０としたときの雲の量がいくつのときの天気を晴れとしますか。ア、イから選びましょう。（　　）

ア　０～８　　イ　９～１０

(3)　雲のようすと天気の変化について正しいものを、ア～ウから選びましょう。（　　）

ア　１日の間で雲の量は変わらないので、午前と午後では同じ天気になる。

イ　午前中に雲の量がふえてきた日は、午後に必ず雨がふる。

ウ　雲のようすは時こくによって変わり、１日の間でも天気が変わることがある。

DGs **2**　次の①～③の雲について書かれた文を、下のア～ウから選びましょう。

①（　　　）　②（　　　）　③（　　　）

ア　高く発達した雲で、かみなりが鳴ったり、短い時間に多くの雨をふらせたりする。

イ　うすく広がる雲で、しだいに雲が厚くなってくると、雨がふることが多い。

ウ　低い空全体に広がる黒っぽい雲で、長い時間にわたって弱い雨をふらせることが多い。

勉強した日　月　日

2 天気の予想

基本のワーク

学習の目標
雲画像などの気象情報から天気の変化を予想してみよう。

教科書 12～19ページ　答え 1ページ

図を見て、あとの問いに答えましょう。

1 気象衛星(きしょうえいせい)の雲画像(くもがぞう)とアメダスの雨量情報(じょうほう)

気象衛星の雲画像

白い部分は①［　　］を表している。

白くない部分の天気は②［　　］である。

アメダスの雨量情報

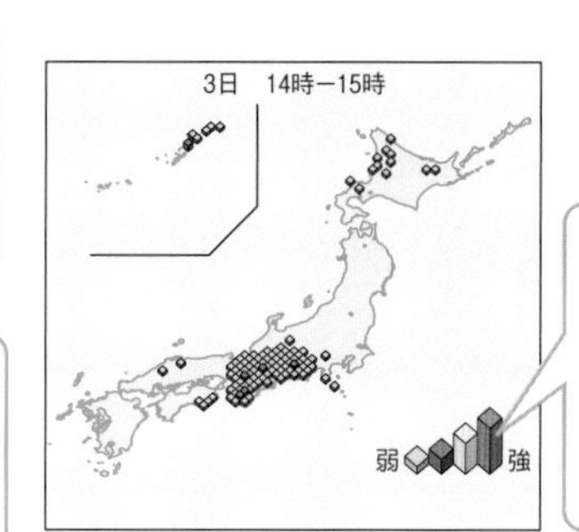

ぼうグラフは③（雨の強さ／風の強さ）を表す。

(1) 気象衛星の雲画像について、①、②の［　］に当てはまる言葉を書きましょう。

(2) アメダスの雨量情報について、③の（　）のうち、正しいほうを◯で囲みましょう。

2 気象衛星の雲画像と天気の変化

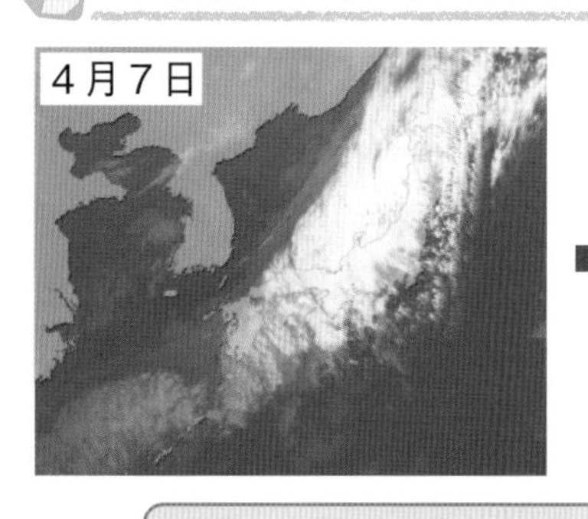

→

4月8日

近畿地方

→

4月9日の近畿(きんき)地方の天気は④［　　］と予想される。

春のころの日本付近の雲はおよそ①（東　西）から②（東　西）へ動いていくので、天気はおよそ③［　　］の方から変わっていく。

(1) ①、②の（　）のうち、正しい方位を◯で囲みましょう。

(2) ③の［　］に当てはまる方位を書きましょう。

(3) ④の［　］に当てはまる天気を、次の〔　〕から選んで書きましょう。〔 晴れ　雨 〕

まとめ　〔 予想　西　西から東 〕から選んで（　）に書きましょう。

● 日本付近の雲は、春のころにはおよそ①（　　　）に動くので、天気も②（　　　）の方から変わっていく。このことから、天気の変化を③（　　　）することができる。

わくわくたんてい団
「夕焼け空は明日晴れ」ということわざがあります。西の空に雲がなく夕焼けが見られるとき、その雲のない天気が西からやってきて、次の日は晴れやすいということなのです。

練習のワーク

できた数　／9問中

教科書　12～19ページ　答え　1ページ

1 上の図は、ある年の4月20日、21日、22日の15時(午後3時)の気象衛星の雲画像で、下の図はそのときの雨量情報です。あとの問いに答えましょう。

4月20日　15時

4月21日　15時

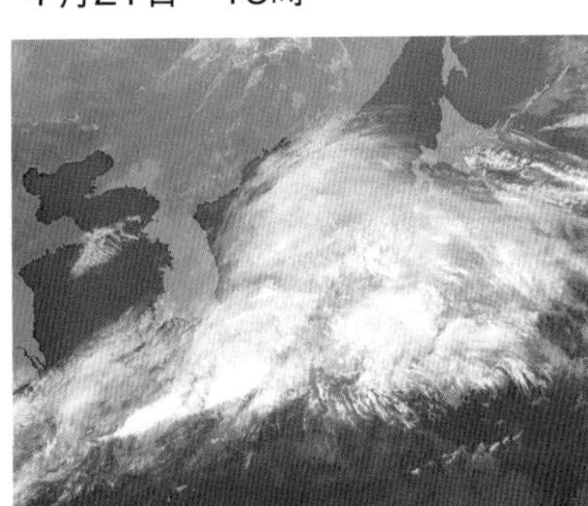

4月22日　15時

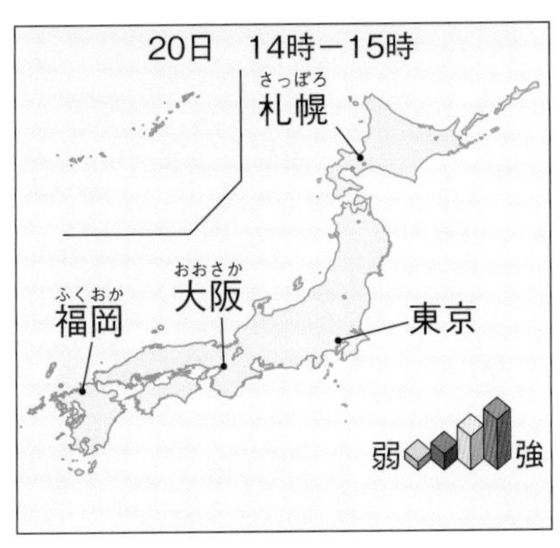

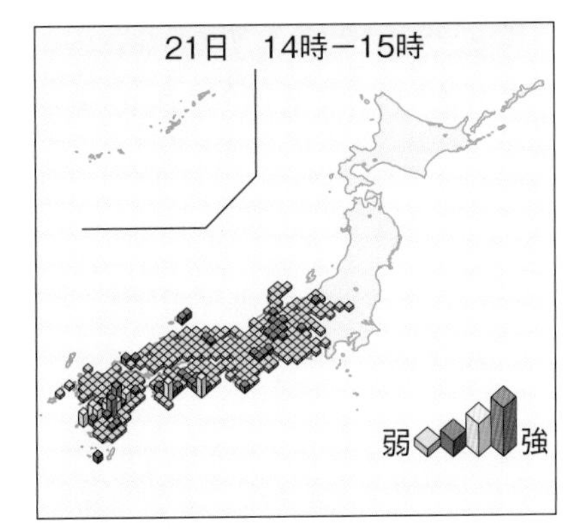

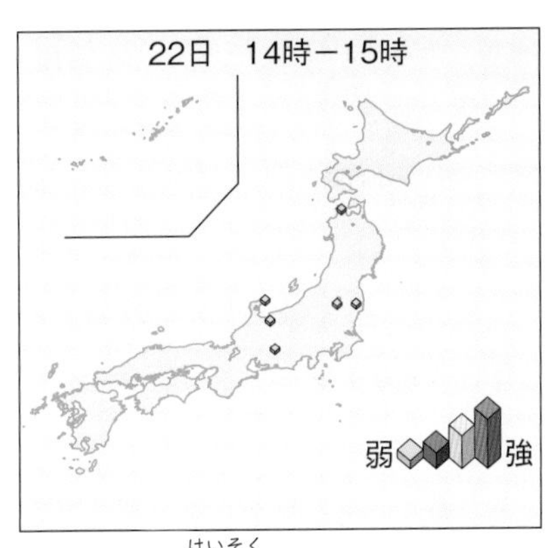

(1) 図の雨量情報は、全国各地の雨量や風、気温などのデータを自動的に計測(けいそく)し、まとめるシステムからの情報です。このシステムを何といいますか。カタカナ4文字で答えましょう。
（　　　　）

(2) この3日間、日本付近の雲はどう動いていき、天気はどう変化しましたか。次の(　)に当てはまる方位を東、西、南、北から選んで書きましょう。

雲は、およそ①(　　　)から②(　　　)へ動いていき、
天気もおよそ③(　　　)から④(　　　)へ変化していった。

(3) 空をおおう雲が多くなると、その地いきの天気はどうなりますか。次のア、イから選びましょう。
（　　　）

ア　晴れる。　　イ　くもりや雨になる。

(4) 4月20日から22日まで晴れの天気が続いたと考えられるのはどこですか。次のア～ウから選びましょう。
（　　　）

ア　札幌　　イ　大阪　　ウ　福岡

(5) 4月20日から22日までの間、大阪の天気はどう変化したと考えられますか。次のア、イから選びましょう。
（　　　）

ア　くもり → 晴れ → 雨　　イ　晴れ → 雨 → 晴れ

(6) 4月21日の夜には、東京の天気は晴れと雨のどちらであったと考えられますか。
（　　　　）

まとめのテスト

1　天気の変化

勉強した日　月　日

得点　/100点

教科書　6～19ページ　答え　2ページ

1 雲と天気　次の写真は、ある日の午前10時と午後２時の雲のようすです。あとの問いに答えましょう。　1つ6〔30点〕

午前10時

午後2時

(1)　天気の晴れとくもりは、何によって決めますか。（　　　）

(2)　空全体を10としたとき、雲の量がいくつのときの天気をくもりとしますか。次のア～エから選びましょう。（　　　）

ア　5～10　　イ　6～10　　ウ　8～10　　エ　9～10

(3)　午前10時の天気は、晴れとくもりのどちらですか。（　　　）

(4)　雲の量は、午前10時から午後2時にかけてどう変化しましたか。次のア～ウから選びましょう。（　　　）

ア　ふえた。　　イ　減った。　　ウ　変わらなかった。

(5)　雲のようすが変わると、天気が変化することがありますか。（　　　）

2 いろいろな雲　次の写真の雲について、あとの問いに答えましょう。　1つ5〔25点〕

㋐

㋑

㋒

(1)　㋐～㋒の雲をそれぞれ何といいますか。次のア～ウから選びましょう。

㋐（　　　）　㋑（　　　）　㋒（　　　）

ア　らんそう雲　　イ　けん雲　　ウ　積らん雲

(2)　長い時間にわたって弱い雨をふらせることが多い雲を、㋐～㋒から選びましょう。（　　　）

(3)　雲と雨について正しいものを、次のア、イから選びましょう。（　　　）

ア　どの形の雲でも、雨をふらせる。

イ　雲には、雨をふらせる雲とふらせない雲がある。

よくでる **3** **天気の変わり方** 次の㋐、㋑の雲画像は、5月13日の午後3時、5月14日の午後3時のどちらかのものです。また、㋒はどちらかの日の雨量情報で、㋓はどちらかの日の東京の空の写真です。あとの問いに答えましょう。 1つ6〔30点〕

㋐

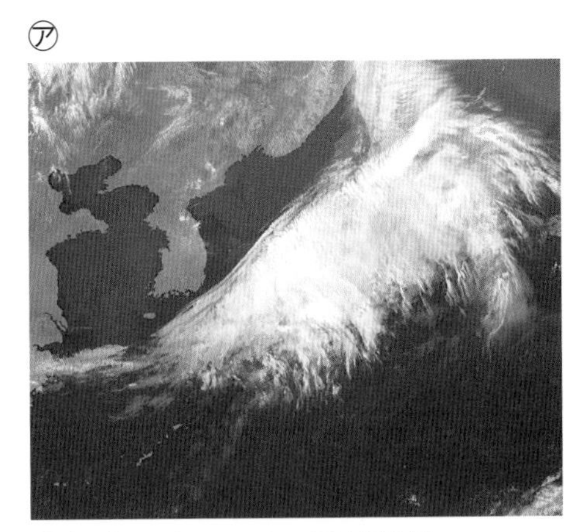

㋑

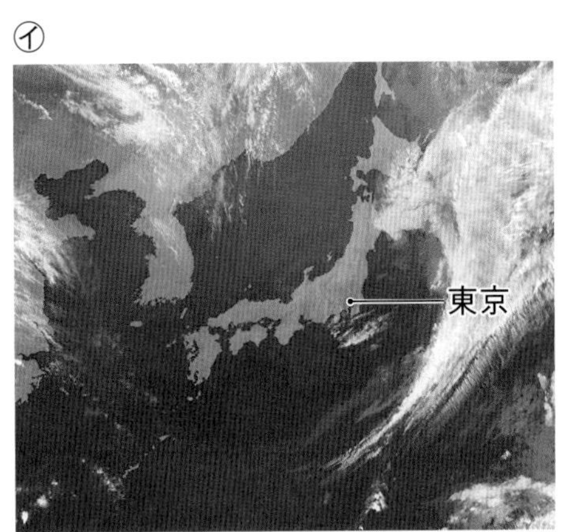

㋒午後2時～3時の雨量情報

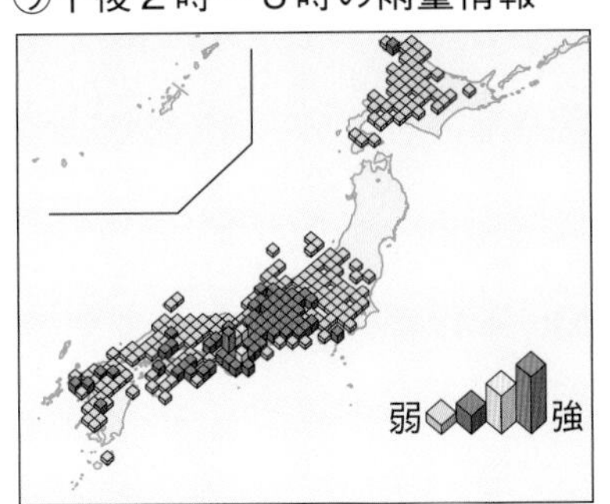

㋓東京の空

(1) 雲画像の白い部分には、何がありますか。 (　　　　　　)

(2) 5月13日の午後3時の雲画像を、㋐、㋑から選びましょう。 (　　　)

(3) ㋒の雨量情報は、㋐、㋑のどちらのときのものですか。 (　　　)

(4) ㋓の写真は、㋐、㋑のどちらのときの東京の空ですか。 (　　　)

(5) 春のころの日本付近では、天気はおよそどの方位からどの方位へ変わっていきますか。
(　　　　　　　　　　　　　　　　　)

4 **気象情報** 次の㋐は春のある日の14時の気象衛星の雲画像で、㋑はその日の14時から15時の雨量情報です。あとの問いに答えましょう。 1つ5〔15点〕

㋐

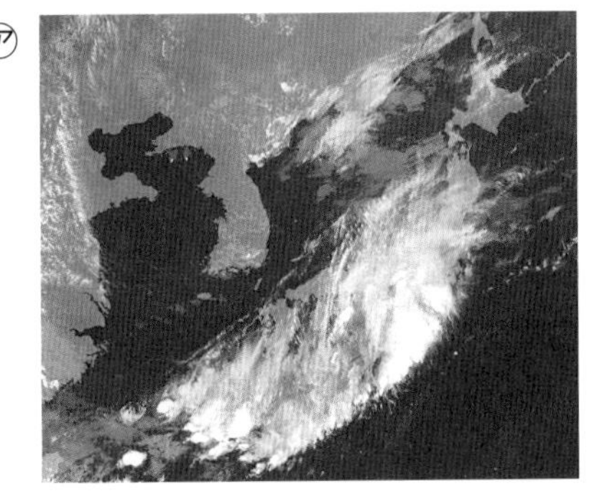

㋑

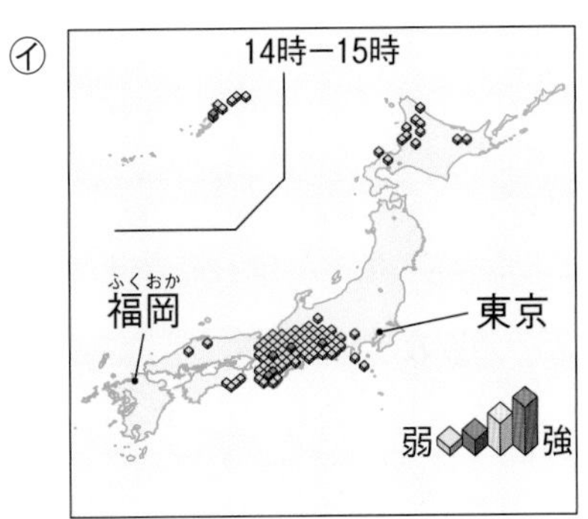

(1) 14時の東京には雲がかかっていて、空全体を10としたときの雲の量は9でした。このときの東京の天気は、くもりと雨のどちらであったと考えられますか。 (　　　　　　)

(2) ㋑の雨量情報などを集める気象観測（かんそく）のシステムを何といいますか。カタカナで答えましょう。 (　　　　　　　　)

チャレンジ! (3) 次の日の福岡の天気を予想して答えましょう。 (　　　　　　)

勉強した日　月　日

1　種子が発芽する条件①

基本のワーク

学習の目標・
発芽と水の関係を調べる実験を考えてみよう。

教科書 20～27ページ　答え 2ページ

図を見て、あとの問いに答えましょう。

1 種子が発芽する条件の調べ方

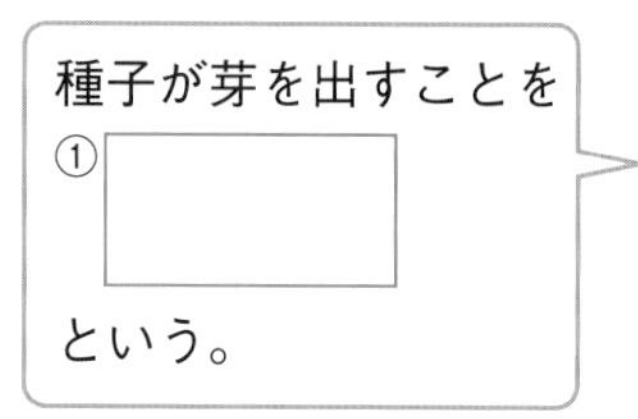

種子が発芽する条件の調べ方

調べる条件	それ以外の条件
②（変える　変えない）。	③（変える　変えない）。

(1)　①の□に当てはまる言葉を書きましょう。
(2)　種子が発芽する条件を調べるとき、調べる条件とそれ以外の条件は、変えますか。
②、③の（　）のうち、正しいほうを◯で囲みましょう。

2 発芽に水は必要か

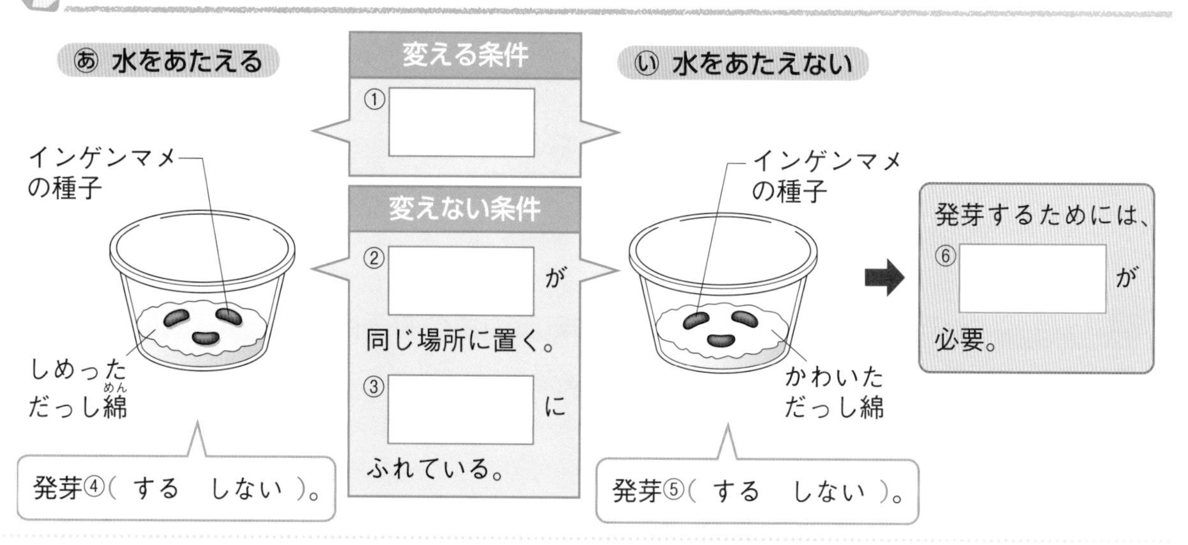

(1)　①～③の□に当てはまる言葉を、下の〔　〕から選んで書きましょう。
〔 空気　温度　水 〕
(2)　あ、いは発芽しますか。④、⑤の（　）のうち、正しいほうを◯で囲みましょう。
(3)　インゲンマメの発芽には何が必要だとわかりますか。⑥の□に書きましょう。

まとめ　〔 水　発芽 〕から選んで（　）に書きましょう。

- 種子が芽を出すことを①（　　　　）という。
- 種子が発芽するためには、②（　　　　）が必要である。

わくわくたんてい団
インゲンマメの種子は、食品（豆）として世界中で食べられています。また、種子の色やもようがちがういくつかの種類があり、金時豆、うずら豆などの食品名でよばれています。

練習のワーク

できた数　／8問中

教科書　20～27ページ　答え　2ページ

1　次の図のように、インゲンマメの種子に水をあたえる㋐と、水をあたえない㋑を用意して、種子が芽を出すのに水が必要かどうかを調べることにしました。あとの問いに答えましょう。

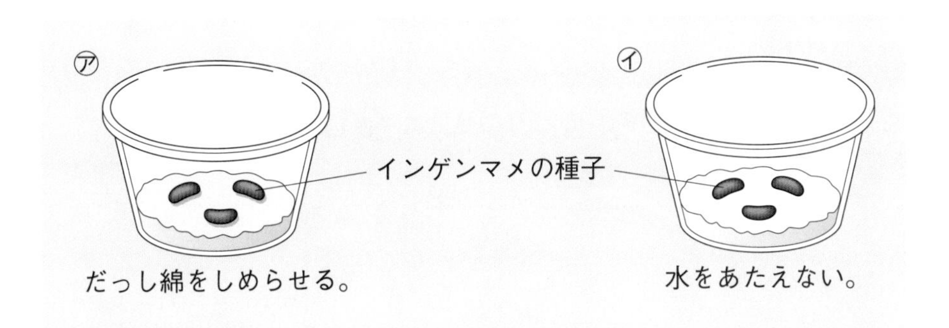

㋐の水がとちゅうでなくならないように注意しよう。

(1)　植物の種子が芽を出すことを何といいますか。　(　　　　)

(2)　㋐と㋑はどんなところに置きますか。次のア～ウから選びましょう。　(　　)

ア　㋐はあたたかいところ、㋑は冷ぞう庫の中。
イ　㋐は冷ぞう庫の中、㋑はあたたかいところ。
ウ　㋐も㋑もあたたかいところ。

変えるのは調べる条件だけだよね。

2　次の図のように、インゲンマメの種子に水をあたえる㋐と、水をあたえない㋑を用意して、発芽するかどうかを調べました。あとの問いに答えましょう。

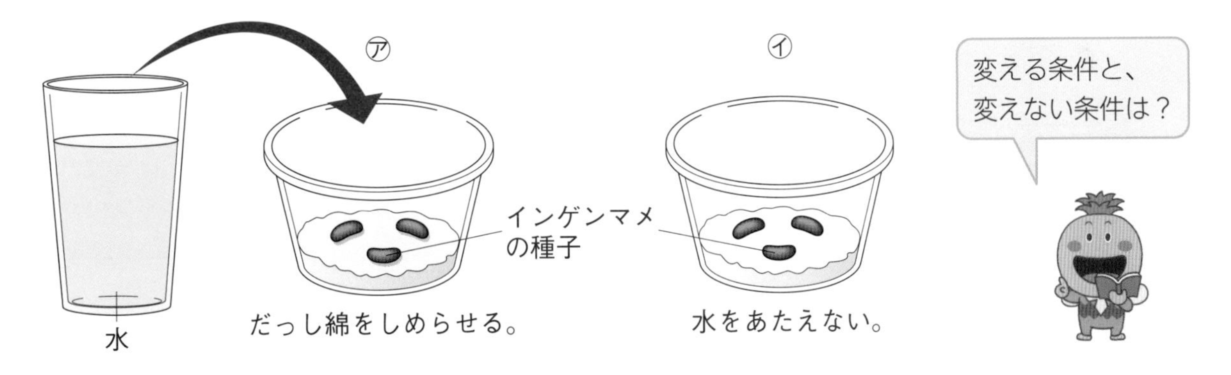

(1)　この実験では、発芽と何の条件との関係を調べようとしていますか。次のア～ウから選びましょう。　(　　)

ア　水の条件　　イ　温度の条件　　ウ　空気の条件

(2)　この実験をするときに、㋐と㋑で変えない条件を、(1)のア～ウから2つ選びましょう。　(　　)(　　)

(3)　㋐、㋑の種子はそれぞれ発芽しますか。　㋐(　　　　)　㋑(　　　　)

(4)　この実験から、インゲンマメの種子が発芽するためには何が必要であることがわかりますか。　(　　　　)

勉強した日 月 日

1 種子が発芽する条件②

基本のワーク

学習の目標 発芽と温度、発芽と空気の関係を調べる実験を考えてみよう。

教科書 20〜27ページ 答え 3ページ

図を見て、あとの問いに答えましょう。

1 発芽に適当(てきとう)な温度は必要か

変える条件
・温度

変えない条件
・水をあたえる。
・空気にふれる。

い まわりの空気より低い温度

冷ぞう庫の中 インゲンマメの種子

だっし綿をしめらせる。

発芽するためには、適当な③［　　］が必要。

発芽①（ する　しない ）。

発芽②（ する　しない ）。

(1) あ、いは発芽しますか。①、②の（　）のうち、正しいほうを〇で囲みましょう。

(2) この実験から、発芽には何が必要だとわかりますか。③の［　］に書きましょう。

冷ぞう庫の中は暗いから、あも暗くして、光の条件を同じにするよ。

2 発芽に空気は必要か

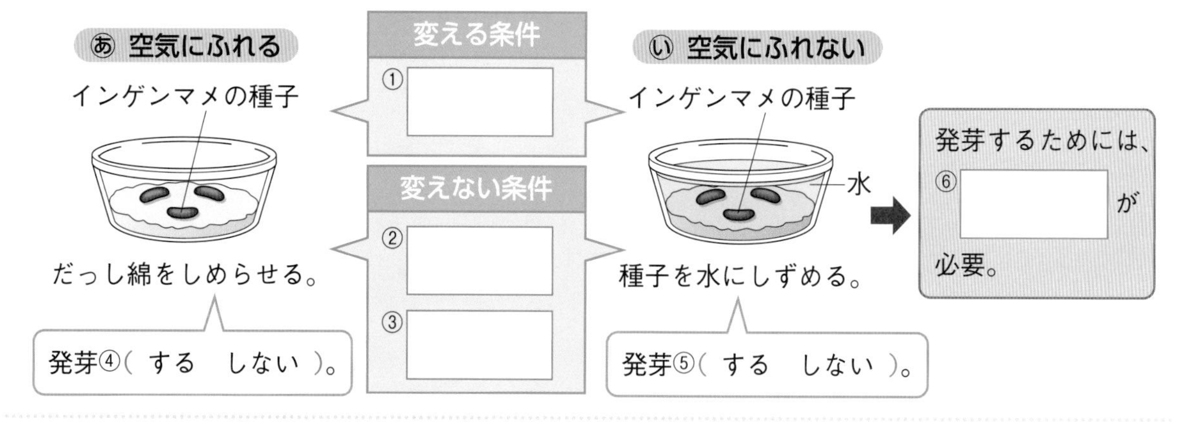

発芽④（ する　しない ）。

発芽⑤（ する　しない ）。

(1) この実験で、変える条件と変えない条件は何ですか。次の〔　〕から選んで①〜③の［　］に書きましょう。〔 空気　水　温度 〕

(2) あ、いは発芽しますか。④、⑤の（　）のうち、正しいほうを〇で囲みましょう。

(3) この実験から、発芽には何が必要だとわかりますか。⑥の［　］に書きましょう。

まとめ 〔 空気　温度 〕から選んで（　）に書きましょう。

●植物の種子の発芽には、水のほかに、適当な①（　　　　）、②（　　　　）が必要である。それらの条件のすべてがそろわないと、発芽しない。

わくわくたんてい団 インゲンマメの種子が発芽するのに、日光は必要ではありません。日光以外の条件を同じにして実験をしてみましょう。

練習のワーク

教科書 20～27ページ　答え 3ページ

できた数　/14問中

1 水でしめらせただっし綿にインゲンマメの種子をまき、㋐は室内に置き、㋑は冷ぞう庫に入れて温度を低くして、発芽するかどうかを調べました。次の問いに答えましょう。

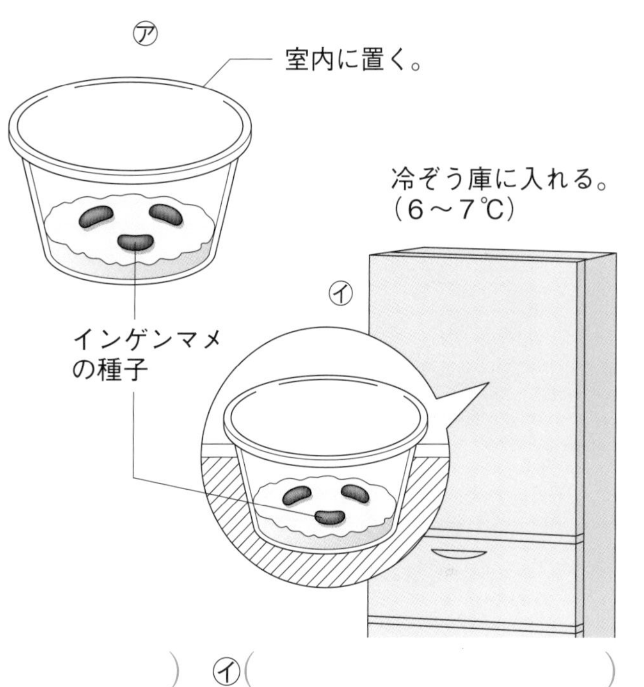

(1) この実験では、発芽と何の条件との関係を調べようとしていますか。次のア～ウから選びましょう。（　　）

ア　水の条件　　イ　温度の条件

ウ　空気の条件

(2) この実験をするときに、㋐と㋑で変えない条件を、(1)のア～ウから2つ選びましょう。（　　）（　　）

(3) 調べる条件以外の条件をすべて同じにするため、㋐にしなければならないことが1つあります。それは何ですか。

記述

（　　　　　　）

(4) ㋐、㋑の種子はそれぞれ発芽しますか。

㋐（　　　　）　㋑（　　　　）

(5) この実験から、インゲンマメの種子が発芽するためには何が必要であることがわかりますか。（　　　　）

2 だっし綿にインゲンマメの種子をまき、㋐はだっし綿を水でしめらせ、㋑は水にしずめて、発芽するかどうかを調べました。次の問いに答えましょう。

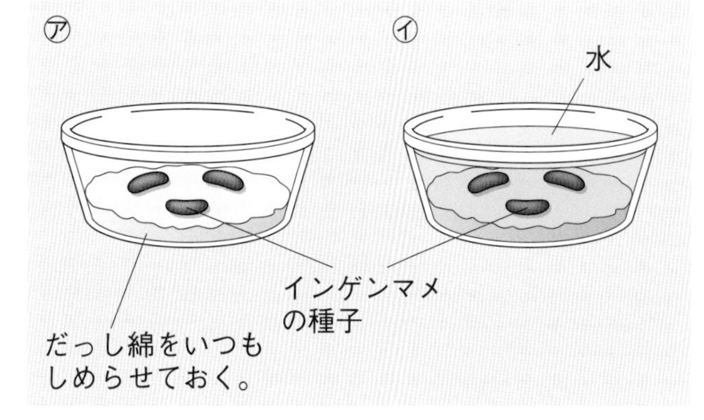

(1) この実験では、発芽と何の条件との関係を調べようとしていますか。次のア～ウから選びましょう。（　　）

ア　水の条件

イ　温度の条件

ウ　空気の条件

(2) この実験をするときに、㋐と㋑で変えない条件を、(1)のア～ウから2つ選びましょう。

（　　）（　　）

(3) ㋑で種子を水にしずめたのはなぜですか。次の（　）に当てはまる言葉を書きましょう。

種子を（　　　　）にふれさせないようにするため。

(4) ㋐、㋑の種子はそれぞれ発芽しますか。

㋐（　　　　）

㋑（　　　　）

(5) この実験から、インゲンマメの種子が発芽するためには何が必要であることがわかりますか。（　　　　）

2　種子の発芽と養分

基本のワーク

学習の目標
発芽には、種子の中のどの部分の養分が使われるかを調べよう。

教科書 28～31ページ　答え 3ページ

図を見て、あとの問いに答えましょう。

1 インゲンマメの種子のつくり

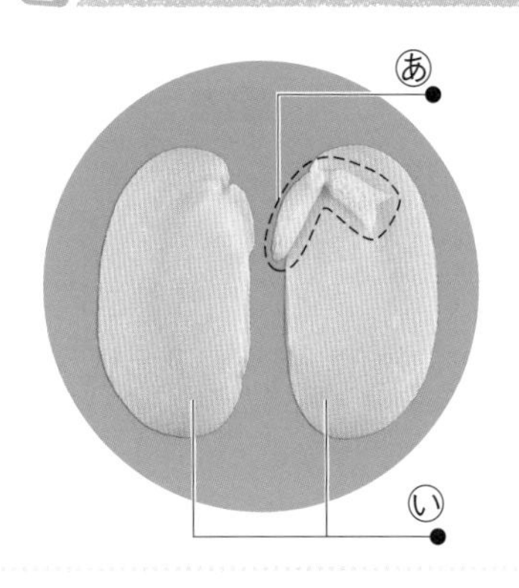

① 葉、くき、根になる部分。

② 養分がふくまれている部分。㋐［　　　］という。

子葉の中には、でんぷんという養分がふくまれているよ。

(1) 種子のつくりについて、㋐の［　］に当てはまる名前を書きましょう。

(2) ①、②に当てはまる部分は、あ、いのどちらですか。•を線で結びましょう。

2 でんぷんの調べ方

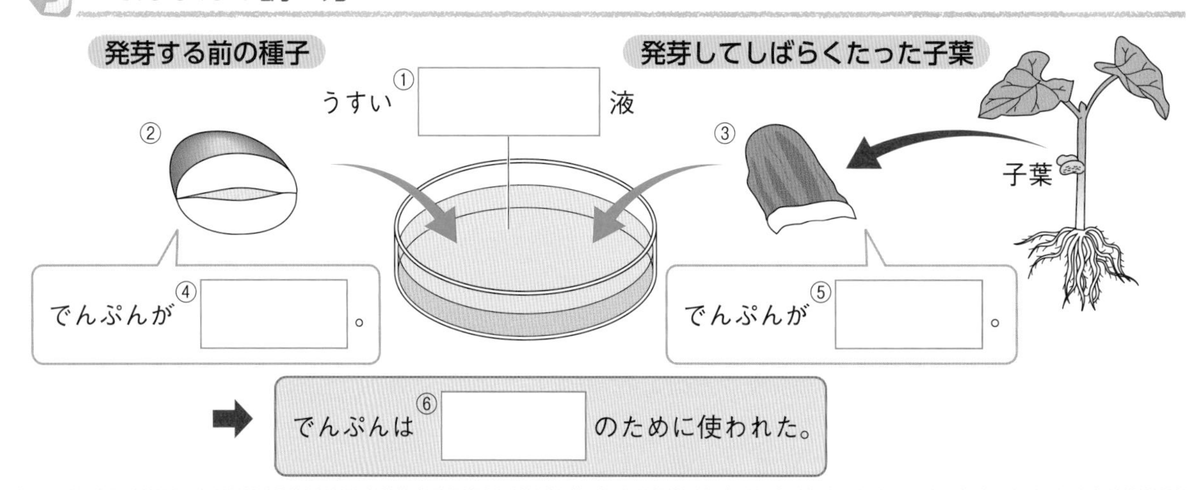

➡ でんぷんは⑥［　　　］のために使われた。

(1) でんぷんを青むらさき色に変える性質（せいしつ）がある液（えき）の名前を、①の［　］に書きましょう。

(2) ②、③の切り口で、①の液にひたすと色が大きく変化する切り口をぬりましょう。

(3) ②、③にふくまれているでんぷんは多いですか、少ないですか。④、⑤の［　］に書きましょう。

(4) 子葉のでんぷんは何のために使われましたか。⑥の［　］に書きましょう。

まとめ　〔 発芽　でんぷん 〕から選んで（　）に書きましょう。

- 種子には葉、くき、根になる部分、養分となる①（　　　　　）をふくむ部分がある。
- 子葉の中のでんぷんは②（　　　　　）のときの養分として使われる。

わたしたちは米や小麦粉、みそなど、種子からつくられたものを食べています。また、種子からとり出した油は料理に使ったり、燃料（ねんりょう）として利用したりできます。

練習のワーク

教科書 28〜31ページ　答え 3ページ

できた数　/13問中

1 ヨウ素液について、次の問いに答えましょう。

(1) ヨウ素液には、ある養分を青むらさき色に変える性質があります。その養分とは何ですか。
（　　　　）

(2) 米(イネ)を半分に切ってヨウ素液をたらすと、どうなりますか。図の㋐、㋑から選びましょう。（　　）

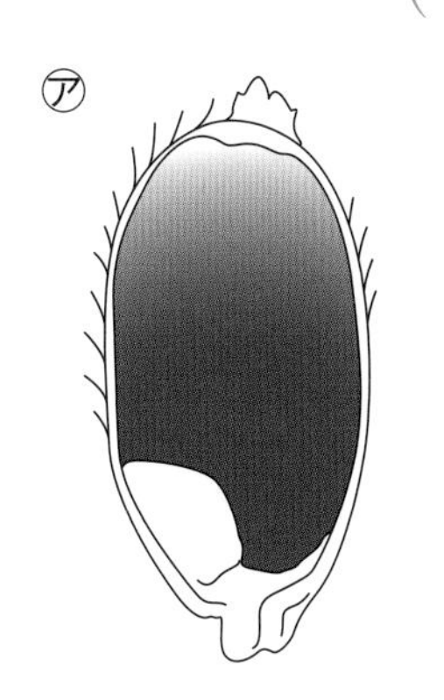

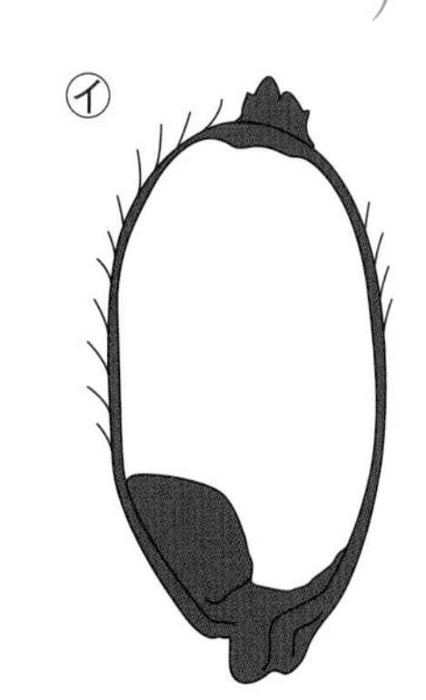

(3) 種子に養分がふくまれているかどうかを調べるとき、どんなヨウ素液を使いますか。次のア、イから選びましょう。
（　　）

ア　こいヨウ素液。
イ　うすいヨウ素液。

2 図1は、発芽する前のインゲンマメの種子を、図2は発芽してしばらくたったインゲンマメを表したものです。次の問いに答えましょう。

図1

図2

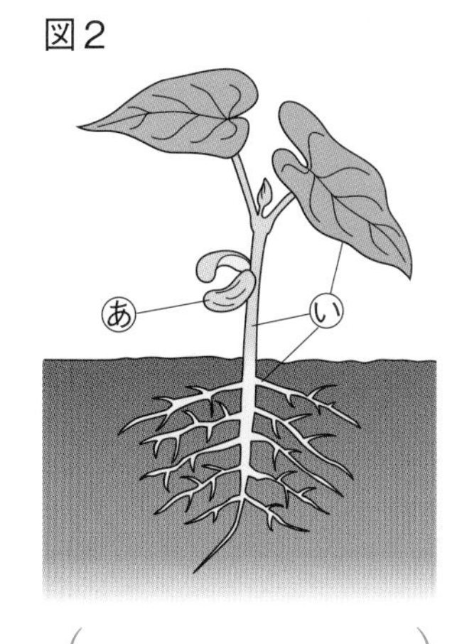

(1) 図1の㋐や㋑の部分は、発芽してしばらくたつとどの部分になりますか。図2のあ、いからそれぞれ選びましょう。
㋐（　　）
㋑（　　）

(2) 図1の㋑の部分を何といいますか。（　　　　）

(3) でんぷんがふくまれているかどうかを調べるときに使う液を何といいますか。
（　　　　）

(4) 図1の種子を(3)の液にひたしました。㋐、㋑の部分の色はどうなりますか。次のア、イからそれぞれ選びましょう。　㋐（　　）　㋑（　　）
ア　青むらさき色に変化する。
イ　あまり変化しない。

(5) 図1の種子に、でんぷんはふくまれていますか。（　　　　）

(6) 図2のあの部分を切り、(3)の液にひたしました。色の変化はどうなりますか。(4)のア、イから選びましょう。（　　）

(7) (4)〜(6)の結果から、何がわかりますか。次の（　）に当てはまる言葉を書きましょう。

種子にふくまれる①（　　　　）は、②（　　　　）のときの養分として使われる。

まとめのテスト①

勉強した日　月　日

2　植物の発芽と成長

教科書　20～31ページ　答え　3ページ

1 発芽の条件　**インゲンマメの種子を2つ用意して、種子が芽を出すために空気が必要かどうかを調べることにしました。次の問いに答えましょう。**　1つ5〔15点〕

(1)　種子が芽を出すことを何といいますか。　(　　　)

(2)　どのような条件の種子を用意しますか。次のア、イから選びましょう。　(　　　)

ア　1つは冷ぞう庫に入れて、1つは箱をかぶせる。

イ　1つは水にしずめて、1つは空気にふれさせる。

(3)　調べるとき、2つの種子で変える条件を、次のア～ウから選びましょう。　(　　　)

ア　水の条件　　イ　温度の条件　　ウ　空気の条件

よく出る

2 発芽の条件　**次の図のように、だっし綿を入れた入れ物にインゲンマメの種子をまき、発芽するかどうかを調べました。あとの問いに答えましょう。**　1つ4〔36点〕

(1)　㋐～㋔の種子はそれぞれ発芽しますか。

㋐(　　　)　㋑(　　　)　㋒(　　　)

㋓(　　　)　㋔(　　　)

(2)　発芽に水が必要かどうかを調べたいときは、㋐～㋔のどれとどれを比べればよいですか。

(　　　と　　　)

(3)　発芽に適当な温度が必要かどうかを調べたいときは、㋐～㋔のどれとどれを比べればよいですか。　(　　　と　　　)

(4)　発芽に空気が必要かどうかを調べたいときは、㋐～㋔のどれとどれを比べればよいですか。

(　　　と　　　)

記述　(5)　(2)～(4)のそれぞれを比べた結果から、インゲンマメの種子の発芽に必要な条件についてわかることは何ですか。

(　　　)

3 種子のつくり 次の図1の写真は、インゲンマメの種子のつくりを表したものです。あとの問いに答えましょう。

1つ5〔25点〕

図1

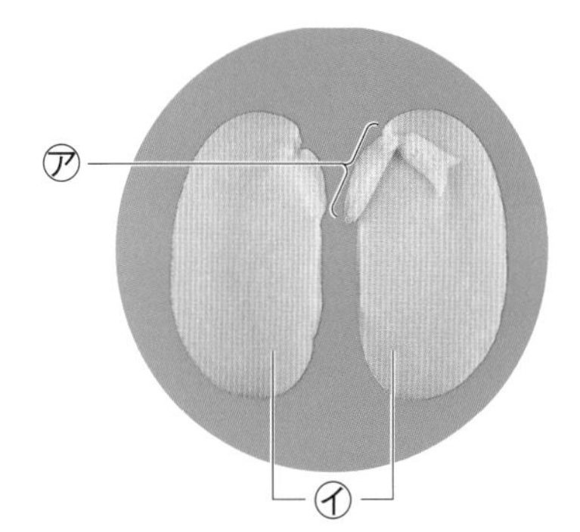

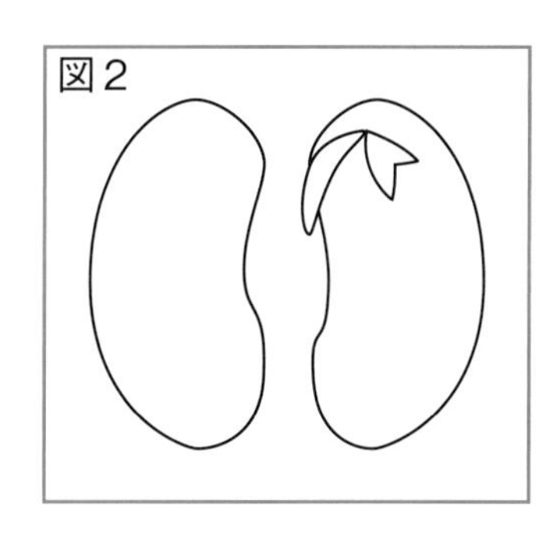

(1) 葉、くき、根になる部分を、㋐、㋑から選びましょう。 (　　　)

(2) 養分がふくまれている部分を、㋐、㋑から選びましょう。 (　　　)

(3) 種子にふくまれている養分は何ですか。 (　　　　　　)

(4) ㋑の部分を何といいますか。 (　　　　　　)

(5) ヨウ素液にひたすと、どの部分の色が変化しますか。図2の□の中で、色が変化する部分をぬりましょう。

4 発芽と養分 水にひたしておいた発芽前のインゲンマメの種子を図1のように切り、図2のようにヨウ素液にひたして色の変化を観察しました。また、発芽してしばらくたったインゲンマメの図3のⓐの部分を切り、ヨウ素液にひたしました。あとの問いに答えましょう。

1つ4〔24点〕

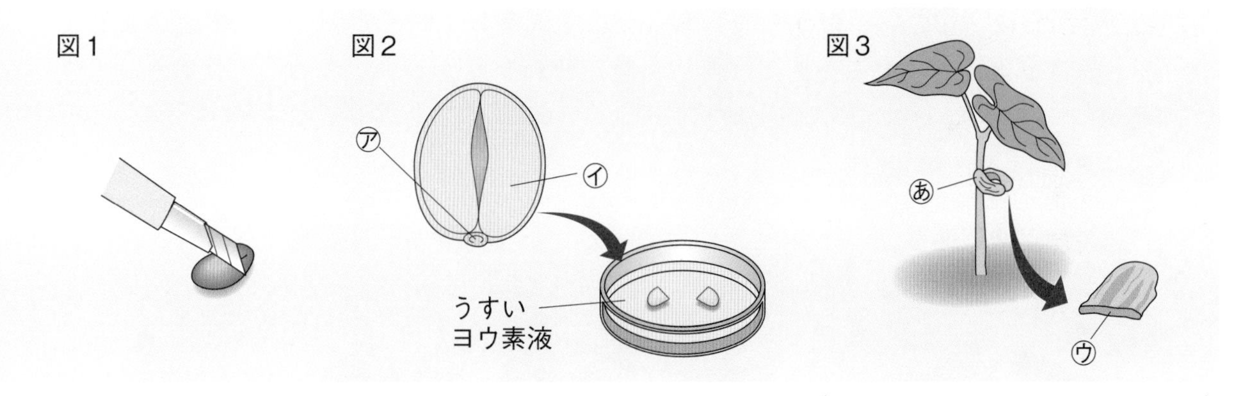

(1) でんぷんにヨウ素液をつけると、何色に変化しますか。 (　　　　　　)

(2) 図2で、種子の切り口をヨウ素液にひたしたときに色が大きく変化する部分を、㋐、㋑から選びましょう。 (　　　)

(3) 発芽する前の子葉の中にでんぷんはふくまれていますか。

(　　　　　　)

(4) 図3で、ⓐを切り、ヨウ素液にひたしたとき、切り口㋒の色はどうなりますか。次のア、イから選びましょう。 (　　　)

ア 色が大きく変化する。　　イ 色があまり変化しない。

(5) 図3で、ⓐの中にふくまれるでんぷんは、発芽する前に比べて多くなっていますか、少なくなっていますか。 (　　　　　　)

(6) 図2と図3の切り口の色の変化から、種子の中にふくまれているでんぷんは何に使われることがわかりますか。 (　　　　　　)

3 植物が成長する条件

基本のワーク

学習の目標
植物が大きく成長するために何が必要か、実験を通して理解しよう。

教科書 32～37ページ　答え 4ページ

図を見て、あとの問いに答えましょう。

1 日光と植物の成長

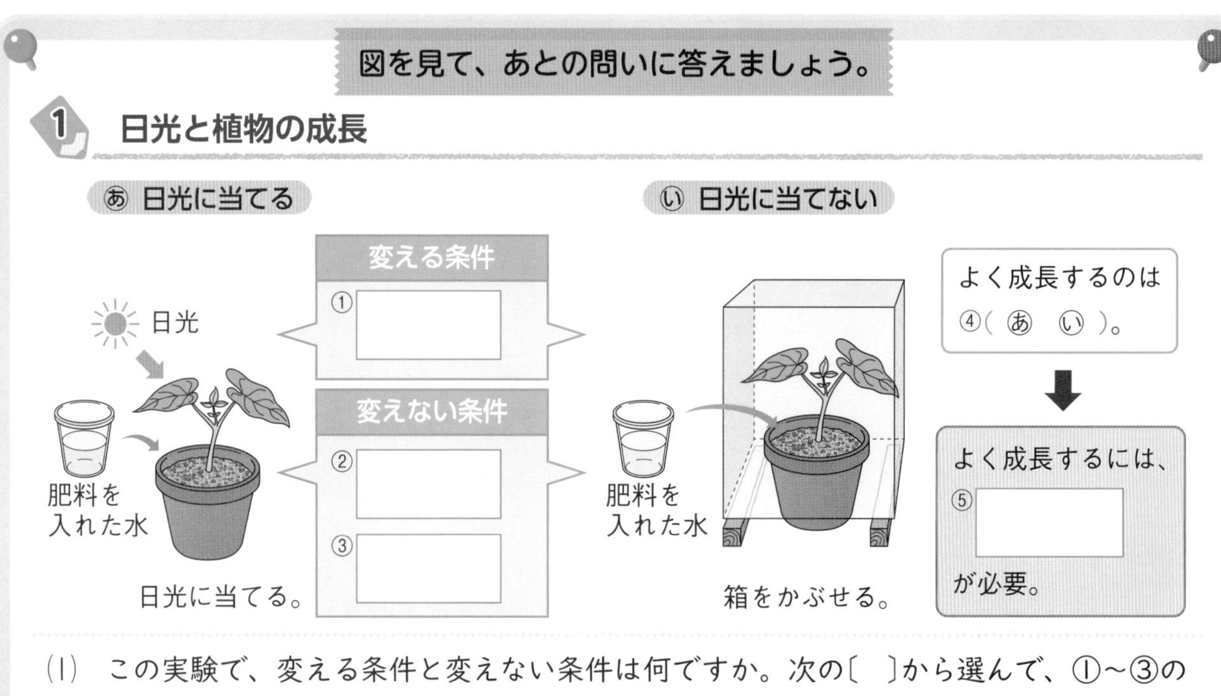

(1) この実験で、変える条件と変えない条件は何ですか。次の〔 〕から選んで、①～③の□に書きましょう。〔 水 日光 肥料 〕

(2) 1週間後、④の( )のうちのどちらがよく成長していますか。◯で囲みましょう。

(3) 植物がよく成長するためには何が必要だとわかりますか。⑤の□に書きましょう。

2 肥料と植物の成長

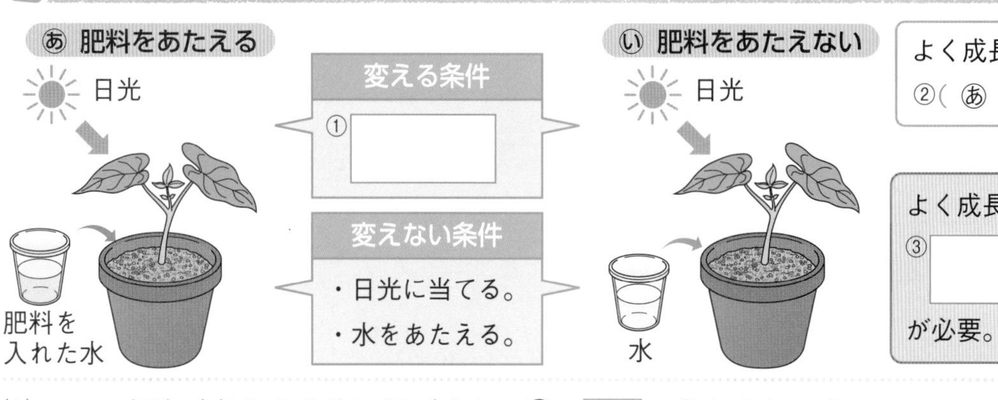

(1) この実験で変える条件は何ですか。①の□に書きましょう。

(2) 3週間後、②の( )のうちのどちらがよく成長していますか。◯で囲みましょう。

(3) 植物がよく成長するためには何が必要だとわかりますか。③の□に書きましょう。

まとめ 〔 肥料 日光 〕から選んで( )に書きましょう。

- 植物がよく成長するには、①(　　　　　)に当てることが必要である。
- 植物がよく成長するには、②(　　　　　)をあたえることが必要である。

わくわくたんてい団
植物は、太陽の光を受けて成長に必要な養分を自分でつくり出しています。そのため、光を受けなかった植物は葉の色がうすくなり、成長しにくくなります。

練習のワーク

教科書 32～37ページ　答え 4ページ

できた数　/10問中

1 日光に当てたインゲンマメのなえ㋐と、おおいをして、日光に当てないようにしたインゲンマメのなえ㋑を１週間育て、成長のようすを比べました。あとの問いに答えましょう。

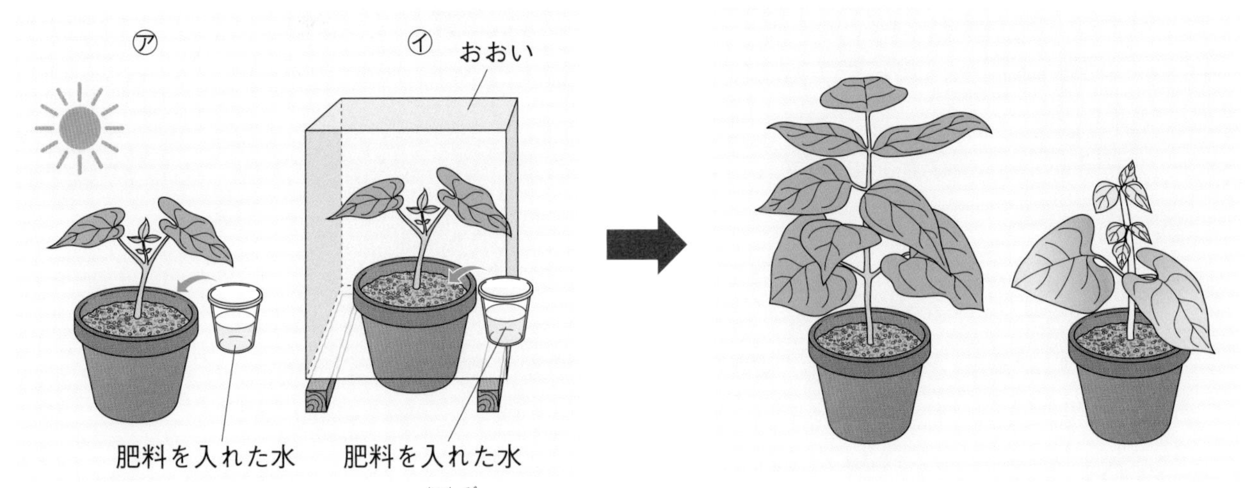

(1) ㋐、㋑には、どんななえを準備(じゅんび)しますか。次のア、イから選びましょう。（　　）

ア　育ち方が同じぐらいのなえ　　イ　育ち方がちがうなえ

(2) この実験では、成長と何の条件との関係を調べようとしていますか。次のア～ウから選びましょう。（　　）

ア　水の条件　　イ　日光の条件　　ウ　肥料の条件

(3) この実験をするときに㋐と㋑で変えない条件を、(2)のア～ウから２つ選びましょう。（　　）（　　）

(4) よく成長したなえを、㋐、㋑から選びましょう。（　　）

(5) この実験から、インゲンマメがよく成長するためには何が必要であることがわかりますか。（　　）

(6) あまり成長しなかったなえは、この後どのようにすると、よく成長しますか。（　　）

2 水をあたえたインゲンマメのなえ㋐と、肥料を入れた水をあたえたインゲンマメのなえ㋑を３週間育て、成長のようすを比べました。

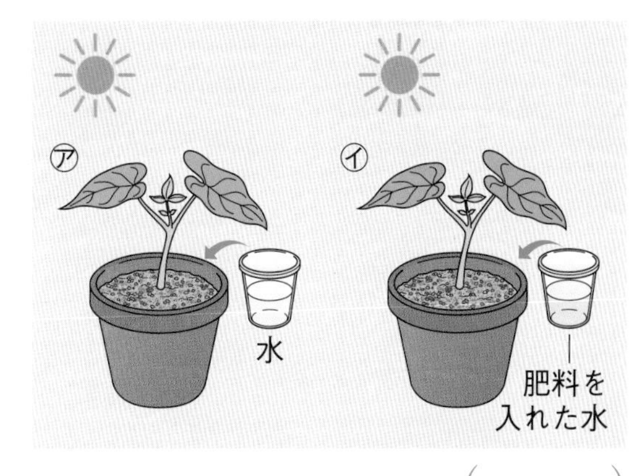

(1) この実験では、成長と何の条件との関係を調べようとしていますか。次のア～ウから選びましょう。（　　）

ア　水の条件　　イ　日光の条件

ウ　肥料の条件

(2) よく成長したなえを、㋐、㋑から選びましょう。（　　）

(3) この実験から、インゲンマメがよく成長するためには何が必要であることがわかりますか。（　　）

まとめのテスト②

2 植物の発芽と成長

勉強した日 月 日

時間20分

得点 /100点

教科書 32〜37ページ　答え 4ページ

よく出る **1** **日光と植物の成長** インゲンマメのなえの成長に日光が必要かどうかを調べるために、右の図のように２本のなえを用意して、１週間後に比べました。次の問いに答えましょう。

1つ4〔32点〕

(1) ２本のなえの選び方として正しいものを、次のア、イから選びましょう。（　　）

ア　大きいなえと小さいなえを１本ずつ選ぶ。

イ　育ち方が同じぐらいのなえを２本選ぶ。

(2) この実験で変える条件は何ですか。次のア〜ウから選びましょう。（　　）

ア　水の条件　イ　日光の条件　ウ　肥料の条件

(3) この実験で変えない条件は何ですか。(2)のア〜ウから２つ選びましょう。（　　）（　　）

記述 (4) ㋑の植木ばちに箱をかぶせるのはなぜですか。

（　　）

(5) この実験でインゲンマメにあたえる水には、成長をよくするためにあるものを入れています。何を入れてあたえますか。（　　）

(6) 葉が大きく、多く、こい緑色に成長したなえを、㋐、㋑から選びましょう。（　　）

(7) あまり成長しなかったほうのなえには、何が足りなかったと考えられますか。

（　　）

よく出る **2** **肥料と植物の成長** インゲンマメのなえの成長に肥料が必要かどうかを調べるために、右の図のように２本のなえを用意して、３週間後に比べました。次の問いに答えましょう。

1つ4〔20点〕

(1) この実験で変える条件は何ですか。次のア〜ウから選びましょう。（　　）

ア　水の条件　イ　日光の条件　ウ　肥料の条件

(2) この実験で変えない条件は何ですか。(1)のア〜ウから２つ選びましょう。（　　）（　　）

(3) よく成長したなえを、㋐、㋑から選びましょう。（　　）

(4) あまり成長しなかったほうのなえは、この後、何をあたえると、よりよく成長しますか。（　　）

3 **植物の成長に必要なもの** 日光に当てるかどうか、肥料をあたえるかどうかで、インゲンマメのなえの成長がどのようにちがうかを下の表にまとめました。あとの問いに答えましょう。ただし、すべてに水はあたえています。

1つ4〔48点〕

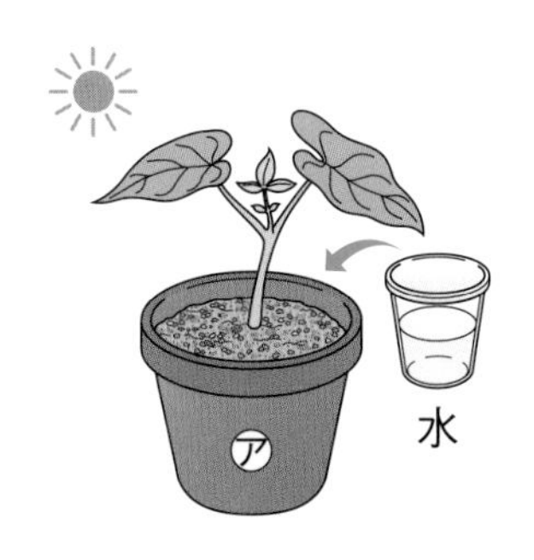

		㋐	㋑	㋒
条件	肥料	あたえない。	あたえる。	あたえる。
	日光	当てる。	当てる。	当てない。
	水	あたえる。	あたえる。	あたえる。
2週間後	葉のようす	①	②	③
	くきのようす	④	⑤	⑥
	全体のようす	⑦	⑧	⑨

(1) 表の①～③に当てはまるものを、次の**ア**～**ウ**から選び、表に記号を書き入れましょう。

ア こい緑色で、いちばん大きく、数が多い。

イ 黄色っぽい色で、小さく、数が少ない。

ウ こい緑色だが、小さく、数が少ない。

(2) 表の④～⑥に当てはまるものを、次の**エ**～**カ**から選び、表に記号を書き入れましょう。

エ 黄色っぽい色で、ひょろひょろしている。

オ こい緑色だが、あまりのびていない。

カ こい緑色で、よくのび、いちばん太い。

(3) 表の⑦～⑨に当てはまるものを、次の**キ**～**ケ**から選び、表に記号を書き入れましょう。

キ 緑色をしているが、葉の数が少なく、大きさは小さい。

ク 葉の色がうすく、数が少なく、弱々しく見える。

ケ 葉の数が多く、大きくじょうぶに育っている。

(4) インゲンマメのなえの成長に日光が必要かどうかを調べるためには、㋐～㋒のどれとどれを比べればよいですか。　(　　と　　)

(5) インゲンマメのなえの成長に肥料が必要かどうかを調べるためには、㋐～㋒のどれとどれを比べればよいですか。　(　　と　　)

記述 (6) この実験から、インゲンマメのなえがよく成長するために必要な条件について、わかることは何ですか。

(　　　　　　　　　　　　　　　　)

学習の目標
メダカを飼って、たまごをうむようにする方法を考えよう。

1　たまごの変化①
基本のワーク

教科書 38～41ページ　答え 5ページ

図を見て、あとの問いに答えましょう。

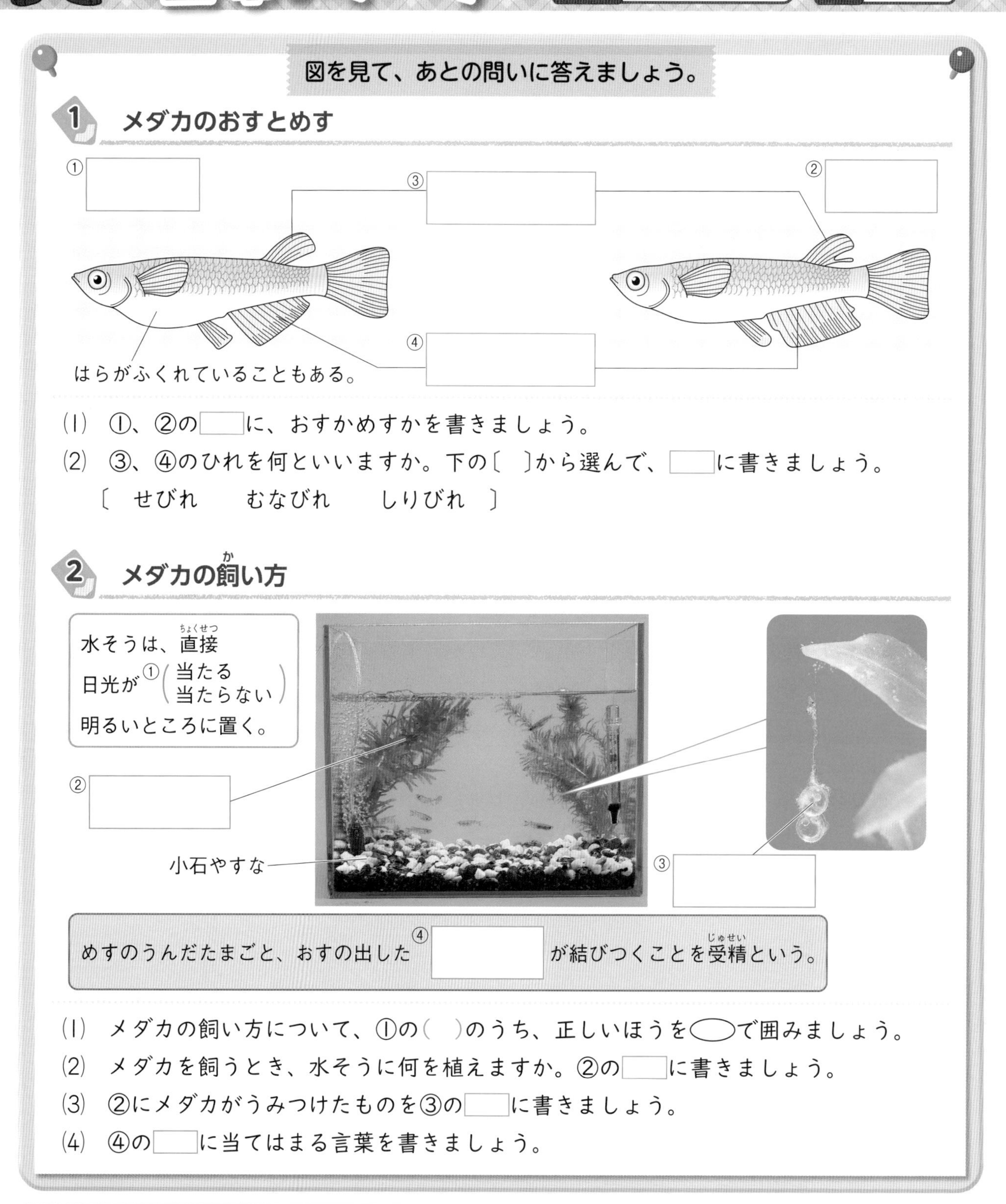

1 メダカのおすとめす

(1) ①、②の□に、おすかめすかを書きましょう。
(2) ③、④のひれを何といいますか。下の〔　〕から選んで、□に書きましょう。
〔 せびれ　むなびれ　しりびれ 〕

2 メダカの飼い方

(1) メダカの飼い方について、①の（　）のうち、正しいほうを◯で囲みましょう。
(2) メダカを飼うとき、水そうに何を植えますか。②の□に書きましょう。
(3) ②にメダカがうみつけたものを③の□に書きましょう。
(4) ④の□に当てはまる言葉を書きましょう。

まとめ　〔 受精卵　受精 〕から選んで（　）に書きましょう。

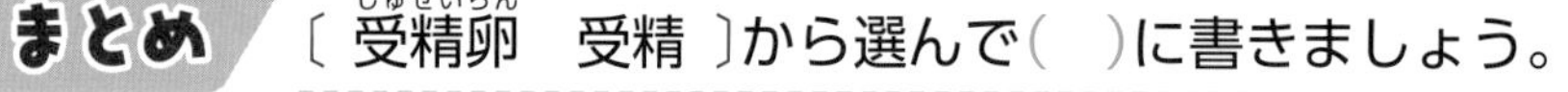

●めすがうんだたまごと、おすが出した精子が結びつくことを①（　　　　）という。
●受精したたまごを②（　　　　）という。

観察のときに飼った、黄色っぽいメダカをヒメダカといいます。池や川で見られる野生のメダカは黒っぽく、黒メダカといいます。野生のメダカは近ごろでは数が減っています。

練習のワーク

できた数　/16問中

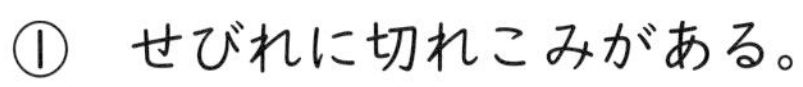

教科書　38～41ページ　答え　5ページ

1 メダカのおすとめすについて、次の問いに答えましょう。

㋐　㋑

(1) 次の①～⑤の文は、おすとめすのどちらの特ちょうを表していますか。

① せびれに切れこみがある。（　　）
② せびれに切れこみがない。（　　）
③ しりびれの後ろのはばがせまい。（　　）
④ しりびれが大きく、平行四辺形に近い。（　　）
⑤ はらがふくれていることがある。（　　）

(2) 右の図の㋐、㋑のメダカは、それぞれおすとめすのどちらですか。

㋐（　　）　㋑（　　）

(3) 次の文の（　）に当てはまる言葉を、下の〔　〕から選んで書きましょう。

めすがうんだ①（　　）とおすが出した②（　　）が結びつくことを③（　　）といい、できたたまごを④（　　）という。

〔　受精　　精子　　水　　たまご　　水草　　受精卵　〕

2 次の㋐～㋔は、メダカの飼い方について書いたものです。あとの問いに答えましょう。

㋐（　　）が直接当たらない、明るいところに水そうを置く。
㋑ よくあらった小石をしいて、くみ置きの水を入れ、水草を植える。
㋒ メダカを入れる。
㋓ 水がよごれたら、くみ置きの水と入れかえる。
㋔ えさは毎日２～３回あたえる。

(1) ㋐の（　）に当てはまる言葉を書きましょう。

(2) メダカのめすは、うんだたまごを何につけますか。㋑で水そうに入れたものの中から選びましょう。（　　）

(3) ㋒で、メダカがたまごをうむためには、水そうにメダカのおすとめすをどのように入れますか。次のア～ウから選びましょう。（　　）

ア　おすだけを入れる。　　イ　めすだけを入れる。
ウ　おすとめすの両方を入れる。

(4) ㋓で、どのぐらいをくみ置きの水と入れかえますか。次のア～ウから選びましょう。（　　）

ア　少しだけ入れかえる。　　イ　半分ぐらい入れかえる。　　ウ　全部入れかえる。

(5) ㋔で、メダカにえさをあたえるときに気をつけることとして正しいものを、次のア、イから選びましょう。（　　）

ア　食べ残しが出るようにあたえる。　　イ　食べ残しが出ないようにする。

勉強した日 月 日

1 たまごの変化②

基本のワーク

学習の目標
メダカのたまごはどのように育っていくのかを考えてみよう。

教科書 42～49、157ページ　答え 5ページ

図を見て、あとの問いに答えましょう。

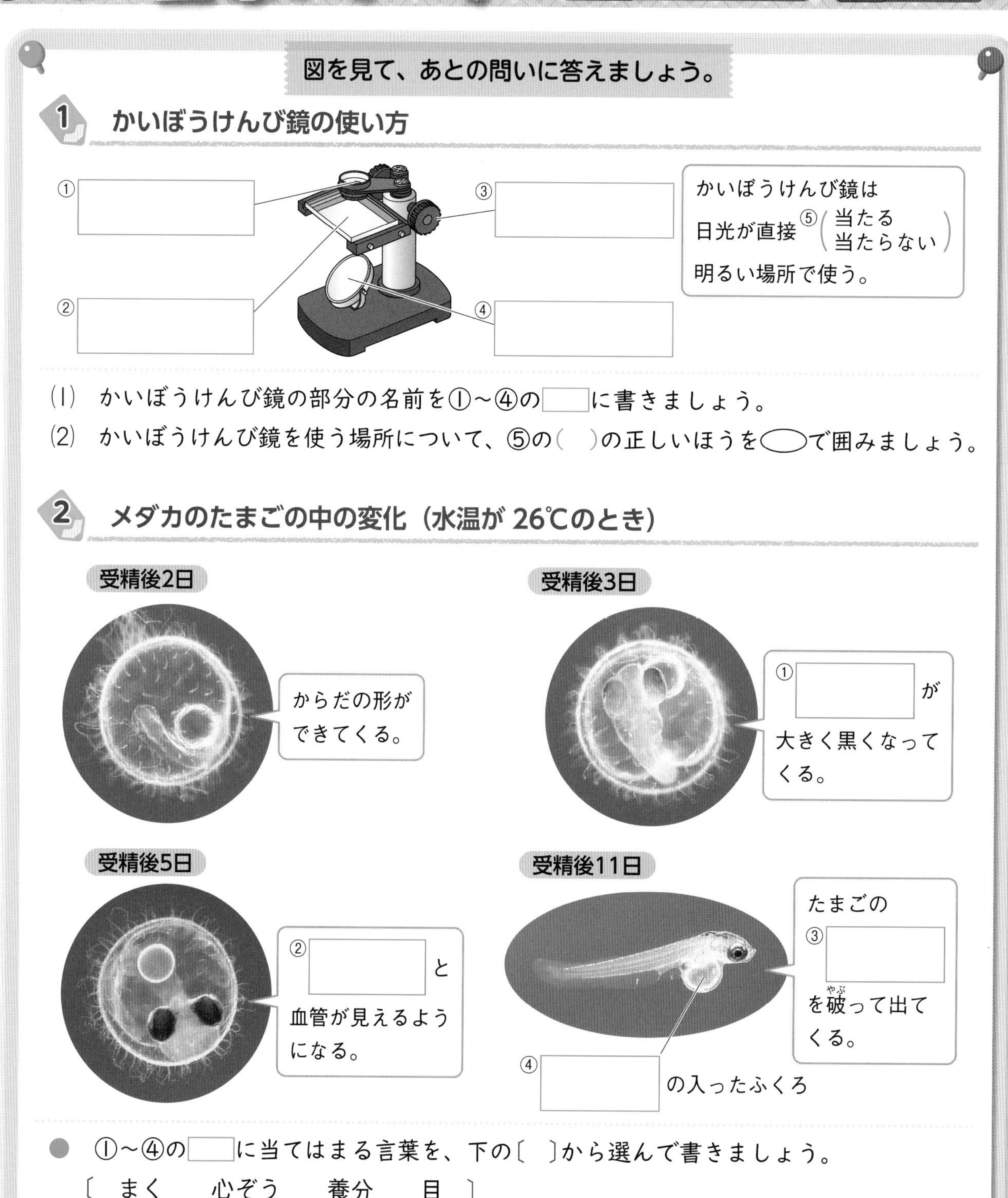

● ①～④の□に当てはまる言葉を、下の〔 〕から選んで書きましょう。
〔 まく　心ぞう　養分　目 〕

まとめ 〔 まく　養分 〕から選んで（ ）に書きましょう。

● メダカの子どもは、たまごの中の①（　　　　）を使って育っていく。
● たまごの中で育ったメダカの子どもは、たまごの②（　　　　）を破って出てくる。

わくわくたんてい団
メダカの受精卵は、とても小さくて、かん単なつくりをしています。その受精卵がだんだんと複雑（ふくざつ）なつくりに変化し、やがて子メダカになるのが、とてもふしぎなところです。

練習のワーク

できた数　/12問中

教科書 42〜49、157ページ　答え 5ページ

1 次の㋐〜㋓の写真は、メダカのたまごの変化を観察したときのようすを表したものです。あとの問いに答えましょう。

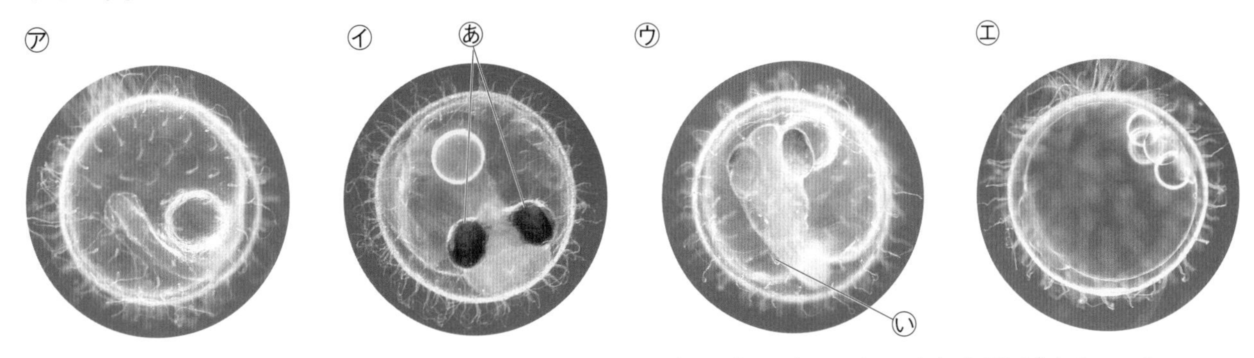

(1) メダカのたまごを観察する方法として正しいものを、次のア、イから選びましょう。（　　）

ア　たまごだけをとり出して、かわいたペトリ皿に移(うつ)して観察する。

イ　たまごのついた水草を、水を入れたペトリ皿に移して観察する。

(2) ㋵と㋑は、それぞれ目とむなびれのどちらですか。

ⓐ（　　　）　ⓘ（　　　）

(3) 次の①〜④は、それぞれ㋐〜㋓のどのころのものですか。

① 心ぞうや血管が見えている。（　　）

② 受精後数時間で、からだのもとになる物が見えてくる。（　　）

③ むなびれや、黒く大きな目が見えてくる。（　　）

④ メダカのからだの形ができてくる。（　　）

(4) ㋐〜㋓を、たまごの中が変化する順にならべましょう。

（　　→　　→　　→　　）

(5) たまごの中の子どもは、どこにある養分を使って育ちますか。（　　　）

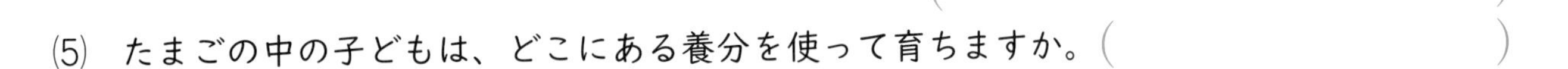

2 右の写真は、かえったばかりのメダカの子どものようすです。次の問いに答えましょう。

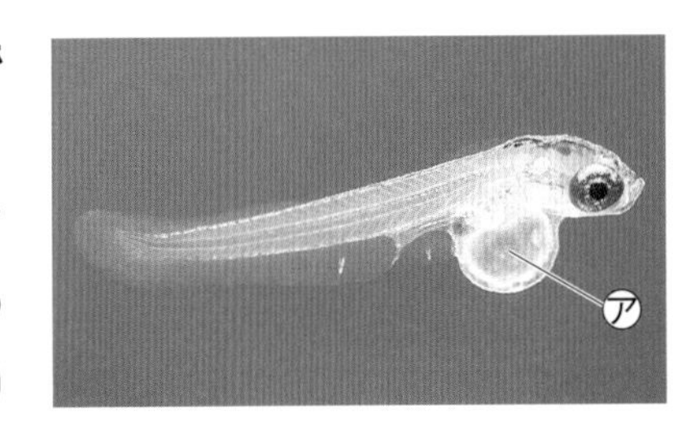

(1) 受精してから子どもがかえるまで、およそ何日かかりますか。次のア〜エから選びましょう。ただし、水温は26℃の場合とします。（　　）

ア　3日　　イ　6日　　ウ　11日　　エ　15日

(2) はらにある㋐のふくろには何が入っていますか。（　　　）

(3) かえったばかりのメダカの子どもは、どんな動きをしますか。次のア〜ウから選びましょう。（　　）

ア　すぐに活発に動き出して、えさをとり始める。

イ　2〜3日は何も食べず、底のほうでじっとしている。

ウ　1週間は何も食べずに、活発に動き回っている。

まとめのテスト

3 魚のたんじょう

勉強した日　月　日

得点　/100点

教科書 38〜49、157ページ　答え 6ページ

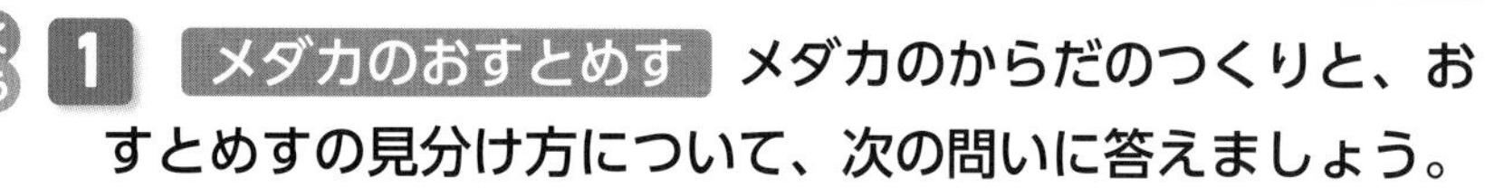

よく出る **1** **メダカのおすとめす** **メダカのからだのつくりと、おすとめすの見分け方について、次の問いに答えましょう。**

1つ5〔35点〕

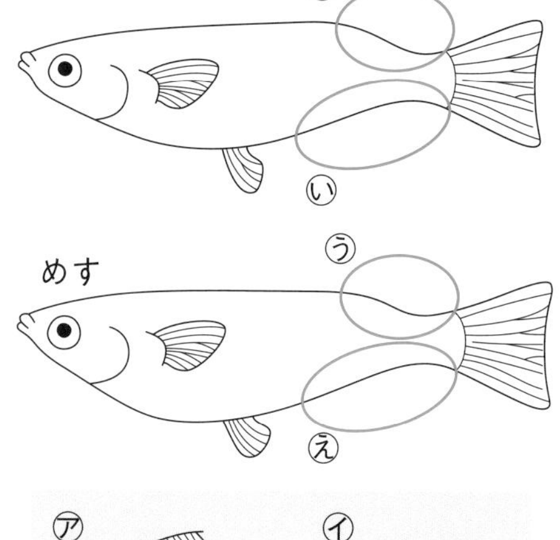

(1) ⓐやⓤの部分についているひれを何といいますか。

(　　　　　　　　)

(2) ⓘやⓔの部分についているひれを何といいますか。

(　　　　　　　　)

作図 (3) メダカのおすのあ、い、めすのう、えの部分には、どんなひれがついていますか。それぞれ右の㋐〜㋓からもっともよいものを選んで、あ〜えの⬭にひれの形をかきましょう。

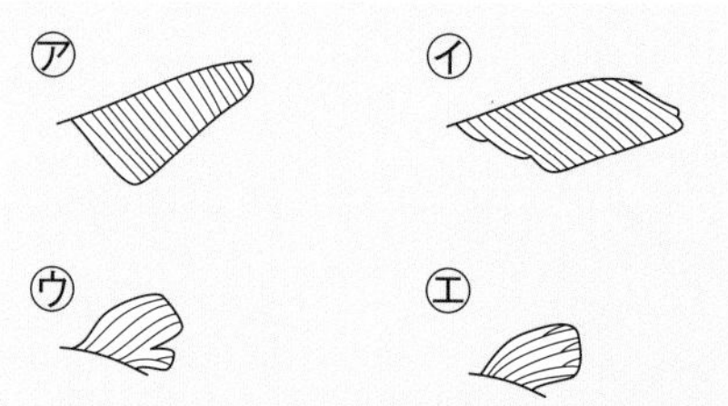

記述 (4) めすのメダカのはらには、おすには見られない特ちょうが見られることがあります。それは何ですか。

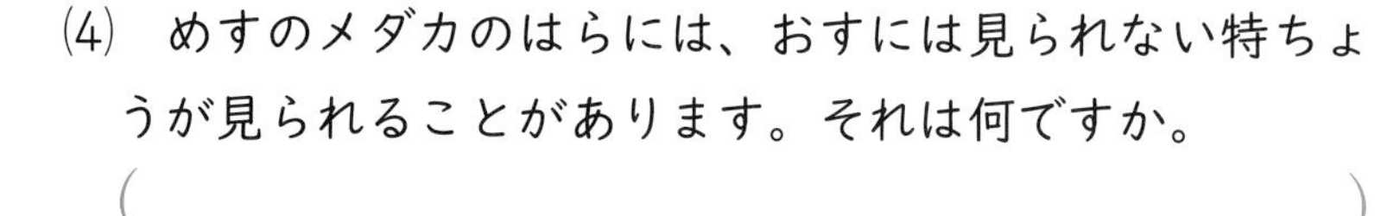

(　　　　　　　　　　　　　　　　)

2 **メダカの飼い方** **右のような水そうを用意してメダカを飼い、たまごをうむようすを観察しました。次の問いに答えましょう。**

1つ5〔25点〕

記述 (1) 水そうは、どんなところに置きますか。

(　　　　　　　　　　　　　　　　)

(2) 水そうに入れるのは、どんな水がよいですか。次のア、イから選びましょう。(　　)

ア　くんだばかりの水道水　　イ　くみ置きの水

記述 (3) メダカのおすとめすをいっしょに飼うのはなぜですか。

(　　　　　　　　　　　　　　　　)

(4) 水そうの中にたまごを見つけたとき、どうしますか。次のア、イから選びましょう。

(　　)

ア　水そうの中に入れたまま、目じるしをつけ、観察を続ける。

イ　たまごを水草につけたまま、別の入れ物に移し、観察を続ける。

チャレンジ! (5) サケもメダカと同じようにたまごをうみ、たまごの中でサケの子どもが育ちます。サケの子どもとメダカの子どもについて正しいものを、次のア〜エから選びましょう。

(　　)

ア　メダカの子どもにはかえったときにはらに養分があるが、サケの子どもにはない。

イ　メダカの子どももサケの子どもも、受精してから約9日でたまごから出てくる。

ウ　メダカの子どももサケの子どもも、たまごの中で少しずつからだができてくる。

エ　サケはメダカとちがって受精しなくてもたまごが育つ。

3 **かいぼうけんび鏡** **右の図は、かいぼうけんび鏡を表したものです。次の問いに答えましょう。**

1つ4〔16点〕

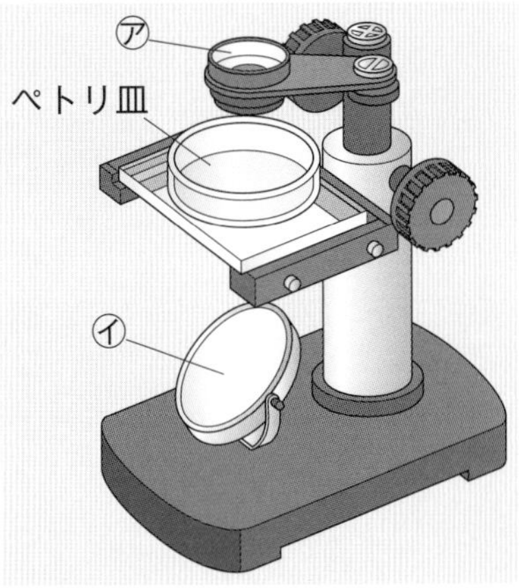

(1) ㋐、㋑をそれぞれ何といいますか。

㋐(　　　　　　　　　　)
㋑(　　　　　　　　　　)

(2) かいぼうけんび鏡を使うと、およそ何倍にかく大して観察することができますか。次のア～エから選びましょう。

(　　　　)

ア　10～20倍　　　イ　50～60倍
ウ　100～110倍　　エ　200倍以上

ペトリ皿

(3) かいぼうけんび鏡の使い方について、次のア～エを正しい順にならべましょう。

(　　　→　　　→　　　→　　　)

ア　ステージの中央に観察する物を置く。
イ　調節ねじを少しずつ回して観察する物から㋐を遠ざけていき、はっきり見えるところで止める。
ウ　㋑の向きを変え、見やすい明るさにする。
エ　真横から見ながら調節ねじを回し、㋐と観察する物を近づける。

よく出る

4 **たまごの変化** **次の㋐～㋓の写真は、メダカのたまごの中が変化していくようすを表したものです。あとの問いに答えましょう。**

1つ4〔24点〕

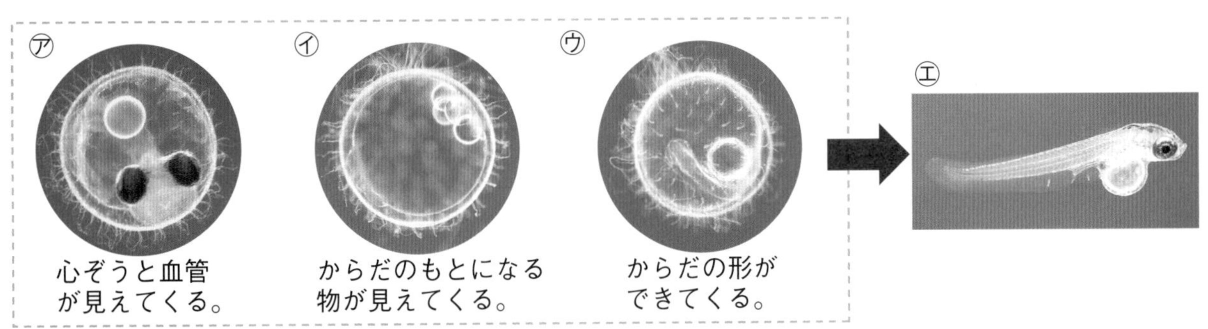

(1) メダカのたまごが変化するためには、めすのうんだたまごとおすの出した何が結びつく必要がありますか。(　　　　　　)

(2) めすのうんだたまごと、(1)で答えたおすの出した物が結びつくことを何といいますか。

(　　　　　　)

(3) (2)でできたたまごを何といいますか。(　　　　　　)

(4) 図の［　］の㋐～㋒を、メダカのたまごが育つ順にならべましょう。

(　　　→　　　→　　　)

(5) たまごの中のメダカの子どもが育つための養分があるのは、水の中とたまごの中のどちらですか。(　　　　　　)

記述

(6) たまごからかえったばかりの㋓のメダカが、2～3日の間、何も食べなくても生きていられるのはなぜですか。

(　　　　　　　　　　　　　　　　　　　　　　　　)

月　日

1　花のつくり①

基本のワーク

学習の目標
ヘチマとアサガオの花のつくりを、観察をとおして理解しよう。

教科書 52～57ページ　答え 6ページ

図を見て、あとの問いに答えましょう。

1 ヘチマの花のつくり

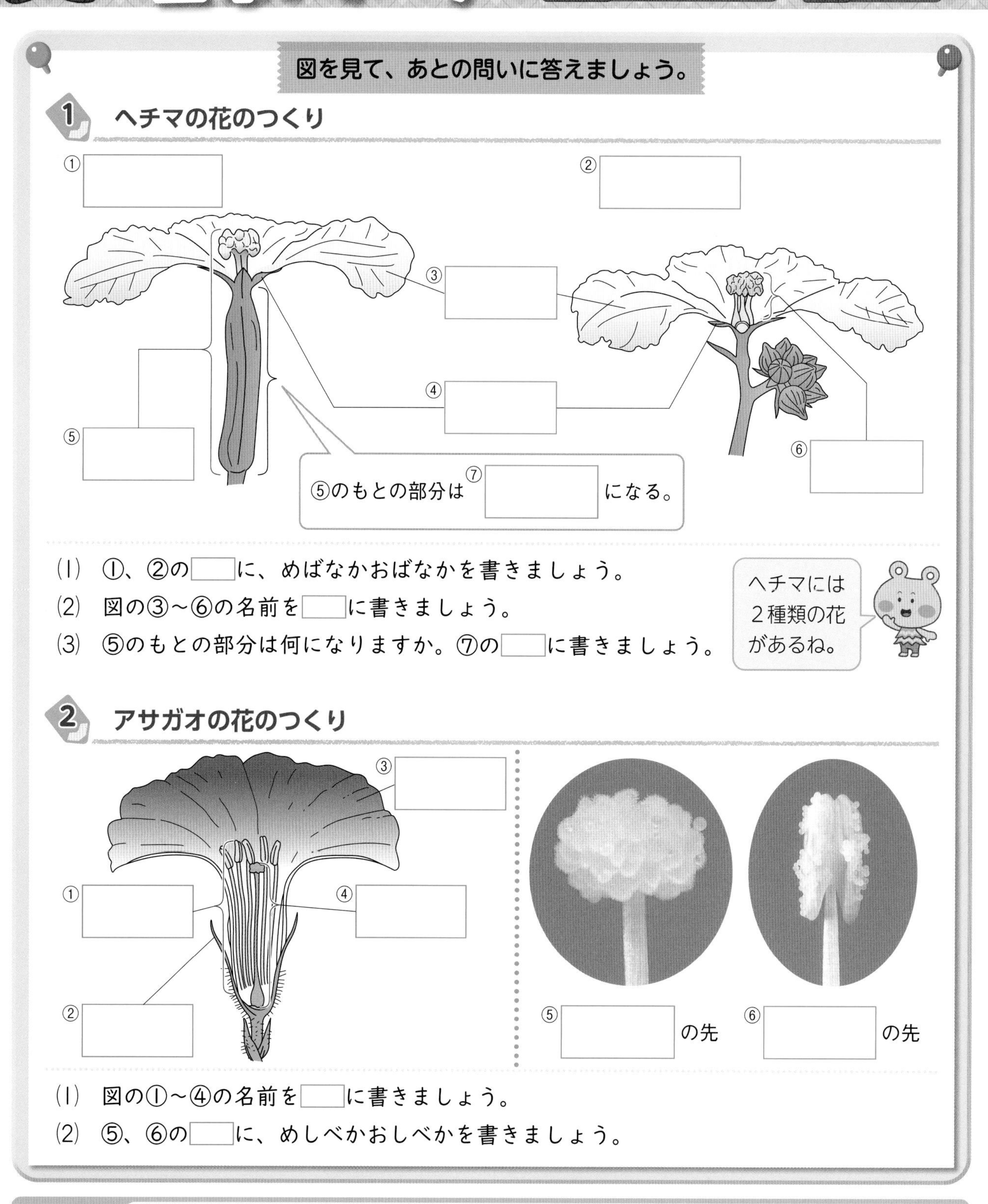

(1)　①、②の□に、めばなかおばなかを書きましょう。
(2)　図の③～⑥の名前を□に書きましょう。
(3)　⑤のもとの部分は何になりますか。⑦の□に書きましょう。

2 アサガオの花のつくり

(1)　図の①～④の名前を□に書きましょう。
(2)　⑤、⑥の□に、めしべかおしべかを書きましょう。

まとめ　〔 おしべ　めばな　おばな　めしべ 〕から選んで(　)に書きましょう。

- ヘチマには、おしべのある①(　　　　)、めしべのある②(　　　　)がある。
- アサガオは1つの花に③(　　　　)と④(　　　　)がある。

アサガオの花は、内側からめしべ、おしべ、花びら、がくの順についています。めしべは1本、おしべは5本あります。めしべのもとのふくらんだ部分が実になります。

練習のワーク

教科書　52～57ページ　答え　6ページ

できた数　／15問中

1 右の図は、ヘチマの花を表したものです。次の問いに答えましょう。

(1) 花のつくりを観察するときに手に持って使う、物をかく大して見ることができる道具を何といいますか。（　　　　　）

(2) ㋐、㋑の花をそれぞれ何といいますか。

㋐（　　　　　）
㋑（　　　　　）

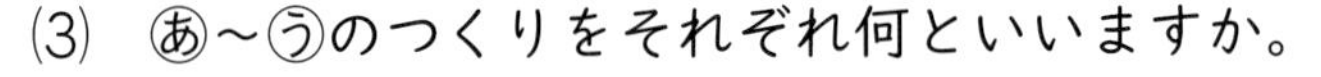

(3) Ⓐ～Ⓤのつくりをそれぞれ何といいますか。

Ⓐ（　　　　　）
Ⓘ（　　　　　）
Ⓤ（　　　　　）

ヘチマの実は細長い形をしているね。

(4) 花のつくりで、実のような形をしている部分はどこですか。次のア～エから選びましょう。（　　　）

ア　Ⓐの先の部分　　イ　Ⓐのもとの部分　　ウ　Ⓤの先の部分　　エ　Ⓤのもとの部分

(5) かく大して見たとき、ⒶとⓊのどちらの先に、より多くの粉(こな)がついていますか。（　　　）

2 右の図は、アサガオの花を表したものです。次の問いに答えましょう。

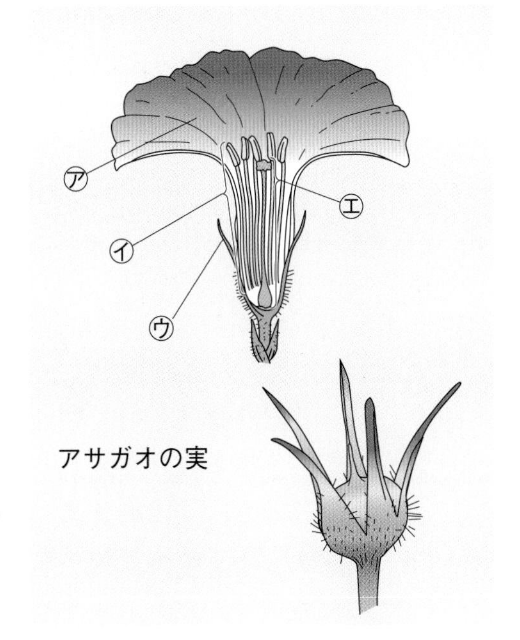

アサガオの実

(1) ㋐～㋓のつくりをそれぞれ何といいますか。

㋐（　　　　　）
㋑（　　　　　）
㋒（　　　　　）
㋓（　　　　　）

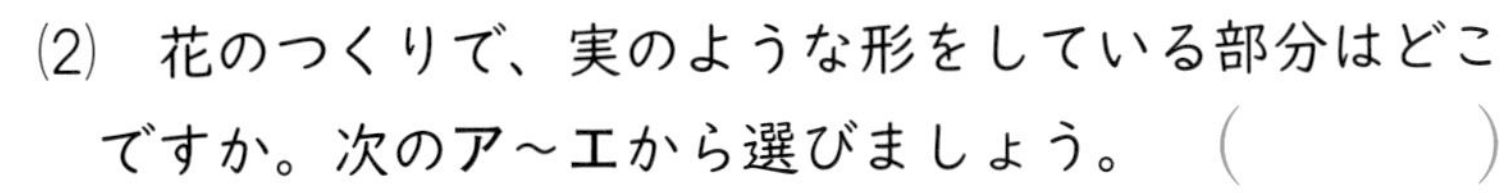

(2) 花のつくりで、実のような形をしている部分はどこですか。次のア～エから選びましょう。（　　　）

ア　㋑の先の部分　　イ　㋑のもとの部分
ウ　㋓の先の部分　　エ　㋓のもとの部分

(3) アサガオの花をヘチマの花と比べたとき、似(に)ていることを、次のア～ウから選びましょう。（　　　）

ア　めしべのもとの部分がふくらんでいること。
イ　１つの花におしべとめしべがあること。
ウ　２種類の花があること。

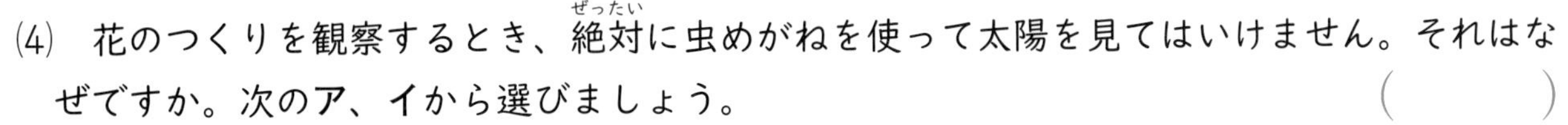

(4) 花のつくりを観察するとき、絶対(ぜったい)に虫めがねを使って太陽を見てはいけません。それはなぜですか。次のア、イから選びましょう。（　　　）

ア　虫めがねがこわれるから。
イ　目をいためるから。

学習の目標
けんび鏡の使い方やプレパラートのつくり方を理解しよう。

けんび鏡の使い方
基本のワーク

教科書 56、156～157ページ　答え 7ページ

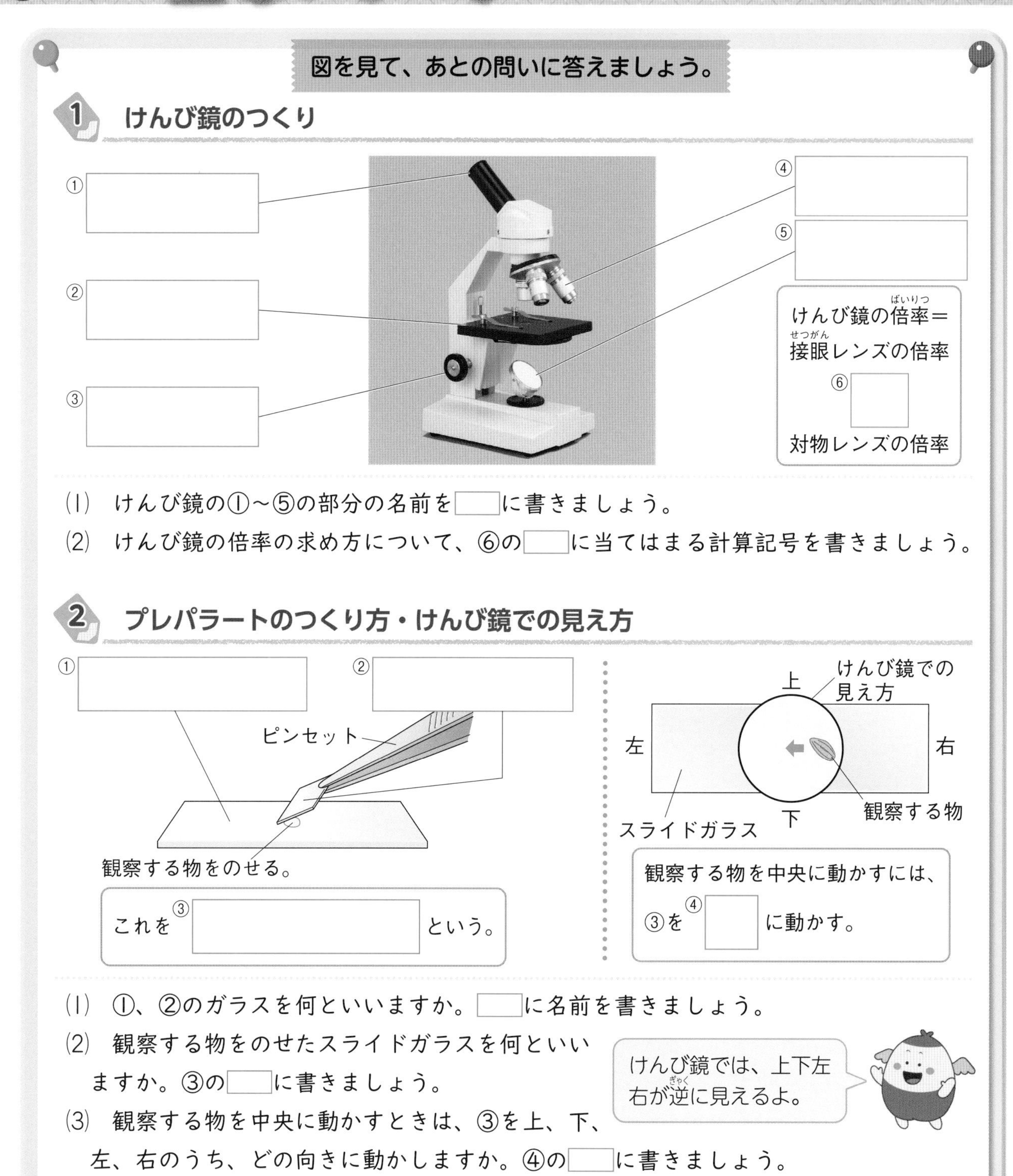

1 けんび鏡のつくり

(1) けんび鏡の①～⑤の部分の名前を□に書きましょう。

(2) けんび鏡の倍率の求め方について、⑥の□に当てはまる計算記号を書きましょう。

2 プレパラートのつくり方・けんび鏡での見え方

(1) ①、②のガラスを何といいますか。□に名前を書きましょう。

(2) 観察する物をのせたスライドガラスを何といいますか。③の□に書きましょう。

(3) 観察する物を中央に動かすときは、③を上、下、左、右のうち、どの向きに動かしますか。④の□に書きましょう。

まとめ 〔 対物レンズ　倍率　逆 〕から選んで（　）に書きましょう。

- けんび鏡の倍率は、接眼レンズの①（　　　　）×②（　　　　）の倍率で求める。
- けんび鏡では、プレパラート上にある物の上下左右が③（　　　　）に見える。

けんび鏡の倍率は40～600倍です。かいぼうけんび鏡の倍率は10～20倍、そう眼（がん）実体けんび鏡の倍率は20～40倍です。けんび鏡はより小さな物の観察に適しています。

練習のワーク

教科書 56、156～157ページ　答え 7ページ

できた数　／8問中

1 右の図のようなけんび鏡について、次の問いに答えましょう。

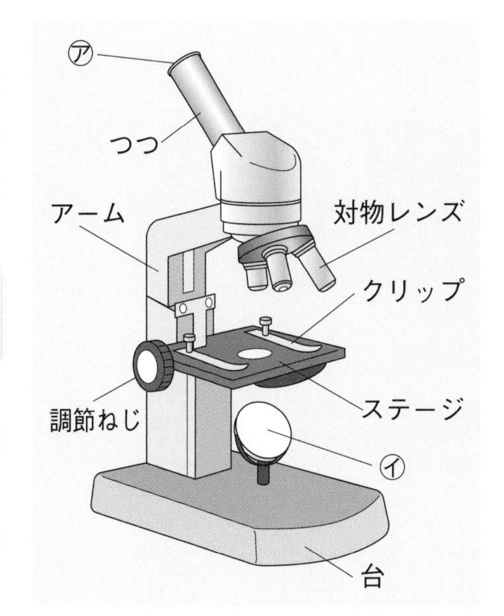

(1) 図の㋐、㋑の部分をそれぞれ何といいますか。

㋐(　　　　)

㋑(　　　　)

(2) けんび鏡を使うところについて、次の①、②の(　)に当てはまる言葉を、下の〔　〕から選んで書きましょう。

けんび鏡は、日光が直接①(　　　　)ところで、②(　　　　)ところに置く。

〔 当たる　　当たらない　　明るい　　暗い 〕

(3) 接眼レンズの倍率が10倍、対物レンズの倍率が20倍のとき、けんび鏡の倍率は何倍ですか。

(　　　　)

2 次の㋐～㋓は、けんび鏡の使い方について、図と文で説明したものです。あとの問いに答えましょう。

㋐

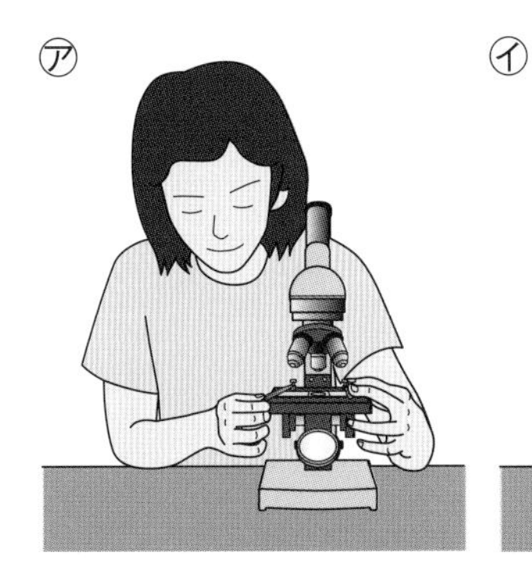

ステージにプレパラートを置いて、クリップでとめる。

㋑

真横から見ながら調節ねじを回して、対物レンズとプレパラートをできるだけ近づける。

㋒

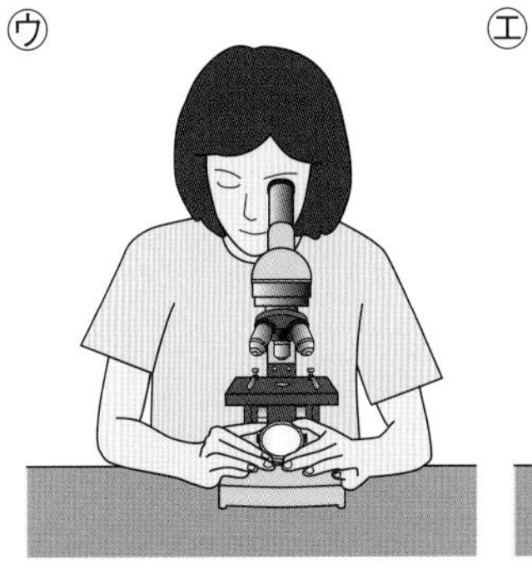

いちばん低い倍率の対物レンズにする。接眼レンズをのぞきながら反しゃ鏡を動かし、明るくする。

㋓

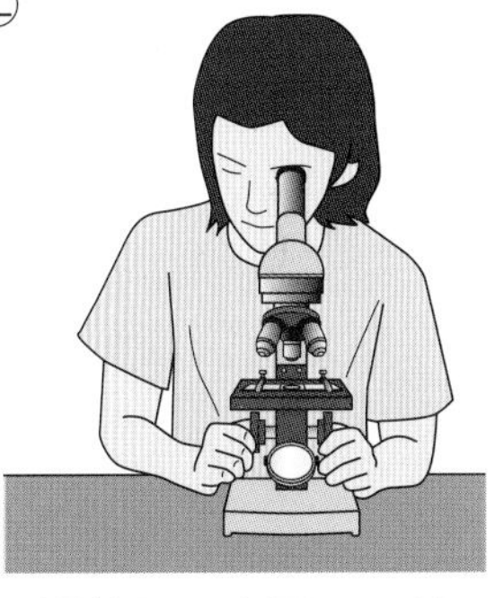

調節ねじを回し、対物レンズとプレパラートを遠ざけて、はっきり見えるところで止める。

(1) けんび鏡の使い方について、㋐～㋓を正しい順にならべましょう。

(　　→　　→　　→　　)

(2) けんび鏡で見ると、観察する物は上下左右が同じに見えますか、逆に見えますか。(　　　　)

作図

(3) 右の図は、プレパラートとけんび鏡で見たときの観察する物のようすです。観察する物を中央に動かしたいとき、プレパラートをどの方向に動かしますか。動かす方向を矢印でかきましょう。

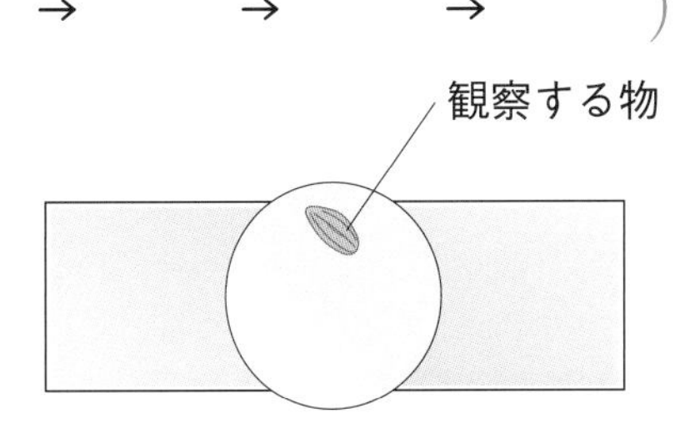

学習の目標

花粉がどこから出ているかを知り、けんび鏡で花粉を観察しよう。

1　花のつくり②

基本のワーク

教科書　56～57ページ　答え　7ページ

図を見て、あとの問いに答えましょう。

1 おしべの先の粉の観察（ヘチマ、アサガオ）

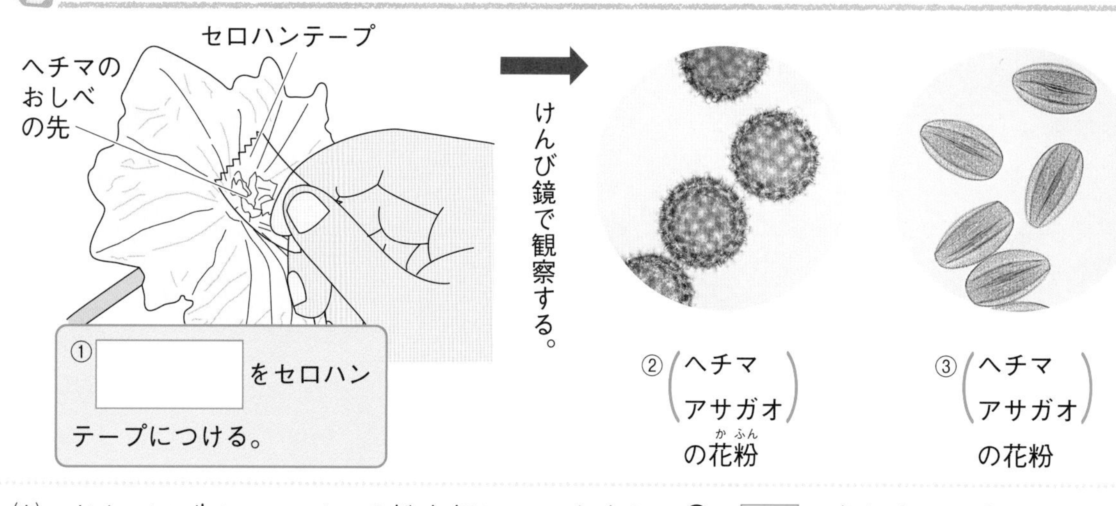

(1)　おしべの先についている粉を何といいますか。①の［　］に書きましょう。

(2)　②、③は何の花粉ですか。②、③の（　）のうち、正しいほうを◯で囲みましょう。

2 花がさく前のヘチマのめしべの観察

さいている花のめしべ

花粉がついて③（いる　いない）。

めしべの先に花粉がつくことを④［　　］という。

(1)　めしべは、めばなとおばなのどちらにありますか。①の［　］に書きましょう。

(2)　めしべの花粉について、②、③の（　）のうち、正しいほうを◯で囲みましょう。

(3)　④の［　］に当てはまる言葉を書きましょう。

まとめ　〔受粉　花粉〕から選んで（　）に書きましょう。

- おしべの先にある粉を①（　　　　）という。この粉はおしべでつくられる。
- 花粉がめしべの先につくことを②（　　　　）という。

わくわくたんてい団

ヘチマの花粉はハチなどのこん虫の力を借りて運ばれます。トウモロコシやスギの花粉は風の力を借りて運ばれます。スギの花粉は花粉しょうを起こすことがあります。

勉強した日　　月　　日

練習のワーク

教科書 56～57ページ　答え 7ページ

できた数　　/10問中

1 **けんび鏡を使って、ヘチマの花で見られた粉のような物を観察しました。次の問いに答えましょう。**

(1) 粉のような物は、花のどの部分でつくられますか。次のア～エから選びましょう。　(　　　)

ア　おばなのおしべ
イ　おばなのがく
ウ　めばなのめしべの先の部分
エ　めばなのめしべのもとの部分

(2) 粉のような物を何といいますか。　(　　　　　)

(3) 粉のような物をセロハンテープにつけて、右の図のようにスライドガラスにはりつけて、けんび鏡で観察しました。このように、観察する物をのせたスライドガラスを何といいますか。

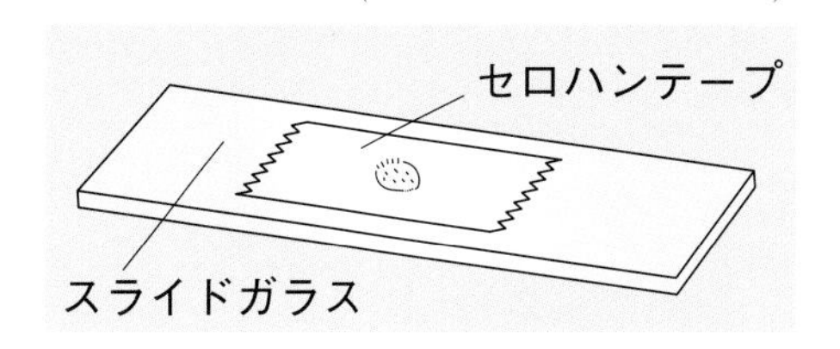

(　　　　　　　)

(4) ヘチマの粉のような物をけんび鏡で観察したものを、右のあ、いから選びましょう。　(　　　)

あ
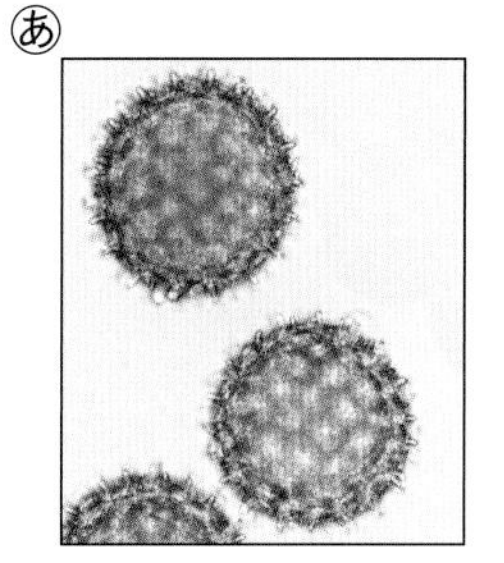

い

2 **ヘチマのめばなのつぼみと、さいているめばなをとり、めしべのようすを比べました。次の問いに答えましょう。**

(1) つぼみの中のめしべをとり出して観察したものを、右のあ、いから選びましょう。　(　　　)

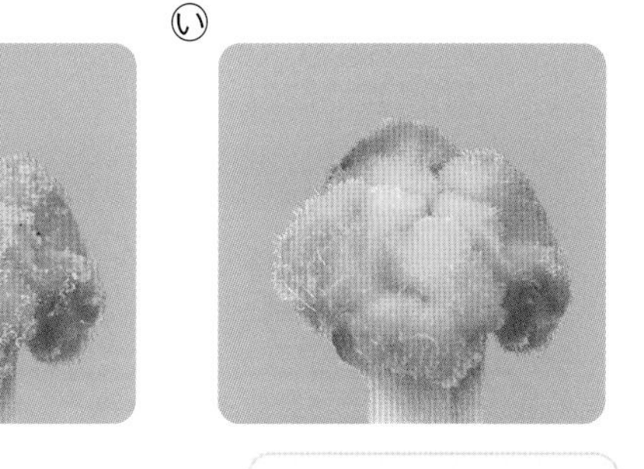

(2) つぼみの中のめしべには、花粉がついていますか。　(　　　　　)

(3) さいているめばなのめしべには、花粉がついていますか。

(　　　　　)

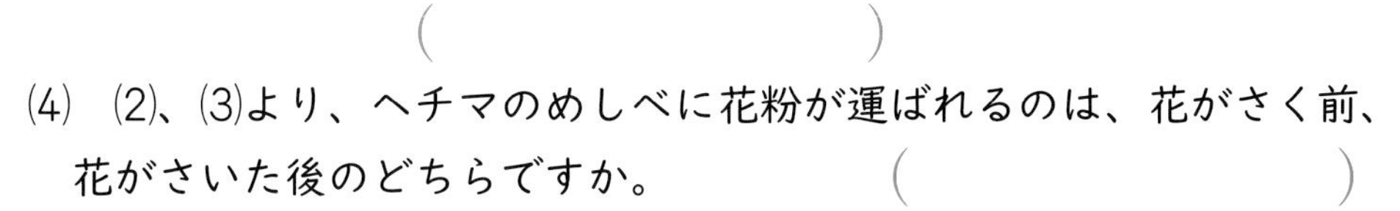

(4) (2)、(3)より、ヘチマのめしべに花粉が運ばれるのは、花がさく前、花がさいた後のどちらですか。　(　　　　　)

(5) 花粉はどこでつくられますか。　(　　　　　)

(6) めしべの先に花粉がつくことを何といいますか。

(　　　　　)

まとめのテスト①

4 花から実へ

教科書 52~57、156~157ページ　答え 7ページ

1 花のつくり 次の①~⑦のうち、アサガオについての文には○、ヘチマについての文には△、アサガオとヘチマのどちらにも当てはまる文には◎をつけましょう。 1つ3〔21点〕

①(　　)めばなとおばなという、2種類の花がある。
②(　　)1つの花に、めしべとおしべの両方がある。
③(　　)花びらの外側に、がくがある。
④(　　)めしべをとり囲むようにしておしべがある。
⑤(　　)花粉が、さいている花のめしべの先でも見られる。
⑥(　　)めしべのもとの部分が、実のような形をしている。
⑦(　　)おしべで花粉がつくられる。

よく出る **2 ヘチマの花のつくり 右の図は、ヘチマのおばなとめばなを表したものです。次の問いに答えましょう。** 1つ4〔24点〕

(1) めばなを、㋐、㋑から選びましょう。(　　)
(2) ㋐の花にあって、㋑の花にないつくりは何ですか。(　　)
(3) ㋑の花にあって、㋐の花にないつくりは何ですか。(　　)
(4) 花粉がつくられている部分を、あ~えから選びましょう。(　　)

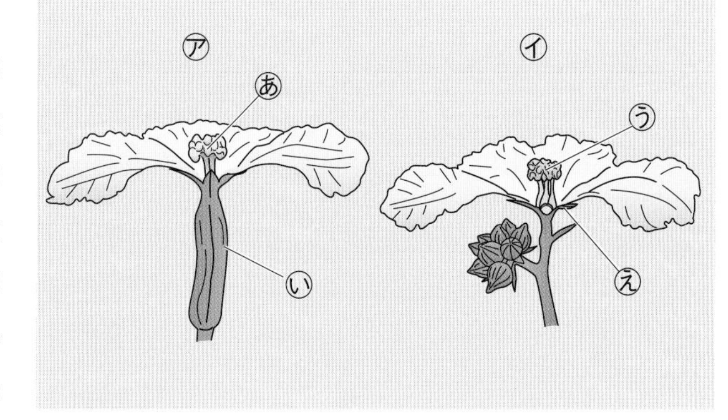

(5) つくられた花粉は、花がさいた後にどこに運ばれますか。あ~えから選びましょう。(　　)
(6) 実のような形をしている部分を、あ~えから選びましょう。(　　)

3 アサガオの花のつくり 右の図は、アサガオの花のつくりを表したものです。次の問いに答えましょう。 1つ4〔28点〕

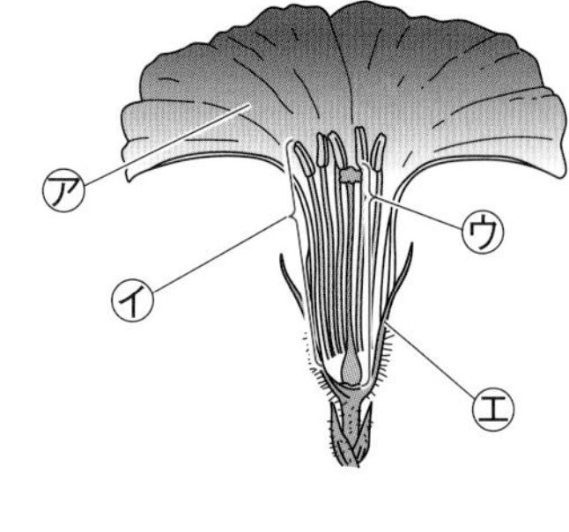

(1) ㋐~㋓のつくりをそれぞれ何といいますか。
㋐(　　)
㋑(　　)
㋒(　　)
㋓(　　)
(2) 花粉はどの部分でつくられますか。㋐~㋓から選びましょう。(　　)
(3) ふくらんでいて、実のような形をしているのは、花のどの部分ですか。(　　)
(4) アサガオには、めばなとおばながありますか。(　　)

4 **花粉の観察** 右の写真は、アサガオの花粉とヘチマの花粉をけんび鏡で観察したものです。次の問いに答えましょう。 1つ4〔12点〕

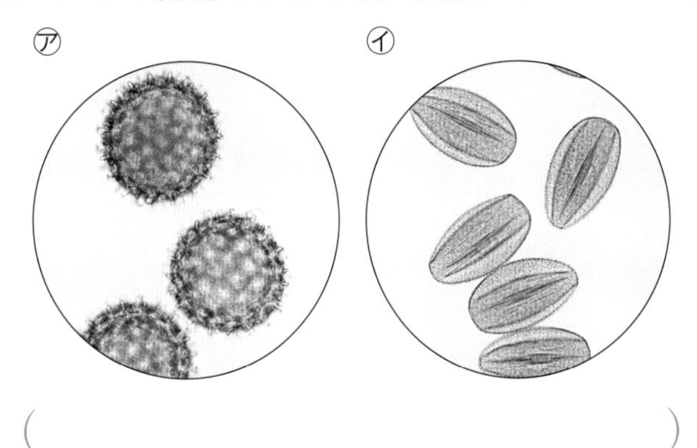

(1) ヘチマの花粉を、㋐、㋑から選びましょう。（　　）

(2) 花粉がめしべの先につくことを何といいますか。（　　　　）

(3) ヘチマの花で、花粉がついているのは、つぼみの中のめしべとさいている花のめしべのどちらですか。（　　　　　　　　）

5 **けんび鏡の使い方** 右の図のようなけんび鏡について、次の問いに答えましょう。

1つ3〔15点〕

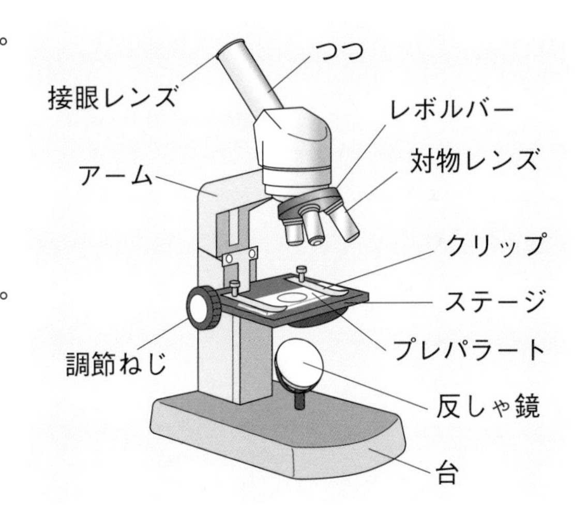

(1) けんび鏡を持つときは、どの部分を持ちますか。次の(　)に当てはまる部分を、図から選んで書きましょう。

けんび鏡の（　　　　　　）をしっかり持ち、台を下から支(ささ)える。

(2) けんび鏡は、どんなところに置いて使いますか。次のア～ウから選びましょう。（　　　）

ア　水平で、日光が直接当たる、明るいところ。

イ　水平で、日光が直接当たらない、明るいところ。

ウ　明るいところであれば、どこに置いてもよい。

(3) 次のア～エの文は、けんび鏡の使い方について書いたものです。ア～エを正しい順にならべましょう。（　　→　　→　　→　　）

ア　ステージにプレパラートを置いて、クリップでとめる。

イ　調節ねじを回して、対物レンズとプレパラートを(①)ながら、はっきりと見えるところで止める。

ウ　対物レンズの倍率をいちばん低い倍率にして、接眼レンズをのぞきながら反しゃ鏡を動かして明るくする。

エ　真横から見ながら調節ねじを回して、対物レンズとプレパラートをできるだけ(②)。

(4) けんび鏡の使い方について、(3)の①、②の(　)に入る言葉の組み合わせとして正しいものを、次のア～エから選びましょう。（　　　）

ア　①近づけ　　②近づける

イ　①近づけ　　②遠ざける

ウ　①遠ざけ　　②近づける

エ　①遠ざけ　　②遠ざける

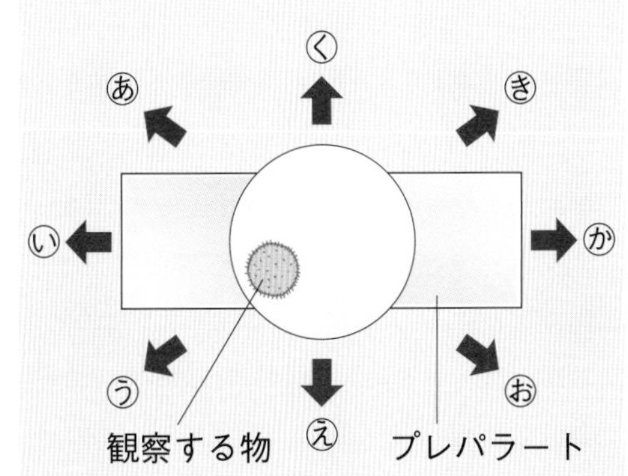

(5) けんび鏡で観察すると、右の図のように見えました。観察する物を中央に動かすとき、プレパラートを㋐～㋗のどの向きに動かしますか。（　　　）

勉強した日　月　日

2　花粉のはたらき①

基本のワーク

教科書 58〜63ページ　答え 8ページ

学習の目標
実ができるために必要なことをヘチマを使った実験で調べよう。

図を見て、あとの問いに答えましょう。

1 花粉のはたらき

変える条件	変えない条件
①［　　］をつける。	②［　　］をかぶせる。

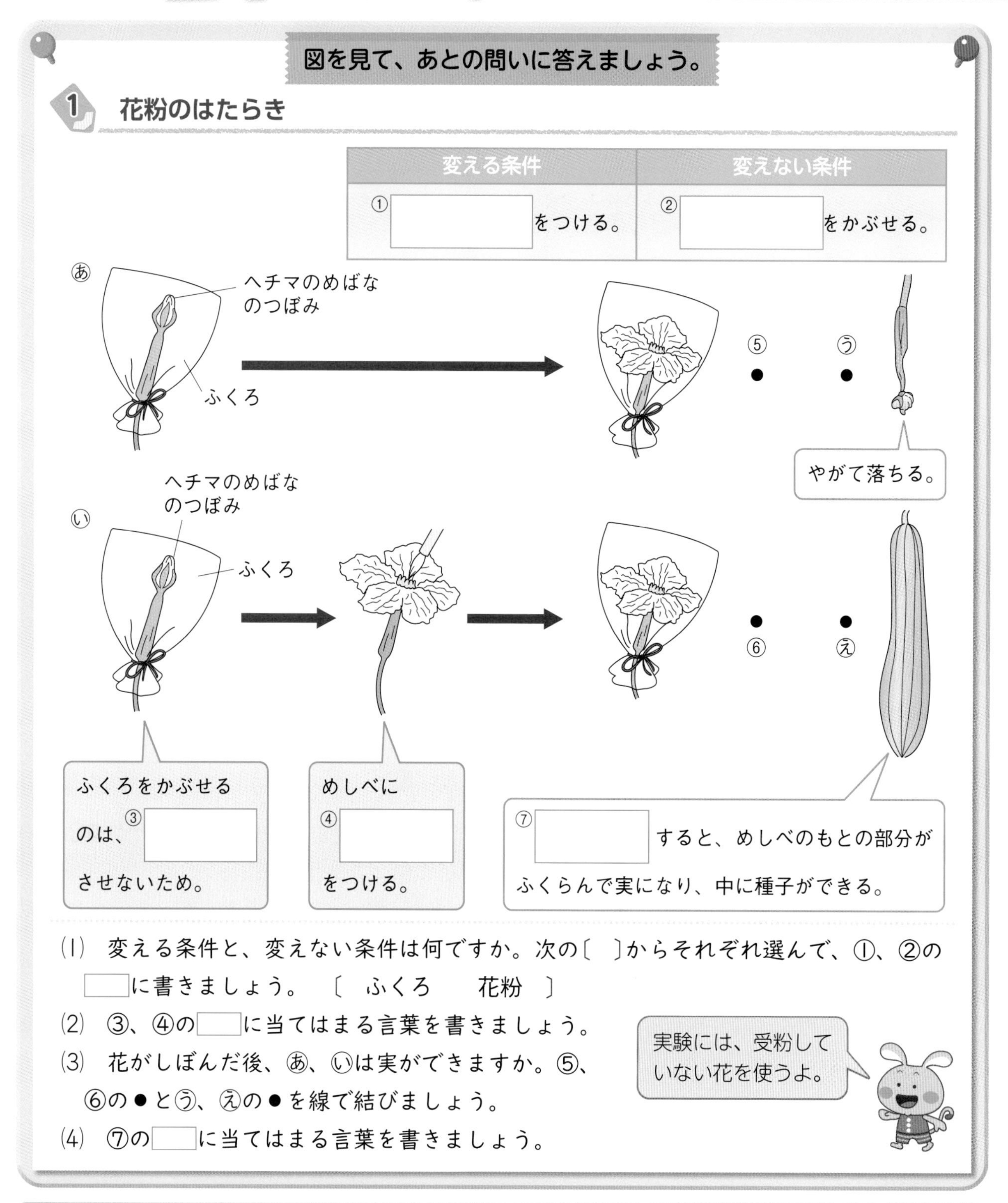

(1)　変える条件と、変えない条件は何ですか。次の〔　〕からそれぞれ選んで、①、②の［　］に書きましょう。　〔　ふくろ　　花粉　〕

(2)　③、④の［　］に当てはまる言葉を書きましょう。

(3)　花がしぼんだ後、あ、いは実ができますか。⑤、⑥の●とう、えの●を線で結びましょう。

(4)　⑦の［　］に当てはまる言葉を書きましょう。

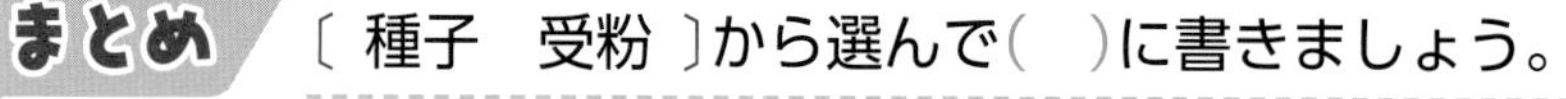

実験には、受粉していない花を使うよ。

まとめ　〔 種子　受粉 〕から選んで（　）に書きましょう。

- ①（　　　　）すると、めしべのもとの部分が実になる。
- ヘチマの実の中に②（　　　　）ができ、その後発芽して育っていく。

ヘチマは花をさかせて受粉して、種子をつくって生命をつないでいますが、ジャガイモのように、土の中のイモから芽を出して生命をつなぐことができる植物もあります。

練習のワーク

教科書 58~63ページ 答え 8ページ

1 次の図のように、ヘチマのつぼみを２つ選んでふくろをかぶせました。花がさいたら、㋐はふくろをかぶせたままにしておき、㋑は筆で花粉をつけた後、ふくろをかぶせました。あとの問いに答えましょう。

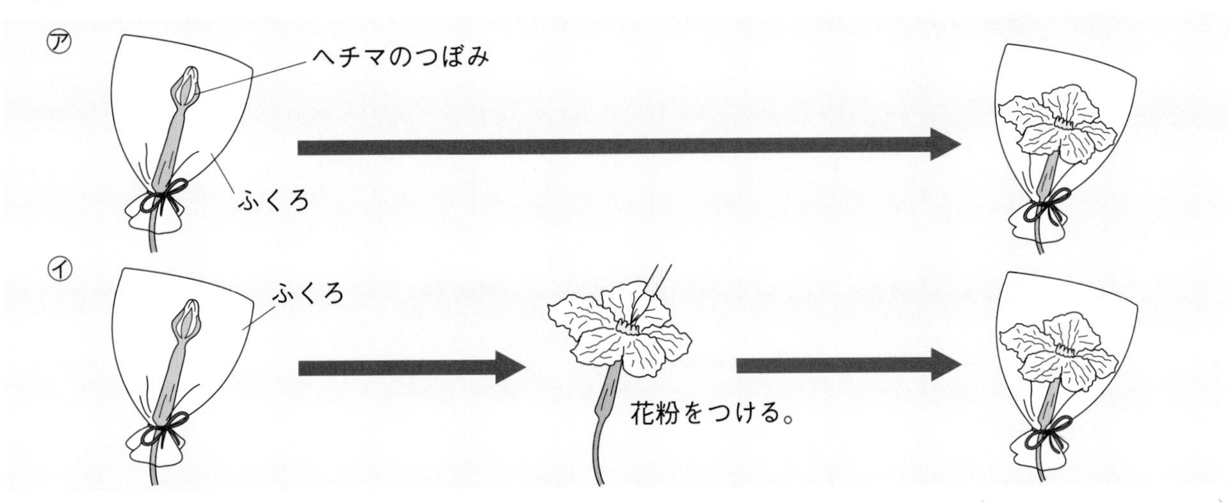

(1) 実験に使うのは、おばなとめばなのどちらのつぼみですか。 (　　　　)

(2) この実験では、何のはたらきを調べようとしていますか。 (　　　　)

(3) つぼみにふくろをかぶせたのは、自然に何が起こることを防(ふせ)ぐためですか。 (　　　　)

(4) めしべのもとの部分がふくらんだものを、㋐、㋑から選びましょう。 (　　)

(5) めしべのもとの部分がふくらむと、何になりますか。 (　　　　)

(6) この実験から、めしべのもとの部分がふくらむためには何が起こることが必要だとわかりますか。 (　　　　)

2 次の㋐と㋑は、花がさいた後のヘチマのめばなのようすを表したものです。㋐は実が大きく育ちましたが、㋑は実になりませんでした。あとの問いに答えましょう。

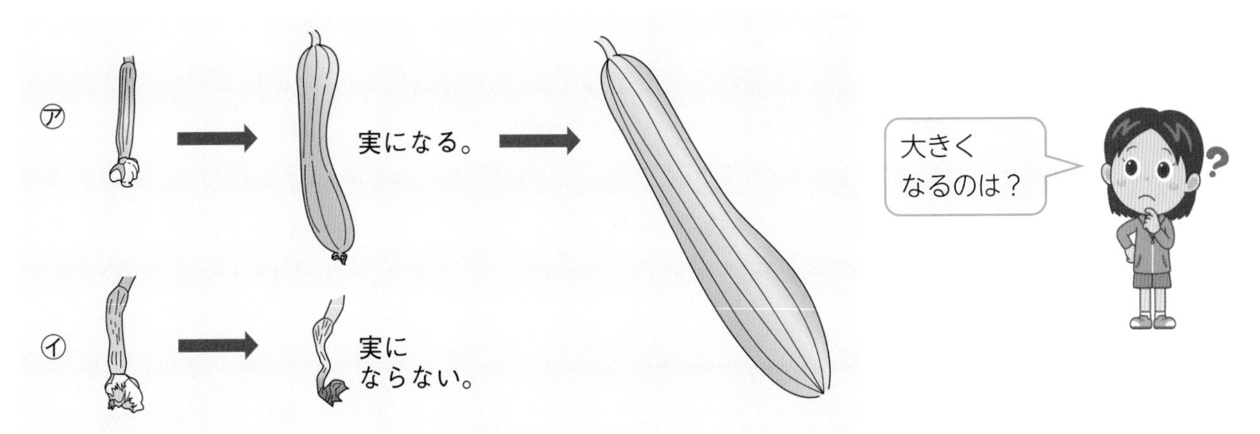

(1) ㋐だけが大きく育ったのは、なぜですか。次の(　)に当てはまる言葉を書きましょう。

㋐は、(　　　　)したが、㋑はしなかったから。

(2) 実の中には、何ができていますか。 (　　　　)

勉強した日　月　日

2 花粉のはたらき②

基本のワーク

学習の目標
実ができるときの花粉のはたらきを、アサガオでも調べよう。

教科書 58〜63ページ　答え 8ページ

図を見て、あとの問いに答えましょう。

1 花粉のはたらき

変える条件	変えない条件
①［　　］をつける。	②［　　］をかぶせる。

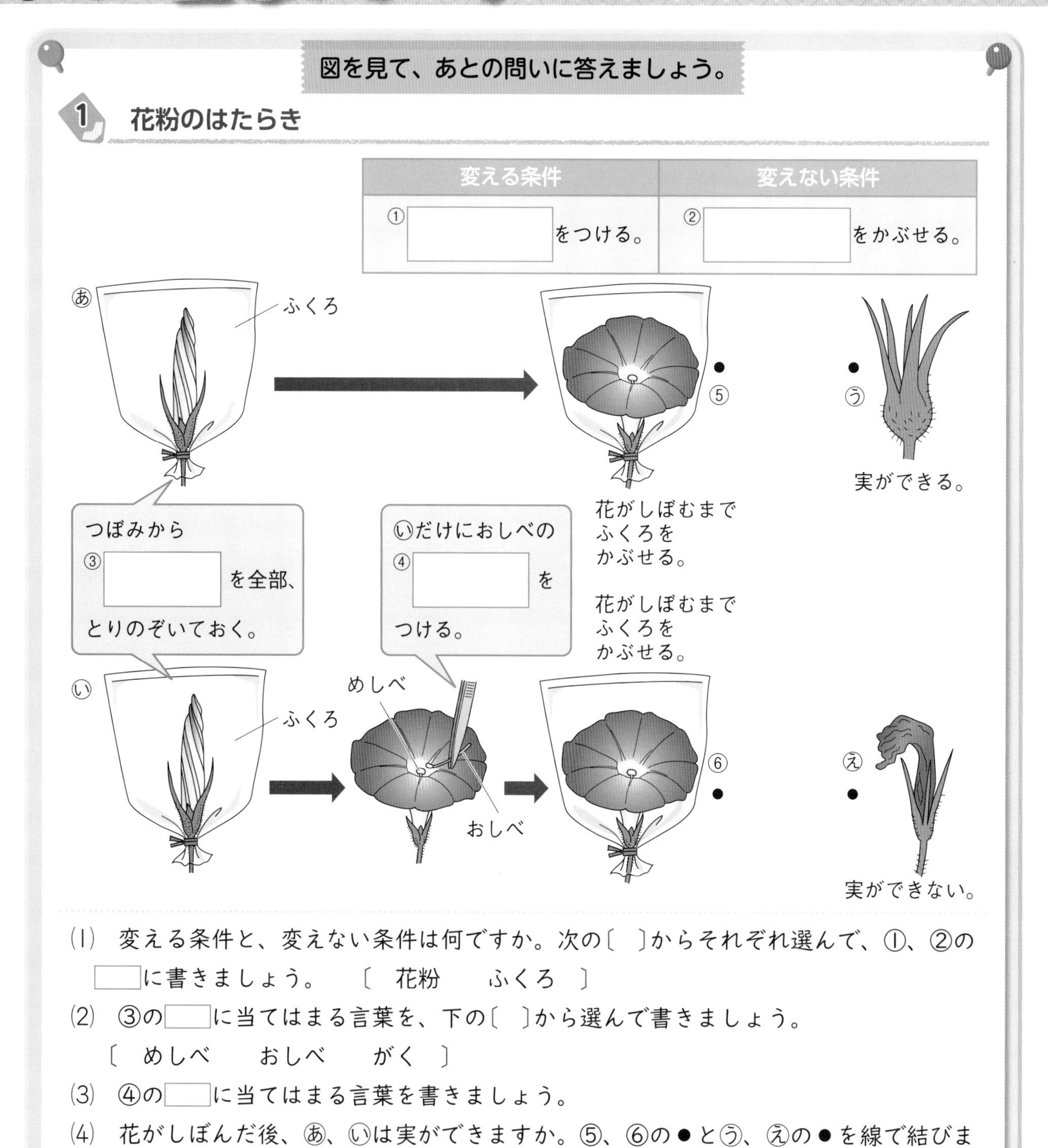

(1) 変える条件と、変えない条件は何ですか。次の〔　〕からそれぞれ選んで、①、②の［　］に書きましょう。　〔 花粉　ふくろ 〕

(2) ③の［　］に当てはまる言葉を、下の〔　〕から選んで書きましょう。
〔 めしべ　おしべ　がく 〕

(3) ④の［　］に当てはまる言葉を書きましょう。

(4) 花がしぼんだ後、あ、いは実ができますか。⑤、⑥の●とう、えの●を線で結びましょう。

まとめ 〔 実　めしべ 〕から選んで（　）に書きましょう。

- 受粉すると、①（　　　　）のもとのふくらんだ部分が実になる。
- アサガオの②（　　　　）の中に種子ができ、その後発芽して育っていく。

アサガオは、花粉が同じ花のめしべの先（柱頭）について受粉します。これを自家受粉といいます。ヘチマなどで、ちがう株のめしべに花粉がつく場合は、他家受粉とよばれます。

練習のワーク

教科書　58～63ページ　答え　8ページ

1　右の図は、花粉のはたらきについて調べる実験をするために、アサガオのつぼみにした準備を表したものです。次の問いに答えましょう。

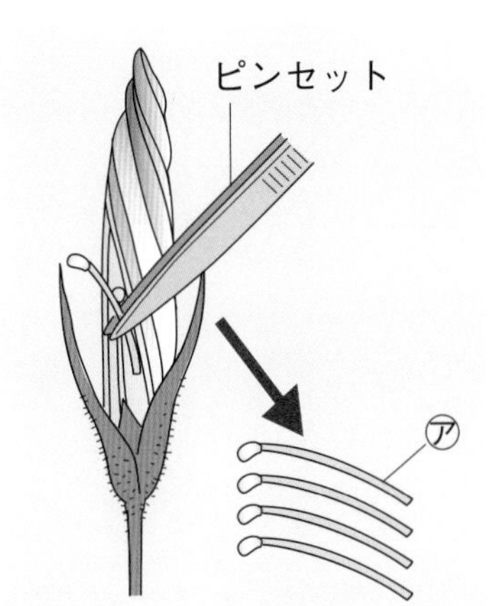

(1)　つぼみからとりのぞいた㋐は何ですか。
（　　　　　）

(2)　つぼみから㋐をとりのぞくとき、何本とりのぞきますか。次のア～ウから選びましょう。（　　　）

ア　1本　　イ　2～3本　　ウ　全部

(3)　㋐をとりのぞくのはなぜですか。次のア、イから選びましょう。（　　　）

ア　自然に花粉がつかないようにするため。

イ　花が開かないようにするため。

2　次の図のように、アサガオのつぼみを2つ選び、おしべをとりのぞいてからふくろをかぶせました。花がさいたら、㋐は別のアサガオの花の花粉をつけた後、ふくろをかぶせました。㋑はふくろをかぶせたままにしました。あとの問いに答えましょう。

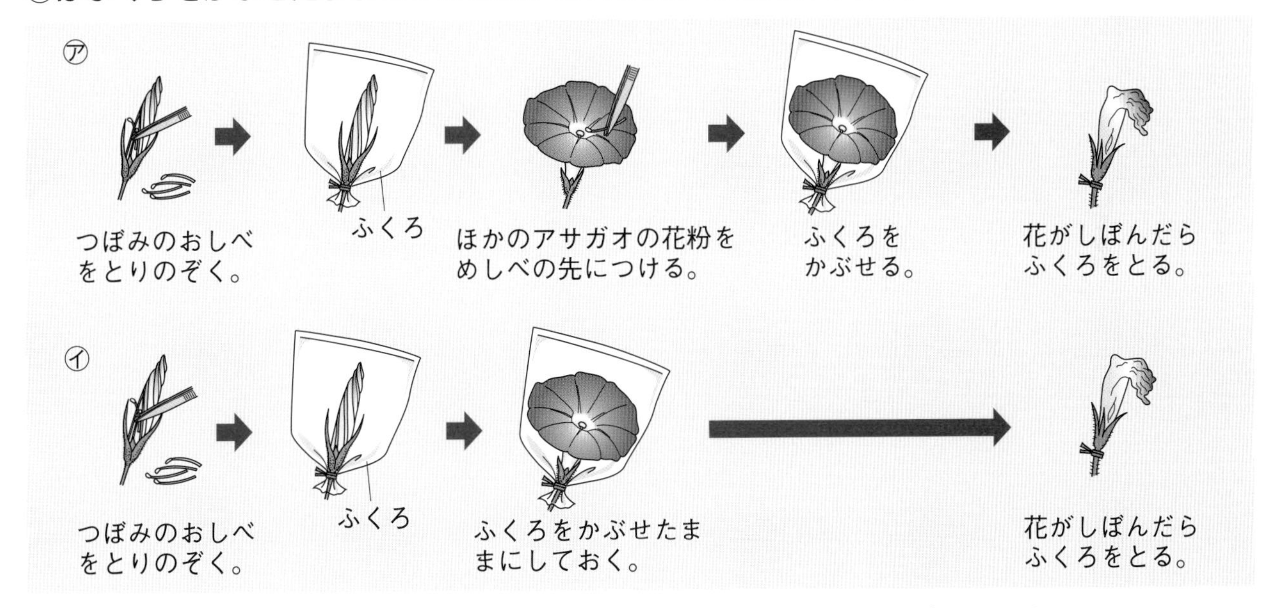

(1)　つぼみにふくろをかぶせたのはなぜですか。次のア～ウから選びましょう。
（　　　）

ア　つぼみの温度を一定にするため。

イ　めしべにほかの花の花粉がつかないようにするため。

ウ　つぼみの中にある花粉をめしべにしっかりつけるため。

(2)　やがて、めしべのもとの部分がふくらむものを、㋐、㋑から選びましょう。（　　　）

(3)　めしべのもとの部分がふくらむと、何になりますか。（　　　）

(4)　この実験から、めしべのもとの部分がふくらむためにはどんなことが必要だとわかりますか。（　　　　　）

まとめのテスト②

勉強した日　月　日

4　花から実へ

得点
/100点

教科書　58〜63ページ

9ページ

1 植物の実　**右の図は、ヘチマの２種類の花を表しています。次の問いに答えましょう。**

1つ4〔12点〕

(1)　やがて実になるのは、図のどの部分ですか。その部分をぬりましょう。

(2)　実になるつくりがある花はすべて実ができるといえますか。正しいものを次のア、イから選びましょう。（　　　）

ア　すべての花に実ができる。

イ　実ができない花もある。

(3)　実ができるためには、花粉がめしべの先につくことが必要です。花粉がめしべの先につくことを何といいますか。（　　　　　）

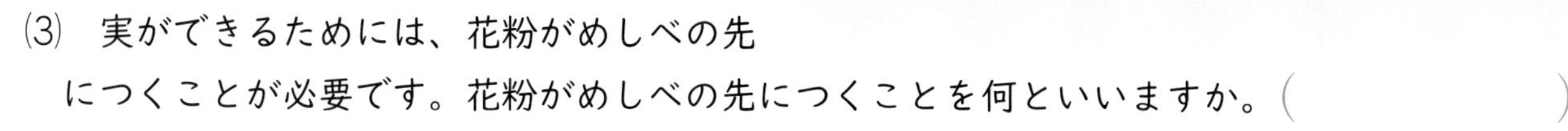

2 アサガオの花粉のはたらき　**アサガオのつぼみを２つ選び、あることをした後、ふくろをかぶせました。花がさいたら、㋐はそのまま、㋑はほかのアサガオの花粉をつけて、ふくろをかぶせました。しばらくすると、㋐、㋑のどちらか１つだけ実ができました。あとの問いに答えましょう。**

1つ8〔32点〕

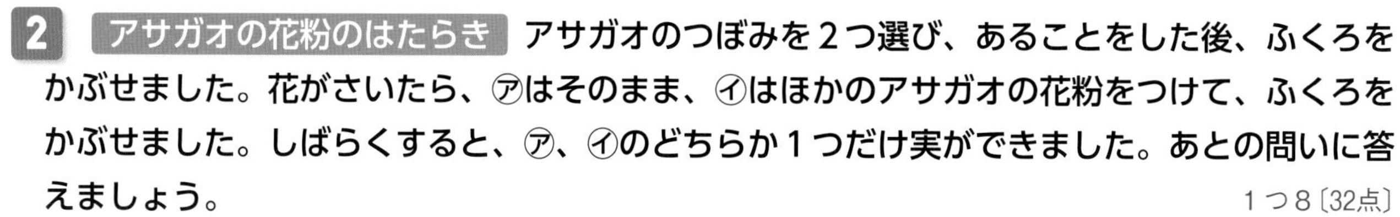

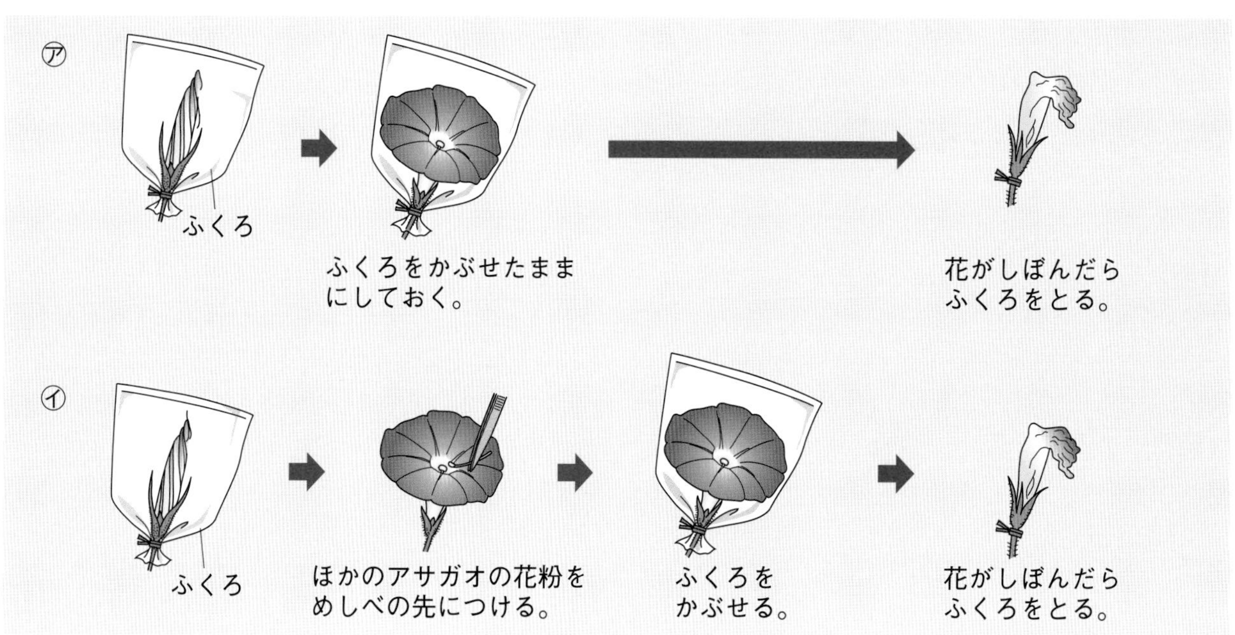

(1)　この実験で、つぼみにふくろをかぶせる前に何をしますか。

（　　　　　　　　　　　　　　　　）

(2)　この実験で変える条件、変えない条件は何ですか。花粉、ふくろに着目してそれぞれ書きましょう。

変える条件（　　　　　　　　）

変えない条件（　　　　　　　　）

(3)　実ができたものを、㋐、㋑から選びましょう。（　　　）

3 **ヘチマの花粉のはたらき** ㋐、㋑のように、ヘチマのめばなを2つ選び、ふくろをかぶせました。花がさいたら、㋐のめしべの先に花粉をつけてからふくろをかぶせ、㋑はふくろをかぶせたままにしました。あとの問いに答えましょう。

1つ7〔56点〕

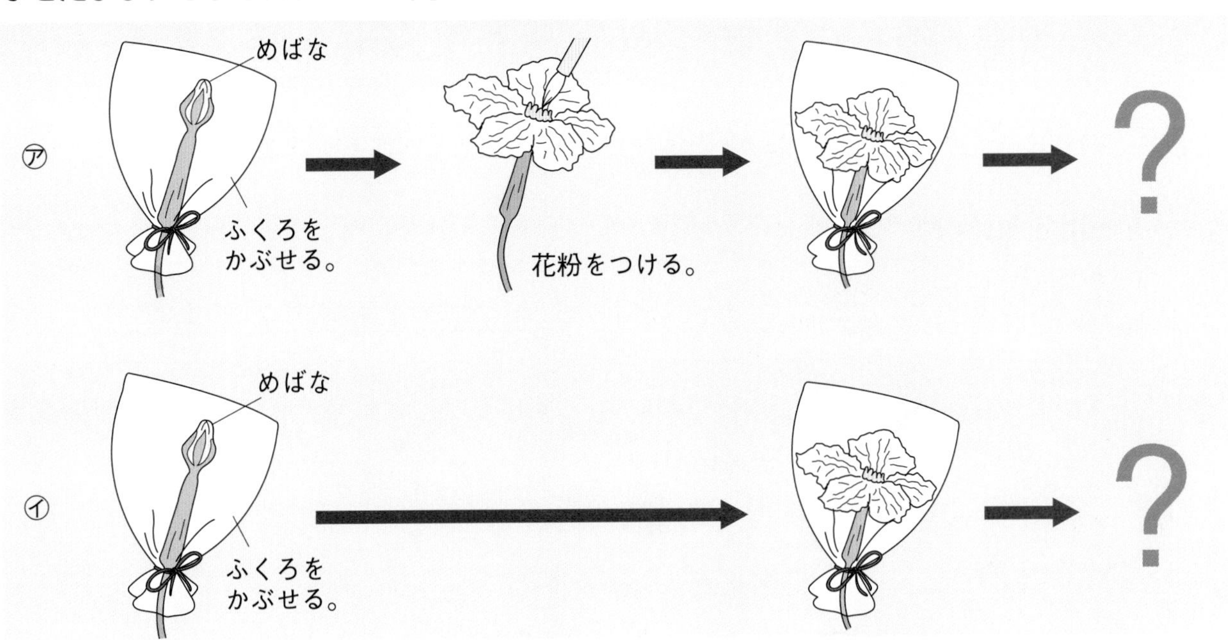

(1) ふくろをかぶせるのは、どんなめばなですか。次のア～ウから選びましょう。

(　　　)

ア　同じ日にさきそうなつぼみのめばな

イ　つぼみになったばかりのめばなと、次の日にさきそうなつぼみのめばな

ウ　つぼみになったばかりのめばなと、前日にさいたばかりのめばな

(2) この実験で、㋐と㋑で変えた条件は何ですか。次のア～ウから選びましょう。

(　　　)

ア　めばなにふくろをかぶせるかどうか。

イ　めしべに花粉をつけるかどうか。

ウ　めばなを日光に当てるかどうか。

記述 (3) この実験で、めばなにふくろをかぶせたのはなぜですか。

(　　　　　　　　　　　　　　　　　　　　　　　　　　　)

記述 (4) ㋐で、花粉をつけてから、またふくろをかぶせたのはなぜですか。

(　　　　　　　　　　　　　　　　　　　　　　　　　　　)

(5) やがて実になるものを、㋐、㋑から選びましょう。

(　　　)

(6) この実験では、人の手で花粉をつけましたが、実際にはヘチマの花粉は主にどうやって運ばれますか。次のア～ウから選びましょう。

(　　　)

ア　水によって運ばれる。

イ　風によって運ばれる。

ウ　こん虫によって運ばれる。

(7) ヘチマの生命のつなぎ方について、次の(　)に当てはまる言葉を書きましょう。

ヘチマは①(　　　　　)すると、めしべのもとの部分が実になる。この中には②(　　　　　)ができている。②はその後発芽し、育っていって、生命をつないでいく。

勉強した日　月　日

1　台風の動きと天気の変化
2　わたしたちのくらしと災害

基本のワーク

学習の目標
台風の動きと天気の変化、災害を防ぐとり組みを理解しよう。

教科書 64~71ページ　答え 9ページ

図を見て、あとの問いに答えましょう。

1 台風の動き

台風は日本の①[　]の方で発生する。

過去に発生した台風の月ごとの主な進路

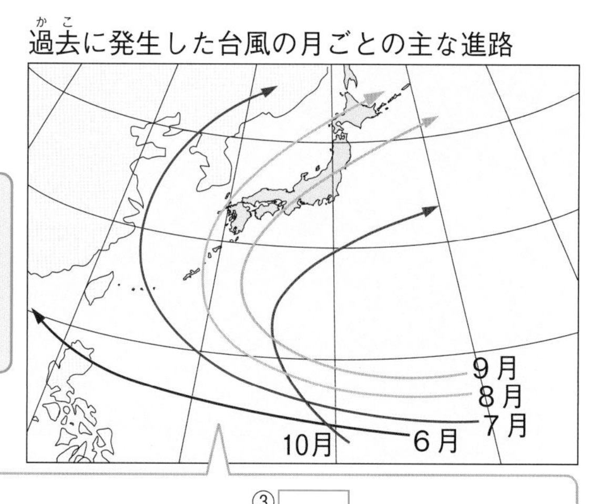

初めは②[　]の方へ動き、やがて③[　]や東の方へ動く。

(1)　①の[　]に当てはまる方位を、東、西、南、北から選んで書きましょう。

(2)　台風は、どのように動くことが多いですか。②、③の[　]に当てはまる方位を、東、西、南、北から選んで書きましょう。

2 台風による災害

①[　]による災害

②[　]による災害

台風が近づくと③[　]がふいたり④[　]がふったりして、災害が起きることがある。

● ①~④の[　]に当てはまる言葉を、大雨、強い風から選んで書きましょう。

まとめ　〔天気のようす　南　北や東の方〕から選んで(　)に書きましょう。

● 台風は日本の①(　　　)の方で発生し、初めは西の方、やがて②(　　　)へ動く。

● 台風が近づくと、③(　　　)が大きく変わることがある。

わくわくたんてい団
台風が西へ動いているときはそれほど速く動きません。しかし、西から東へと動き出すと、上空にふいているへん西風という風にのって、速く動くようになります。

練習のワーク

教科書 64〜71ページ　答え 9ページ

できた数 /10問中

SDGs 1 次の画像は、ある年の9月に発生した台風の気象衛星の雲画像です。あとの問いに答えましょう。

9月19日

9月20日

(1) 台風が近づくと、雨や風は強くなりますか、弱くなりますか。

雨(　　　　)

風(　　　　)

(2) この台風は、9月19日から9月20日にかけてどの方向へ動きましたか。次のア〜エから選びましょう。ただし、画像の上の方向が北です。(　　)

ア 北西

イ 北東

ウ 南西

エ 南東

(3) 台風の動きについて、次の(　)に当てはまる方位を下の〔　〕から選んで書きましょう。

・台風は、日本の①(　　　　)の方で発生する。

・台風の多くは、初めは②(　　　　)の方へ動く。

〔 東　西　南　北 〕

(4) 春のころの雲の動き方と台風の動き方は同じですか、ちがいますか。(　　　　)

(5) 台風が日本付近に近づくのは、主にどの季節のころですか。次のア〜エから選びましょう。

(　　)

ア 春から夏

イ 夏から秋

ウ 秋から冬

エ 冬から春

(6) 次の①〜③のうち、台風によるめぐみには○、台風による災害には×をつけましょう。

①(　　)大雨で山のがけがくずれる。

②(　　)強風で木がたおれる。

③(　　)ダムに水がたくわえられる。

勉強した日　月　日

まとめのテスト

5　台風と天気の変化

教科書　64~71ページ　　答え　9ページ

1 台風の動き　次の図は、日本付近に台風が近づいてきたときの12時間ごとの気象情報です。あとの問いに答えましょう。

1つ5〔30点〕

9月3日　午後3時

9月4日　午前3時

9月4日　午後3時

9月5日　午前3時

⑴　図は何という気象情報ですか。ア～ウから選びましょう。（　　）

　ア　アメダスの雨量情報　　イ　天気図　　ウ　気象衛星の雲画像

⑵　この台風は、およそどちらからどちらの方位へ動きましたか。ア～ウから選びましょう。（　　）

　ア　南西から北東　　イ　北西から南東　　ウ　東から西

記述 ⑶　台風が近づくと、風や雨はどうなりますか。

（　　　　　　　　　　　　　　　　　　　　）

⑷　近畿地方で雨や風がもっとも強かったときを、ア～エから選びましょう。（　　）

　ア　9月3日午後3時　　イ　9月4日午前3時

　ウ　9月4日午後3時　　エ　9月5日午前3時

⑸　⑷のとき、台風の情報を知るために外で台風の観察をしてもよいですか。

（　　　　　　）

⑹　台風の進路はいつも同じですか、台風によってちがいますか。

（　　　　　　　　　）

2 **台風と天気** 次の図は、ある日の台風の雲画像と、そのときのアメダスの雨量情報です。あとの問いに答えましょう。

1つ5〔55点〕

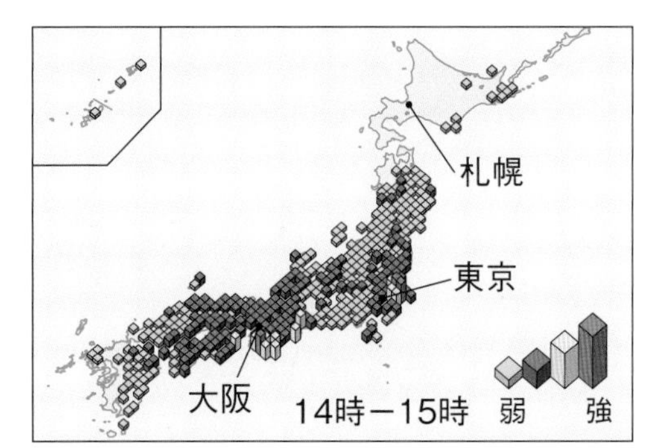

(1) 図のときに雨がふっていなかった地いきを、ア～ウから選びましょう。 (　　　)

ア 札幌　イ 東京　ウ 大阪

(2) 台風はどこで発生し、いつごろ日本付近に近づきますか。次の(　)に当てはまる言葉を下の〔　〕から選んで書きましょう。

台風は、日本の①(　　　)の方で発生し、主に②(　　　)から③(　　　)にかけて日本付近に近づく。

〔 東　西　南　北　春　夏　秋　冬 〕

(3) 台風の動きや雨量情報などの気象情報は、何で調べることができますか。2つ答えましょう。 (　　　)(　　　)

(4) 台風はどのように動きますか。次の(　)に当てはまる方位を書きましょう。

台風の多くは、初めは①(　　　)の方へ、やがて②(　　　)や③(　　　)の方へ動く。

(5) 春のころの雲は、およそどちらからどちらの方位へ動きますか。

(　　　)

(6) 台風の動き方と春のころの雲の動き方は同じであるといえますか。(　　　)

SDGs **3** **台風による災害とめぐみ** 台風による災害やめぐみについて、次の問いに答えましょう。

1つ5〔15点〕

(1) 右の写真は台風による災害のようすです。主に、雨と風のどちらによる災害ですか。

(　　　)

(2) 台風が近づいたとき、災害から身を守るためにどんなことに注意しますか。ア～ウから選びましょう。 (　　　)

ア 外に出て台風のようすを調べる。

イ ハザードマップを参考にして、きけんな場所やひなん場所を調べておく。

ウ 台風についての最新の情報は知らなくてもよい。

記述 (3) 台風で多くの雨がふることは災害だけでなく、めぐみになることもあります。台風によるめぐみを1つ答えましょう。

(　　　)

学習の目標
川の流れる場所による川原の石のちがいを理解しよう。

1　川原の石

基本のワーク

教科書 72～78ページ　答え 10ページ

図を見て、あとの問いに答えましょう。

1 川と川原（かわら）の石のようす

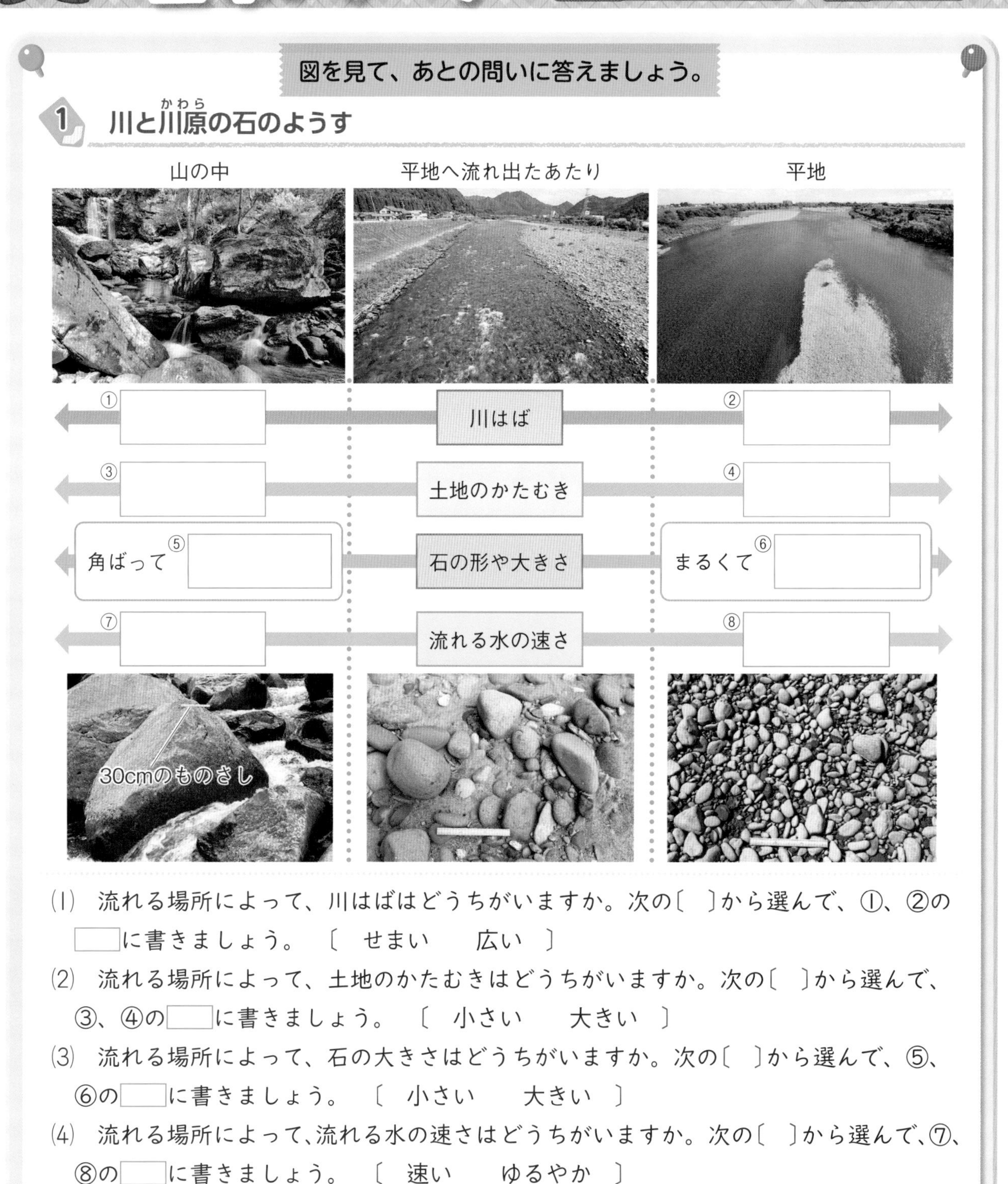

(1)　流れる場所によって、川はばはどうちがいますか。次の〔　〕から選んで、①、②の□に書きましょう。〔　せまい　　広い　〕

(2)　流れる場所によって、土地のかたむきはどうちがいますか。次の〔　〕から選んで、③、④の□に書きましょう。〔　小さい　　大きい　〕

(3)　流れる場所によって、石の大きさはどうちがいますか。次の〔　〕から選んで、⑤、⑥の□に書きましょう。〔　小さい　　大きい　〕

(4)　流れる場所によって、流れる水の速さはどうちがいますか。次の〔　〕から選んで、⑦、⑧の□に書きましょう。〔　速い　　ゆるやか　〕

まとめ　〔 ゆるやかで　まるみ　速く　角ばった 〕から選んで（　）に書きましょう。

- 山の中では、川の水の流れは①（　　　　）、大きくて②（　　　　）石が多い。
- 平地では、川の水の流れは③（　　　　）、小さくて④（　　　　）のある石が多い。

山の中の川岸では角ばった大きな石が多く、平地の川原ではまるくて小さな石が多いのは、流れる水によって運ばれる間にぶつかってわれたり、けずられたりするからです。

練習のワーク

教科書　72～78ページ　答え　10ページ

できた数　/12問中

1 次の写真は、いろいろな場所を流れる川のようすを表したものです。あとの問いに答えましょう。

㋐

㋑

㋒

(1) ㋐～㋒はどこを流れる川ですか。それぞれ山の中、平地へ流れ出たあたり、平地から選んで答えましょう。

㋐(　　　　)
㋑(　　　　)
㋒(　　　　)

(2) ㋐～㋒のそれぞれの場所を流れる川のようすと川原の石のようすについて、表にまとめました。①～⑧に当てはまる言葉を、下の〔　〕から選んで表に書きましょう。

	山の中	平地へ流れ出たあたり	平地
土地のかたむき	①	山の中より小さい	②
流れる水の速さ	③	山の中よりゆるやか	④
川はば	⑤	山の中より広い	⑥
石のようす	⑦	山の中より小さく まるみがある。	⑧

〔 小さい　大きい　速い　ゆるやか　広い　せまい
まるくて小さい　まるくて大きい　角ばっていて小さい　角ばっていて大きい 〕

(3) 次の写真は、いろいろな場所で見られた川の石のようすです。㋓～㋕を、山の中→平地へ流れ出たあたり→平地の順にならべましょう。　(　　→　　→　　)

勉強した日　月　日

2　流れる水のはたらき

基本のワーク

学習の目標
流れる水のはたらきを、実験を通して理解しよう。

教科書 79～80ページ　答え 11ページ

図を見て、あとの問いに答えましょう。

1 流れる水のはたらきを調べる

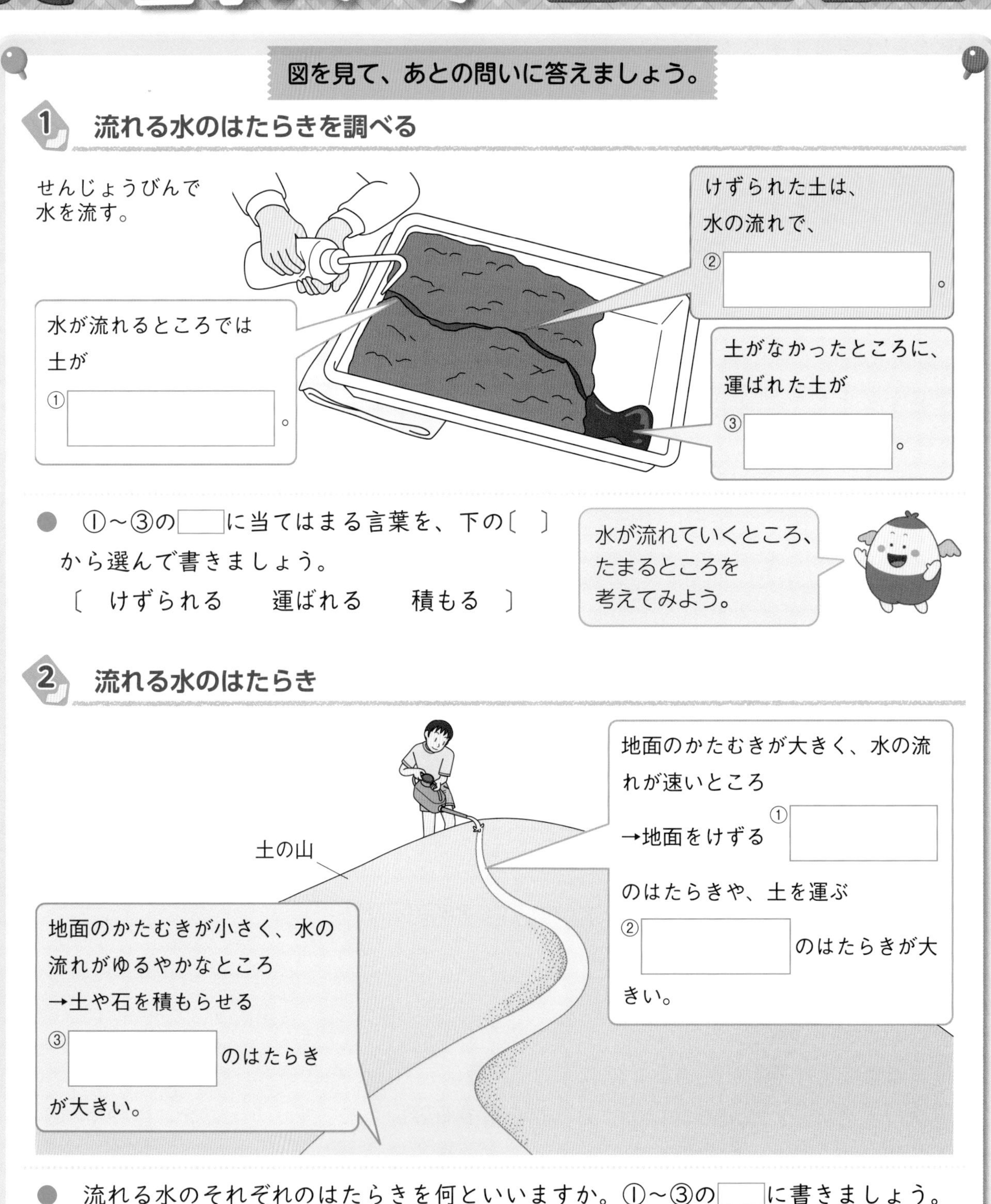

● ①～③の□に当てはまる言葉を、下の〔　〕から選んで書きましょう。
〔 けずられる　運ばれる　積もる 〕

水が流れていくところ、たまるところを考えてみよう。

2 流れる水のはたらき

● 流れる水のそれぞれのはたらきを何といいますか。①～③の□に書きましょう。

まとめ　〔 たい積　しん食　運ぱん 〕から選んで(　)に書きましょう。

● 流れる水のはたらきについて、地面をけずるはたらきを①(　　　)、土や石を運ぶはたらきを②(　　　)、土や石を積もらせるはたらきを③(　　　)という。

山の中を川が流れるようすは、がけにはさまれてV（ブイ）の字のように見えます。このような谷をV字谷（ブイじこく）といいます。川の水が土地をしん食したためにできる地形です。

練習のワーク

できた数　/13問中

教科書 79～80ページ　答え 11ページ

1 右の図のように、バットに入れた土のしゃ面に水を流して、水のはたらきを調べました。次の問いに答えましょう。

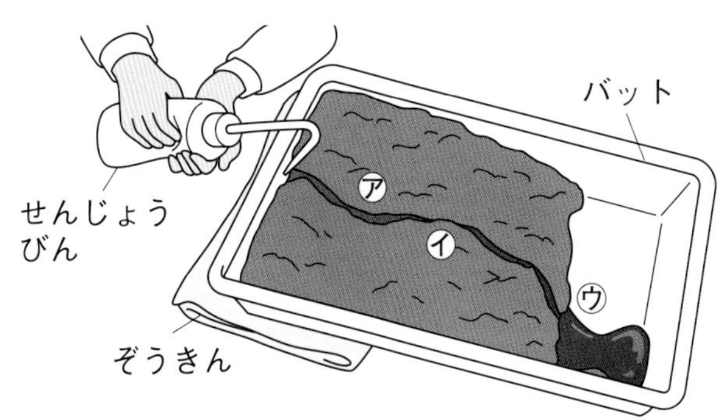

(1) バットの下にぞうきんを置いた理由を、次のア～ウから選びましょう。（　　）

ア　バットを少しかたむけるため。

イ　こぼれた水をふきとるため。

ウ　バットが動かないようにするため。

(2) 土が積もるのは、図の㋐～㋒のどこですか。（　　）

2 流れる水のはたらきを調べるために、土で山をつくって水を流しました。すると、流れが速いところ㋐と流れがゆるやかなところ㋑がありました。次の問いに答えましょう。

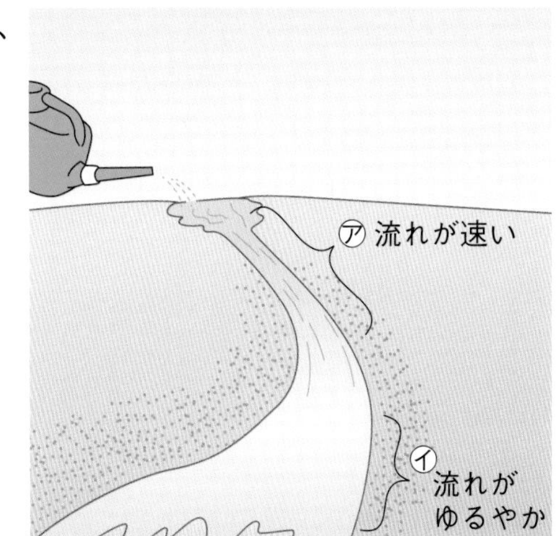

(1) ㋐では、㋑に比べて地面のかたむきが大きいですか、小さいですか。（　　）

(2) ㋐では、地面がけずられていますか、土が積もっていますか。（　　）

(3) ㋑では、㋐に比べて水が土を運ぶはたらきが大きいですか、小さいですか。（　　）

(4) ㋑では、地面がけずられていますか、土が積もっていますか。（　　）

3 流れる水のはたらきについて、次の問いに答えましょう。

(1) 次の①～③の流れる水のはたらきを、それぞれ何といいますか。

①　地面をけずるはたらき（　　）

②　土や石を運ぶはたらき（　　）

③　流されてきた土や石を積もらせるはたらき（　　）

(2) 流れる水の3つのはたらきのうち、水の流れが速いところで大きくなるはたらきは何ですか。2つ答えましょう。（　　）（　　）

(3) 流れる水の3つのはたらきのうち、水の流れがゆるやかなところで大きくなるはたらきは何ですか。（　　）

(4) 土地のようすについて、次のア、イから正しいものを選びましょう。（　　）

ア　水の流れる場所によって、土地のようすは変わる。

イ　水の流れる場所によって、土地のようすは変わらない。

まとめのテスト①

勉強した日　　月　　日

6　流れる水のはたらき

得点

/100点

教科書　72～80ページ　答え　11ページ

1 川の流れと地形　**ある川について、いろいろな場所での川と川原のようすを調べました。次の問いに答えましょう。**　1つ5〔20点〕

(1)　土地のかたむきがいちばん大きいのはどこですか。次のア～ウから選びましょう。（　　）

ア　山の中　　イ　平地へ流れ出たあたり　　ウ　平地

(2)　水の流れがいちばんゆるやかなのはどこですか。(1)のア～ウから選びましょう。（　　）

(3)　川はばがいちばんせまいのはどこですか。(1)のア～ウから選びましょう。（　　）

(4)　川原の石の大きさがいちばん小さいのはどこですか。(1)のア～ウから選びましょう。（　　）

よく出る

2 川の流れと流れる水のはたらき　**次の山の中、平地へ流れ出たあたり、平地を流れる同じ川の写真について、あとの問いに答えましょう。**　1つ4〔28点〕

山の中

平地へ流れ出たあたり

平地

(1)　山の中の川岸の石は、どんな形で、どんな大きさをしていますか。

形（　　）

大きさ（　　）

(2)　平地の川原の石は、どんな形で、どんな大きさをしていますか。

形（　　）

大きさ（　　）

記述　(3)　山の中と平地で、川はばはどうちがっていますか。

（　　）

(4)　山の中を流れる川での流れる水のはたらきについて、次のア～ウから正しいものを選びましょう。（　　）

ア　土や石を積もらせるはたらきが大きい。

イ　地面をけずるはたらきと、土や石を運ぶはたらきが大きい。

ウ　地面をけずるはたらきと、土や石を積もらせるはたらきが大きい。

(5)　平地を流れる川での流れる水のはたらきについて、(4)のア～ウから正しいものを選びましょう。（　　）

3 流れる水のはたらき 右の図の、㋐は地面のかたむきが大きいところで、㋑は地面のかたむきが小さいところです。次の問いに答えましょう。

1つ4〔28点〕

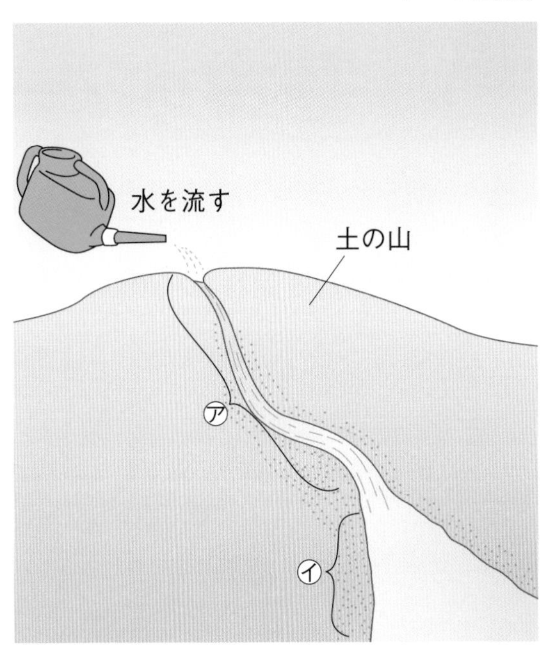

(1) 水の流れについて、次のア～ウから正しいものを選びましょう。（　　）

ア　㋐のほうが、水の流れが速い。

イ　㋑のほうが、水の流れが速い。

ウ　㋐と㋑で、水の流れる速さは同じ。

(2) ㋐と㋑の地面のけずられ方について、次のア～ウから正しいものを選びましょう。（　　）

ア　㋐のほうが、けずられ方が大きい。

イ　㋑のほうが、けずられ方が大きい。

ウ　㋐と㋑で、けずられ方は同じ。

(3) 流れる水のはたらきのうち、地面をけずるはたらきを何といいますか。

（　　）

(4) ㋐、㋑のうち、土が積もっているのはどちらですか。（　　）

(5) 流れる水のはたらきのうち、土や石を積もらせるはたらきを何といいますか。

（　　）

(6) 流れる水のはたらきのうち、土や石を運ぶはたらきを何といいますか。

（　　）

(7) ㋐、㋑のうち、(6)のはたらきが大きいのはどちらですか。（　　）

4 流れる水のはたらきと地形 次の写真のような、水のはたらきによってできた地形について、あとの問いに答えましょう。

1つ6〔24点〕

V字谷

扇状地（せんじょうち）

(1) V字谷が見られるのは、山の中と平地のどちらですか。（　　）

(2) V字谷のでき方について、次の（　）に当てはまる言葉を書きましょう。

V字谷は、川の水が土地を（　　）してできる。

(3) 扇状地は、川が山から平地へ流れ出た場所などにできるおうぎ形の土地です。この場所では、流れる水の3つのはたらきのうち、どのはたらきが大きいですか。

（　　）

(4) 水の流れが速いところにできる土地は、V字谷と扇状地のどちらですか。

（　　）

勉強した日　　月　　日

3　流れる水のはたらきの大きさ

基本のワーク

学習の目標
水の量を変えたときに流れる水のはたらきがどうなるかを調べよう。

教科書 81～85ページ　答え 11ページ

図を見て、あとの問いに答えましょう。

1 水の量と流れる水のはたらき

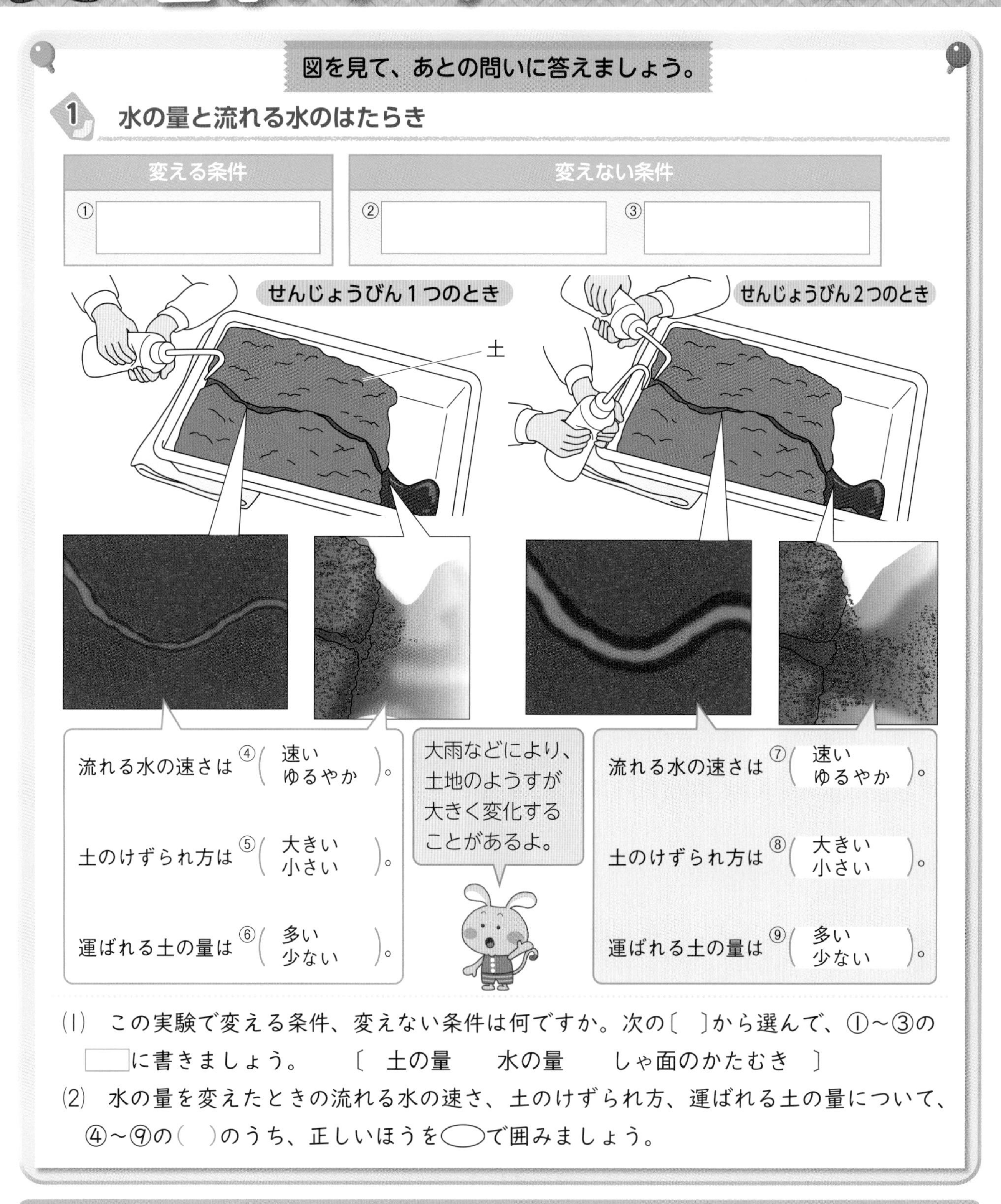

(1)　この実験で変える条件、変えない条件は何ですか。次の〔　〕から選んで、①～③の□に書きましょう。　〔　土の量　　水の量　　しゃ面のかたむき　〕

(2)　水の量を変えたときの流れる水の速さ、土のけずられ方、運ばれる土の量について、④～⑨の（　）のうち、正しいほうを◯で囲みましょう。

まとめ　〔 変わる　大きく 〕から選んで（　）に書きましょう。

- 流れる水の量が多くなると、しん食したり運ぱんしたりするはたらきが①（　　　　）なる。
- 川の水の量がふえると、土地のようすが大きく②（　　　　）ことがある。

川が曲がっているところの流れは、内側でおそく、外側で速くなっています。内側ではたい積するはたらき、外側ではしん食したり運ぱんしたりするはたらきが大きくなります。

練習のワーク

教科書 81〜85ページ　答え 12ページ

できた数　/10問中

1 次の図は、かたむいた地面に水を流し、水の量によって流れる水のはたらきがどう変わるのかを調べたものです。あとの問いに答えましょう。

㋐流れる水の量が少ない。

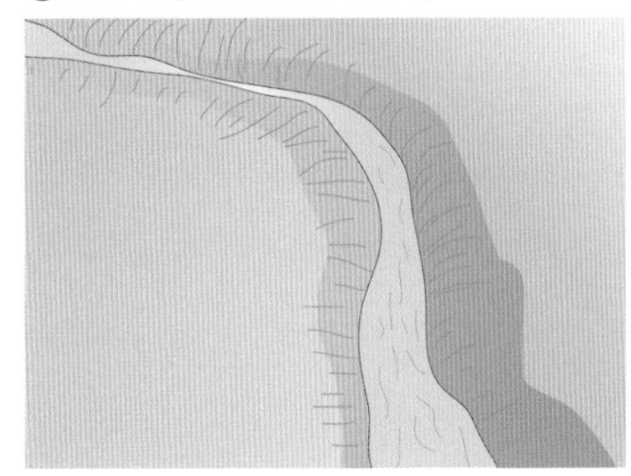

㋑流れる水の量が多い。

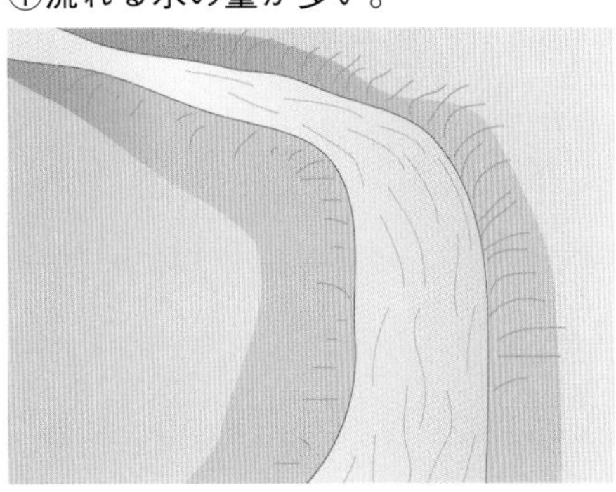

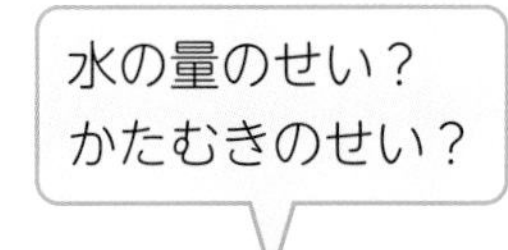

(1) この実験を行うとき、㋐と㋑で地面のかたむきをどうしますか。次のア、イから選びましょう。（　　）

ア　㋐と㋑で地面のかたむきを変えて実験する。

イ　㋐と㋑で地面のかたむきを同じにして実験する。

(2) ㋐、㋑のうち、水の流れが速いのはどちらですか。（　　）

(3) ㋐、㋑のうち、地面のけずられ方が大きいのはどちらですか。（　　）

(4) ㋐、㋑のうち、運ばれる土の量が少ないのはどちらですか。（　　）

(5) 流れる水の量が多くなると、しん食するはたらきや運ぱんするはたらきはどうなりますか。

しん食するはたらき（　　　　）

運ぱんするはたらき（　　　　）

2 土のしゃ面をつくり、せんじょうびんの数を変えて水を流しました。このとき、土のけずられ方や運ばれる土の量がどうなるのかを調べました。あとの問いに答えましょう。

㋐

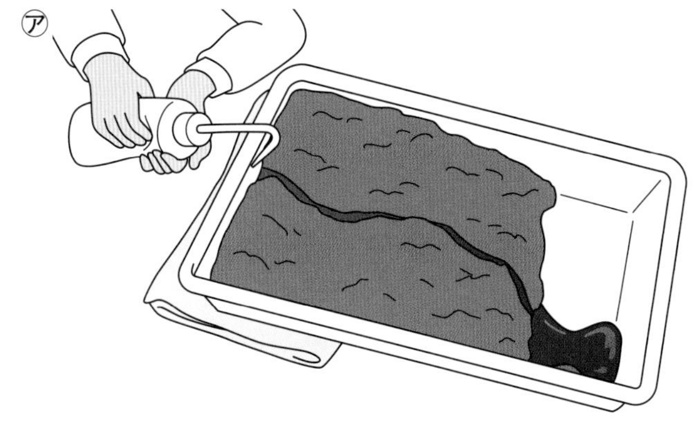

㋑

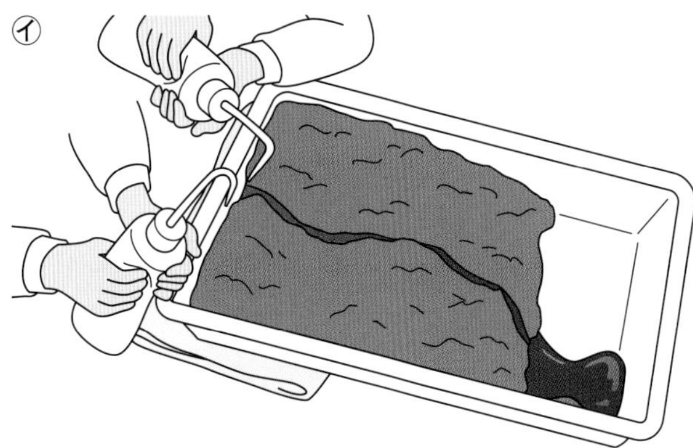

(1) この実験で変えない条件は何ですか。次のア、イから選びましょう。（　　）

ア　流す水の量　　イ　しゃ面のかたむき

(2) ㋐、㋑のうち、流れる水の速さが速いのはどちらですか。（　　）

(3) ㋐、㋑のうち、土のけずられ方が小さいのはどちらですか。（　　）

(4) ㋐、㋑のうち、運ばれる土の量が多いのはどちらですか。（　　）

勉強した日　月　日

4　わたしたちのくらしと災害

基本のワーク

学習の目標
川の水による災害や、災害を防ぐくふうを調べよう。

教科書 86~93ページ　答え 12ページ

図を見て、あとの問いに答えましょう。

1 川の水による災害を防ぐくふう

土や石がいちどに流れるのを防ぐ
①［　　　　］。

川岸が②［　　　　］のを防ぐためコンクリートで固める。

● ①、②の［　］に当てはまる言葉を、次の〔　〕から選んで書きましょう。

〔　さ防(ぼう)ダム　　けずられる　〕

2 川の観察

川の曲がっているところの外側
②（がけ／川原）になっている。

川の水の量が①（ ふえて　減(へ)って ）いるときは川に近づかない。

川の曲がっているところの内側
③（がけ／川原）が広がっている。

近くにある川を思い出そう。

(1)　川に近づいてはいけないのは、水の量がどうなっているときですか。①の（　）のうち、正しいほうを〇で囲みましょう。

(2)　川の曲がっているところの外側と内側には何が見られますか。②、③の（　）のうち、正しいほうを〇で囲みましょう。

まとめ　〔 ブロック　ダム　さ防ダム 〕から選んで（　）に書きましょう。

●雨水(あまみず)をたくわえる①（　　　　）や土や石がいちどに流れるのを防ぐ②（　　　　）をつくる、川岸をコンクリートで固め③（　　　　）を置くなどのとり組みで災害を防いでいる。

はってん　<生き物がすみやすい川に！>川岸をコンクリートで固めると、生き物がすみにくくなってしまいます。そのため、川原を広げるなど、生き物がすみやすいようにくふうしています。

練習のワーク

教科書 86～93ページ　答え 12ページ

できた数　／9問中

1　災害を防ぐくふうをした川のようすについて、次の問いに答えましょう。

(1) 雨がふり続いたり、大雨がふったりすると、次の①～③のようなことが起きることがあります。これらを防ぐくふうを、それぞれ下のア～ウから選びましょう。

① 水の量がふえて、川岸がけずられる。（　　）

② いちどに大量の水が下流に流れる。（　　）

③ いちどに大量の土や石が下流に流れる。（　　）

ア ダムをつくる。

イ さ防ダムをつくる。

ウ 川岸を改修（かいしゅう）してコンクリートで固める。

(2) 右の写真は、川の流れが曲がっているところのようすです。あのように、川にブロックを置いているのはなぜですか。次のア～エから選びましょう。（　　）

ア 川の流れの勢いを弱めるため。

イ 川の流れの勢いを強めるため。

ウ 川底に土や石がたい積するのを防ぐため。

エ 川岸の土や石が運ぱんされやすいようにするため。

(3) こう水が起こったときのひなん場所などをあらかじめ調べるときに何を使いますか。次のア～ウから選びましょう。（　　）

ア ライブカメラ　イ 雨量情報　ウ ハザードマップ

2　平地に流れ出たあたりの川を観察して、記録カードにかきました。次の問いに答えましょう。

(1) 川を観察するとき、どんなことに注意しますか。次のア～ウから選びましょう。（　　）

ア 川の水の量がふえているときは、川に近づかない。

イ 川の水の量が減っているときは、川に近づかない。

ウ 必ず川に入って観察する。

(2) 川の曲がっているところの内側には、何が広がっていますか。（　　）

(3) 川が曲がっているところの内側では、どんな石が見られますか。次のア、イから選びましょう。（　　）

ア まるみのある石　イ 角ばった石

(4) 次の（　）に当てはまる言葉を、下の〔　〕から選んで書きましょう。

災害を防ぐために、川が曲がって流れているところの（　　　）をコンクリートで固めることもある。

〔 外側　内側 〕

勉強した日　月　日

6　流れる水のはたらき

時間 20分

得点　/100点

教科書 81～93ページ　答え 12ページ

よく出る **1** 水の量と流れる水のはたらき　土のしゃ面を２つつくり、図の㋐のようにビーカーに入れた水を流しました。次に、図の㋑のようにいちどに流れる水の量を多くして、水の量と流れる水のはたらきの関係について調べました。あとの問いに答えましょう。　１つ４〔48点〕

㋐
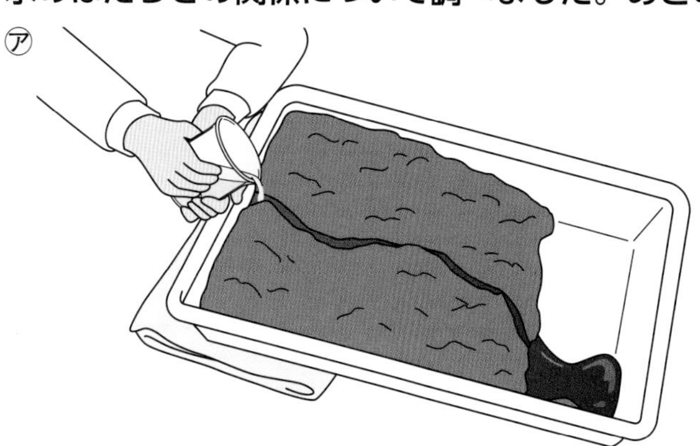

㋑
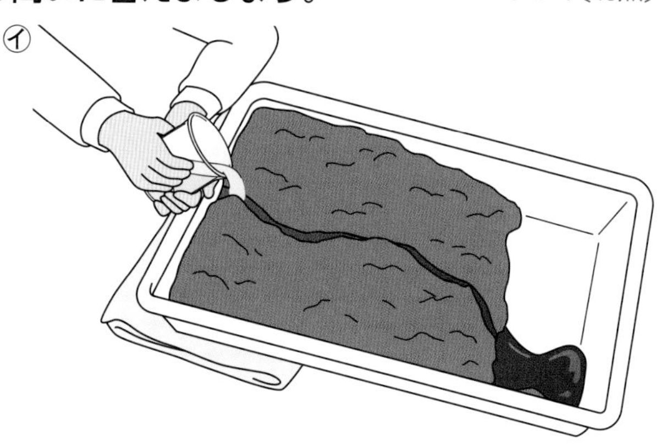

(1)　この実験で、次の①～③はそれぞれ変える条件ですか、変えない条件ですか。

①　流れる水の量　(　　　　)

②　しゃ面の土の量　(　　　　)

③　しゃ面のかたむき　(　　　　)

(2)　㋐、㋑のうち、流れる水の速さが速いのはどちらですか。　(　　)

(3)　流れる水のはたらきのうち、地面をけずるはたらきを何といいますか。　(　　　　)

(4)　㋐、㋑のうち、土のけずられ方が大きいのはどちらですか。　(　　)

(5)　流れる水のはたらきのうち、土や石を運ぶはたらきを何といいますか。　(　　　　)

(6)　㋐、㋑のうち、運ばれる土の量が少ないのはどちらですか。　(　　)

記述 (7)　この実験から、水の量と流れる水のはたらきの関係についてわかることは何ですか。
(　　　　　　　　　　　　　　　　　　　　)

(8)　ふだんより川の水の量がふえるのは、どんなときですか。次のア～エから２つ選びましょう。　(　　)(　　)

ア　雨がふり続いたとき。

イ　台風で大雨がふったとき。

ウ　晴れの日が続いたとき。

エ　暑い日が続いたとき。

(9)　川の水の量がふえると、短時間で土地のようすが変化することがありますか。次のア～ウから選びましょう。　(　　)

ア　大きく変化することがある。

イ　少し変化することはあるが、すぐにもとにもどる。

ウ　土地のようすが変化することはない。

SDGs **2** **川の流れと災害** 次の写真は、大雨のときの川のようすや川の水による災害を防ぐとり組みです。あとの問いに答えましょう。

1つ4〔28点〕

㋐

㋑

㋒

(1) 大雨がふると、川の水の量や流れる水の速さはどうなりますか。

水の量（　　　　　）

流れる水の速さ（　　　　　）

記述 (2) 大雨がふると、しん食するはたらきや運ぱんするはたらきはどうなりますか。

（　　　　　　　　　　　　　　　　　　　　）

(3) 写真の㋐は、川岸がけずられたようすです。川岸がけずられるのを防ぐため、写真の㋑では、川岸を何で固めていますか。（　　　　　）

(4) 写真の㋑では、川の流れが曲がっているところにブロックが置かれています。ブロックを置くと、川の流れの勢いはどうなりますか。（　　　　　）

(5) 写真の㋒は、ダムのようすです。ダムは、ふった雨水をたくわえて何を防いでいますか。次の（　）に当てはまる言葉を書きましょう。ただし、②は「上」または「下」で答えましょう。

いちどに大量の①（　　　　　）が②（　　　　　）流に向かって流れていくのを防ぐ。

SDGs **3** **災害から生命を守る** 川の水による災害から生命を守るためにできることについて、次の問いに答えましょう。

1つ6〔24点〕

(1) 大雨がふっているとき、近くの川でこう水が起きそうかどうかを知りたい場合はどうするとよいですか。次のア～ウから選びましょう。（　　）

ア　川の近くまで行ってようすを確かめる。

イ　インターネットのライブカメラで川のようすを確かめる。

ウ　テレビのニュースで地域の雨量情報を確かめる。

(2) 地域で災害が起きそうになった場合、どうするとよいですか。次のア～ウから正しいものを２つ選びましょう。（　　）（　　）

ア　最新の正確な情報を集めて、生命を守る行動を行う。

イ　気象庁のウェブサイトで災害のきけん度が高まっている場所を調べる。

ウ　テレビで災害が起きたことが報じられてから、ひなんの準備を始める。

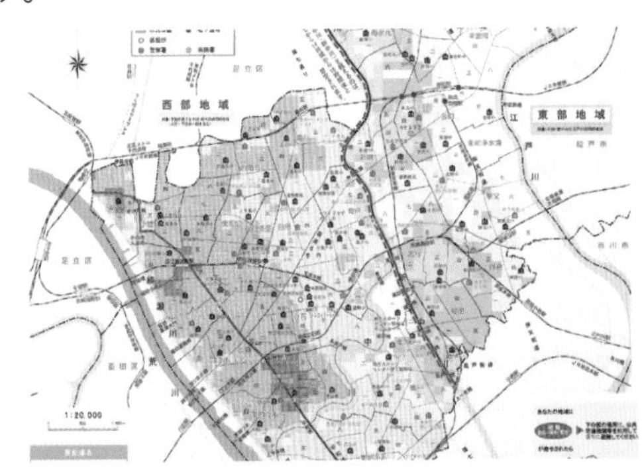

(3) 災害に備えて、災害の起きやすい場所やひなんする場所を確かめておくときに使う、右の図のような地図を何といいますか。（　　　　　　　　）

1　物が水にとけるとき

基本のワーク

学習の目標
物が水にとけたときの重さの変わり方やようすを調べよう。

教科書 94～100ページ　答え 13ページ

図を見て、あとの問いに答えましょう。

1 食塩をとかす前ととかした後の重さ

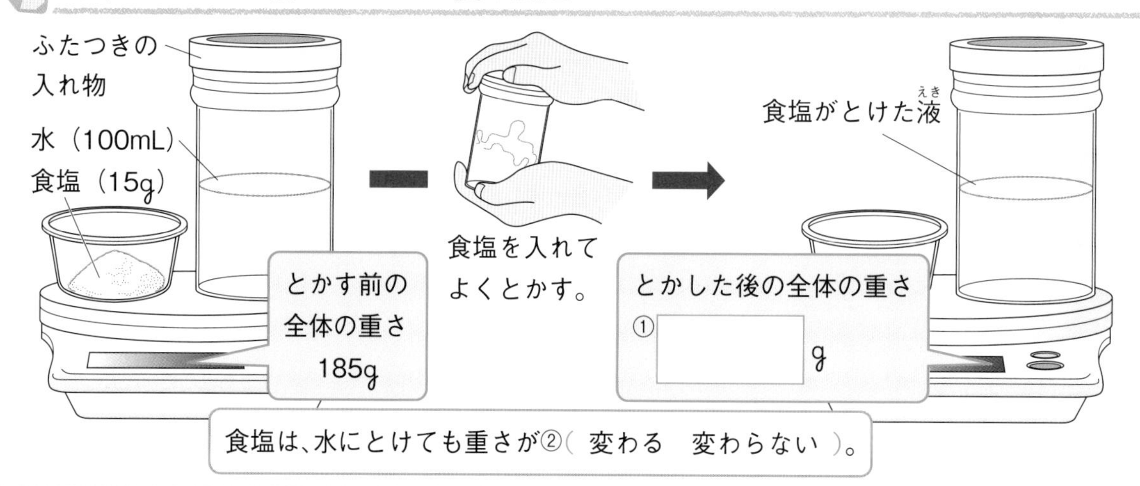

食塩は、水にとけても重さが②（ 変わる　変わらない ）。

(1) 食塩をとかす前の全体の重さは185gでした。食塩をとかした後の全体の重さは何gですか。①の□に書きましょう。

(2) 食塩がとけた液の重さについて、②の（　）のうち、正しいほうを◯で囲みましょう。

2 物が水にとけること

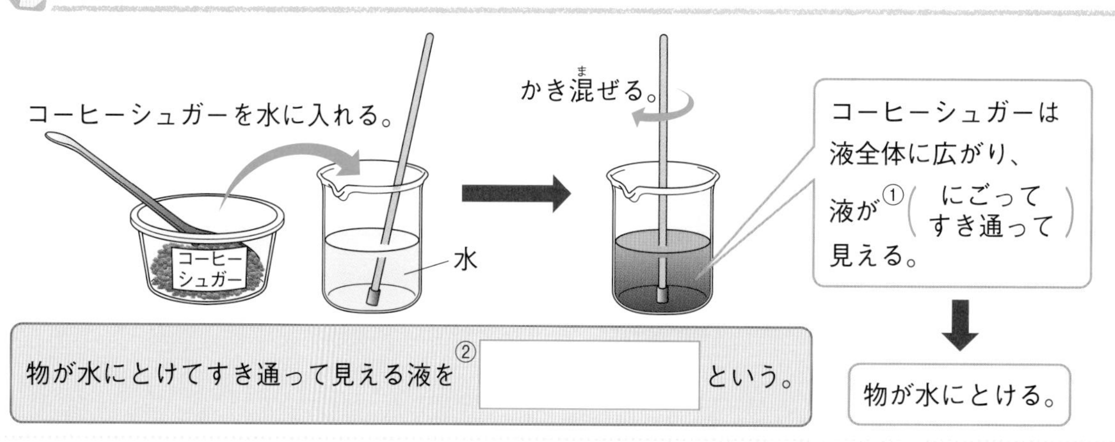

物が水にとけてすき通って見える液を②□という。

(1) コーヒーシュガーが水にとけてできた液は、にごって見えますか、すき通って見えますか。①の（　）のうち、正しいほうを◯で囲みましょう。

(2) 物が水にとけた液を何といいますか。②の□に書きましょう。

まとめ　〔 水よう液　変わらない 〕から選んで（　）に書きましょう。

- 物を水にとかしたとき、とかす前ととかした後の重さは①（　　）。
- 水にとけた物が液全体に同じように広がり、すき通って見える液を②（　　）という。

物が水にとけた液を水よう液といいます。では、物がアルコールにとけると、何というのでしょうか。答えは、「水」を「アルコール」に変えて、アルコールよう液といいます。

練習のワーク

教科書 94～100ページ　答え 13ページ

1 水にとけた物のゆくえを調べる実験をしました。次の問いに答えましょう。

(1) 図１のように、とかす前の食塩と水の重さをはかりました。食塩をとかした後の重さのはかり方として正しいものを、図２の㋐、㋑から選びましょう。（　　）

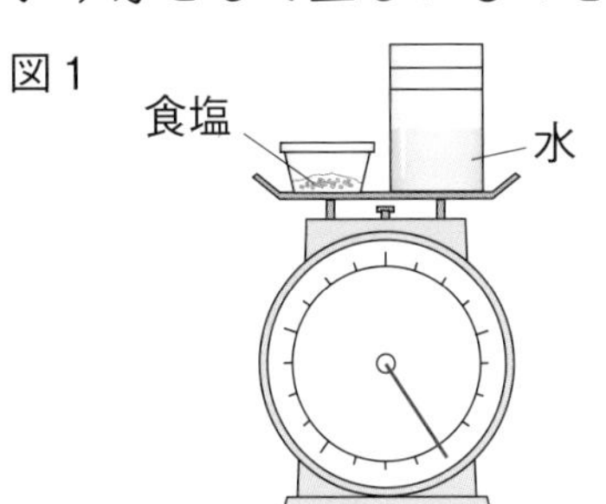

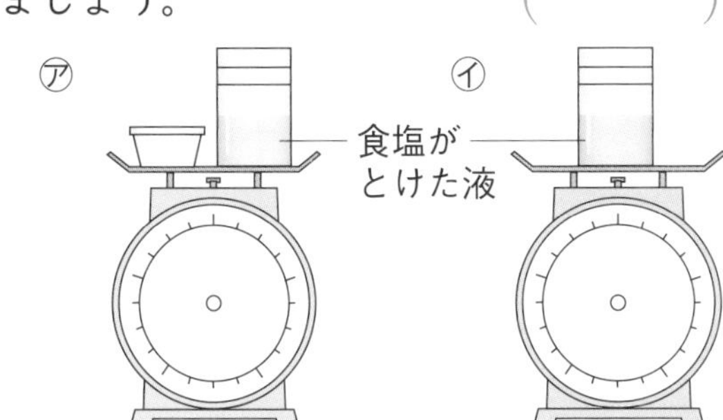

(2) (1)の正しい方法で食塩をとかした後の重さをはかったとき、全体の重さは図１のときと比べてどうなっていますか。（　　）

(3) 50gの水に4gの食塩を入れてよくかき混ぜ、とかしました。できた液の重さは何gですか。（　　）

(4) 図３のように、水と、食塩がとけた液をガラスぼうにつけて、スライドガラスの上に１てきずつ落とし、水をじょう発させました。白い物が出てくるのは、水と食塩がとけた液のどちらですか。（　　）

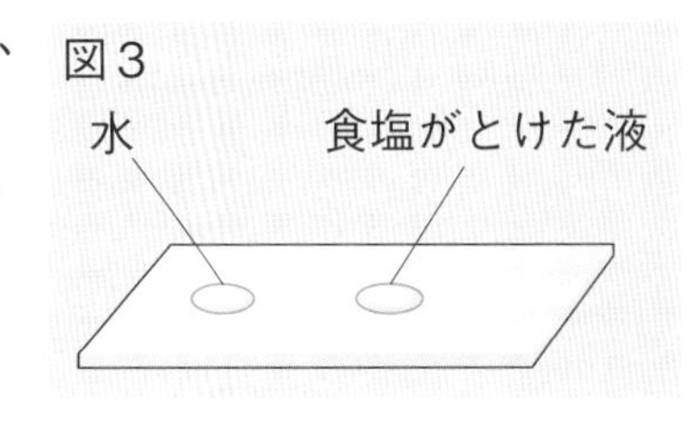

(5) 物は、水にとけるとどうなりますか。次のア～ウから選びましょう。（　　）

ア　すべてなくなる。　　イ　少しだけなくなる。
ウ　なくならない。

2 右の図のように、コーヒーシュガーとかたくり粉（こ）を計量スプーンで１ぱいずつとって、別々のビーカーの水に入れてかき混ぜました。次の日、それぞれのようすを調べました。次の問いに答えましょう。

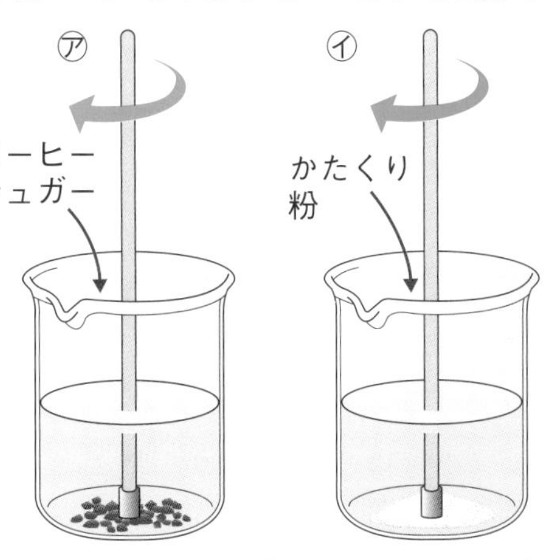

(1) 次の日の㋐、㋑の液のようすを、次のア～ウからそれぞれ選びましょう。　㋐（　　）㋑（　　）

ア　つぶが見えず、色がなく、すき通っている。
イ　つぶが見えず、茶色で、すき通っている。
ウ　粉が下にしずんでいるのが見える。

(2) ㋐、㋑のうち、物が水にとけたのはどちらですか。（　　）

(3) 物が水にとけた液を何といいますか。（　　）

(4) 水にとけた物は、どうなっていますか。次のア～ウから選びましょう。（　　）

ア　液の上のほうにたまっている。　　イ　液の下のほうにたまっている。
ウ　液全体に同じように広がっている。

2　物が水にとける量①

基本のワーク

学習の目標
物が水にとける量に限りがあるかを、実験をとおして調べよう。

教科書 101～102、161ページ　答え 14ページ

図を見て、あとの問いに答えましょう。

1 決まった体積の液体（えきたい）のはかりとり方

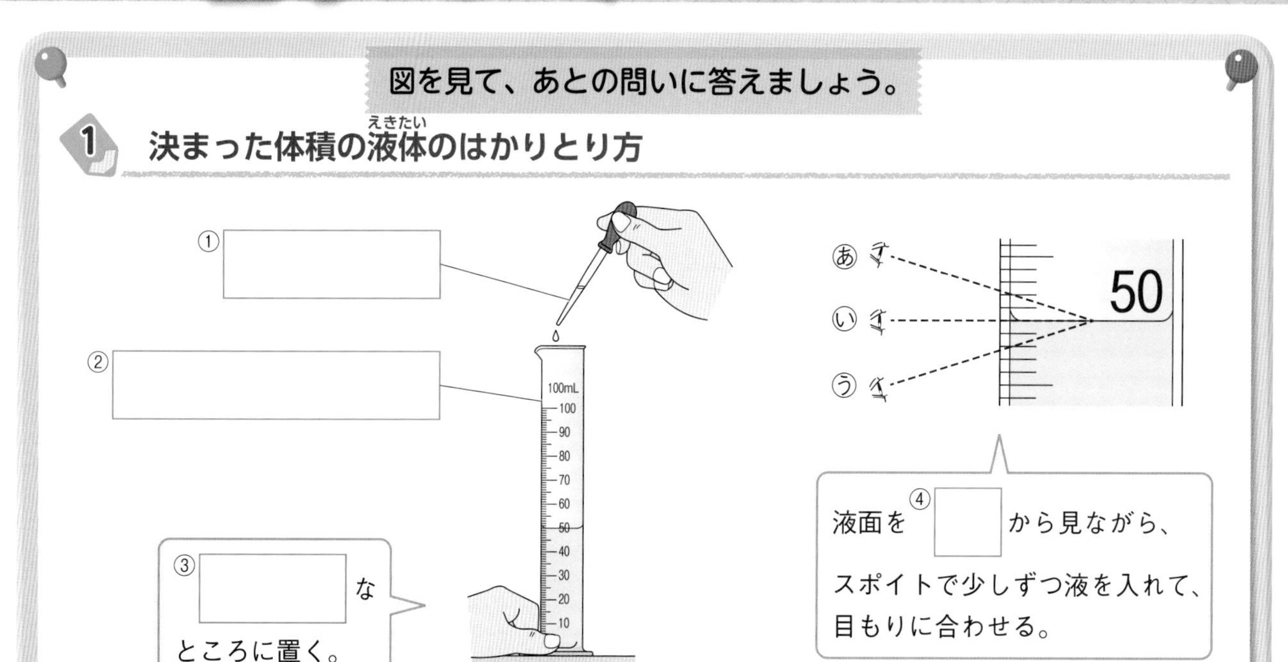

(1) ①、②の器具を何といいますか。それぞれ[　]に書きましょう。
(2) メスシリンダーは、どんなところに置きますか。③の[　]に書きましょう。
(3) 液面を見るときの目の位置を、あ～うから選んで④の[　]に書きましょう。

2 水にとける食塩とミョウバンの量

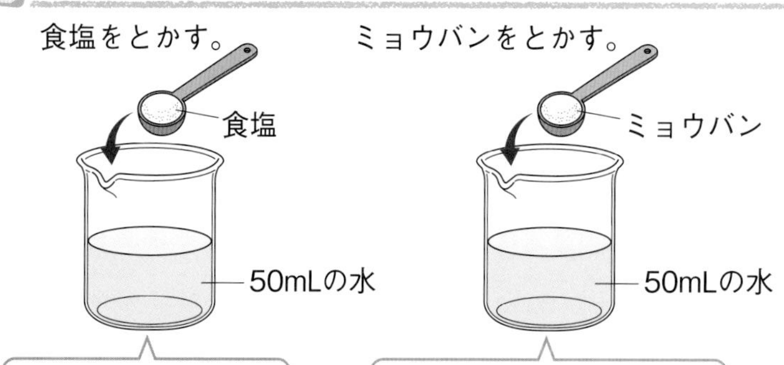

とけた量	
食塩	ミョウバン
すり切り6はい	すり切り2はい

50mLの水にとける食塩の量には限り（かぎ）が①（ ある　ない ）。

50mLの水にとけるミョウバンの量には限りが②（ ある　ない ）。

水にとける量は、物によって③（ 同じ　ちがう ）。

● 物が水にとける量について、①～③の（　）のうち、正しいほうを◯で囲みましょう。

まとめ　〔 ちがう　限りがある 〕から選んで（　）に書きましょう。

● 決まった量の水に物をとかすと、とける物の量には①（　　　　）。
● 決まった量の水にいろいろな物をとかすと、とける量は物によって②（　　　　）。

わくわくたんてい団　水には、2種類以上の物をとかすことができます。たとえば、スポーツ飲料には、さとうや食塩、ビタミンなどもとけています。何がとけているのかを調べてみるのもいいですね。

練習のワーク

教科書 101〜102、161ページ　答え 14ページ

1 **右の図の器具の使い方について、次の問いに答えましょう。**

(1) この器具を何といいますか。
( )

(2) この器具は、どんなところに置いて使いますか。 ( )

(3) 目もりを読むとき、目の位置はどこにしますか。㋐〜㋒から選びましょう。 ( )

(4) 液体の体積を知りたいとき、液面のどの部分の目もりを読みますか。かく大図のあ、いから選びましょう。 ( )

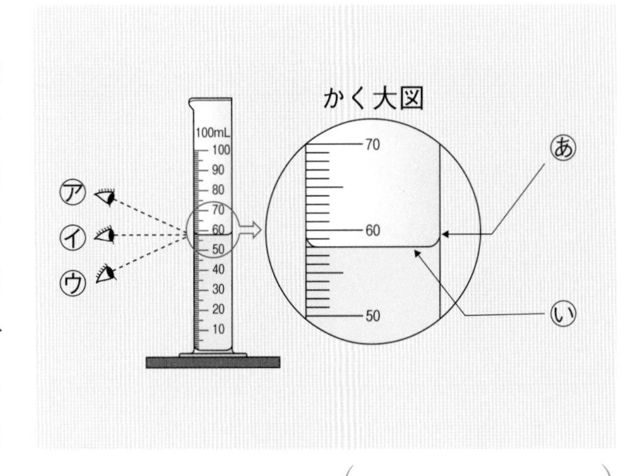

(5) 右の図のとき、液体の体積は何mLですか。 ( )

2 **次の図のように、50mLの水に食塩を計量スプーンですり切り1ぱいずつ入れてとかし、何ばいまでとけるか調べました。ミョウバンも同じようにとかしました。あとの問いに答えましょう。**

ガラスぼうを使ってかき混ぜてとかすよ。ガラスぼうの先にはゴム管をつけよう。

(1) 50mLの水にとける食塩やミョウバンの量に限りはありますか。
食塩( )　ミョウバン( )

(2) 食塩は7はい目でとけ残りが出ました。また、ミョウバンは3ばい目でとけ残りが出ました。このとき、食塩とミョウバンのとけた量はそれぞれ何ばいといえますか。下の表に書きましょう。

とかした物	食塩	ミョウバン
とけた量	すり切り ①( )はい	すり切り ②( )はい

7はい目がとけ残るから、とけたのは…？

(3) 50mLの水にとける量が多いのは、食塩とミョウバンのどちらですか。
( )

(4) この実験からわかることを、ア、イから選びましょう。 ( )

ア　水にとける物の量は、物が変わっても同じであること。
イ　水にとける物の量は、物によってちがうこと。

勉強した日　月　日

まとめのテスト①

7　物のとけ方

得点
/100点

教科書 94~102、161ページ　答え 14ページ

1 水にとけた食塩のゆくえ　水と、食塩がとけた液を１てきずつスライドガラスの上に落とし、しばらく置いて、水をじょう発させました。次の問いに答えましょう。　1つ5〔20点〕

⑴ スライドガラスはどんな場所に置くとよいですか。次のア～ウから選びましょう。（　　）

ア　冷ぞう庫の中。
イ　日光が当たらない場所。
ウ　日光がよく当たる場所。

㋐水　㋑食塩がとけた液

⑵ 水をじょう発させると、㋐、㋑の一方から白い物が出てきました。白い物が出てきたほうを、㋐、㋑から選びましょう。（　　）

⑶ ⑵で、水をじょう発させたときに出てきた白い物は何ですか。（　　）

⑷ 水に食塩をとかすと、食塩はどうなりますか。次のア～ウから選びましょう。（　　）

ア　目に見えないので、すべてなくなった。
イ　目に見えないが、水の中にある。
ウ　少しなくなったので、目に見えなくなった。

2 とけた物の重さ　食塩を水にとかしたときの重さについて、次の問いに答えましょう。　1つ5〔30点〕

⑴ 食塩は、水にとけると重さが変わりますか。（　　）

⑵ ㋐のようにして、水にとかす前の食塩と水の重さをはかりました。食塩を水にとかした後、㋑のようにして重さをはかったところ、㋐のときと同じ重さにはなりませんでした。㋐のときより重くなりましたか、軽くなりましたか。（　　）

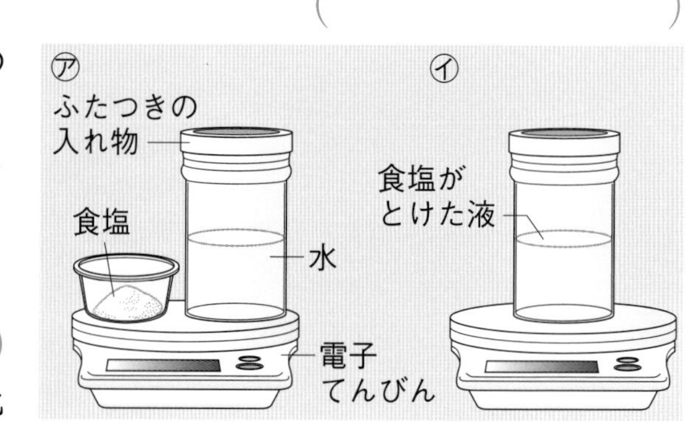

記述 ⑶ 水にとかす前ととかした後の重さを正しく比べるためには、㋑でどうするとよいですか。
（　　）

⑷ 50gの水に8gの食塩を入れてよく混ぜたところ、食塩はすべてとけました。できた液の重さは何gですか。（　　）

⑸ 100gの水に食塩を入れてよく混ぜたところ、食塩はすべてとけ、できた液の重さは110gでした。何gの食塩を入れましたか。（　　）

⑹ 食塩をミョウバンに変えて、水にとかす前の重さととかした後の重さを比べると、どうなりますか。（　　）

3 物が水にとけた液

食塩、コーヒーシュガー、かたくり粉をそれぞれ水の入ったビーカーに入れてかき混ぜたところ、次の㋐～㋒のようになりました。そのまま1日置いて、次の日にようすを調べました。あとの問いに答えましょう。

1つ4〔20点〕

㋐ 食塩

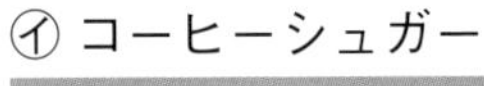

㋒ かたくり粉

(1) 次の日にようすを調べたとき、粉が底にしずんでいたものを、㋐～㋒から選びましょう。（　　）

(2) 物が水にとけた液のことを何といいますか。（　　）

(3) 物が水にとけた液について、次の文のうち、正しいものに2つ○をつけましょう。

①（　　）つぶが見えず、液がすき通っている。

②（　　）液がにごって見えるものもある。

③（　　）液に色がついているものはない。

④（　　）液に色がついているものもある。

(4) 物が水にとけたとはいえない液を、㋐～㋒から選びましょう。（　　）

4 物が水にとける量

50mLの水の入ったビーカーを2つ用意し、それぞれに食塩とミョウバンを計量スプーンですり切り1ぱいずつ入れてとかし、何ばいまでとけるか調べました。すると、食塩は7はい目で、ミョウバンは3ばい目でとけ残りが出ました。次の問いに答えましょう。

1つ6〔30点〕

(1) 図1のメスシリンダーを用いて、水50mLをはかりとります。50mLの水が入っているものを、図2の㋐、㋑から選びましょう。（　　）

図1

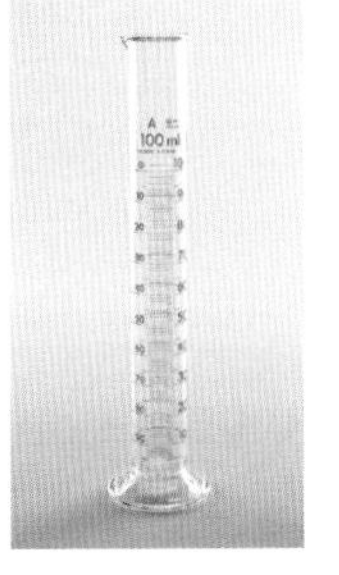

図2

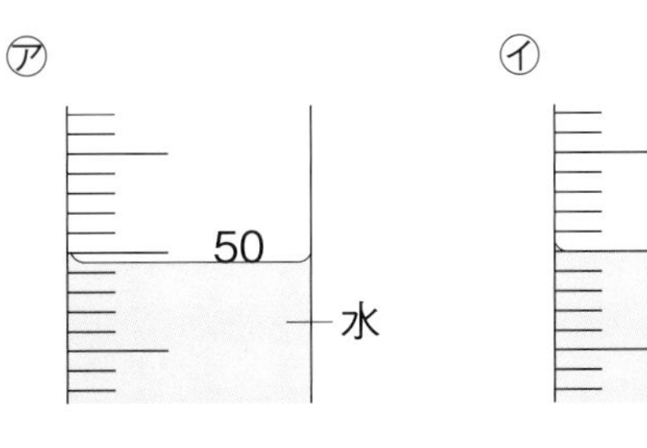

(2) 50mLの水にとける食塩やミョウバンの量に、限りはありますか。

食塩（　　）

ミョウバン（　　）

(3) 50mLの水には、食塩とミョウバンのどちらが多くとけますか。（　　）

(4) 水にとける量は、物によってちがいますか、同じですか。（　　）

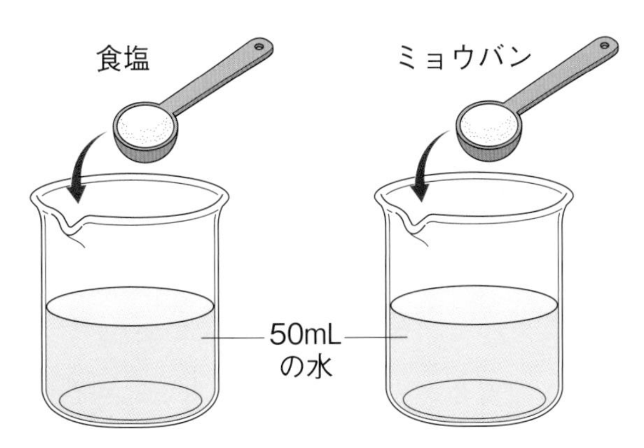

勉強した日　　月　　日

2　物が水にとける量②

基本のワーク

学習の目標
水の量をふやすと、水にとける物の量がどうなるかを調べよう。

教科書 103～107、163ページ　答え 15ページ

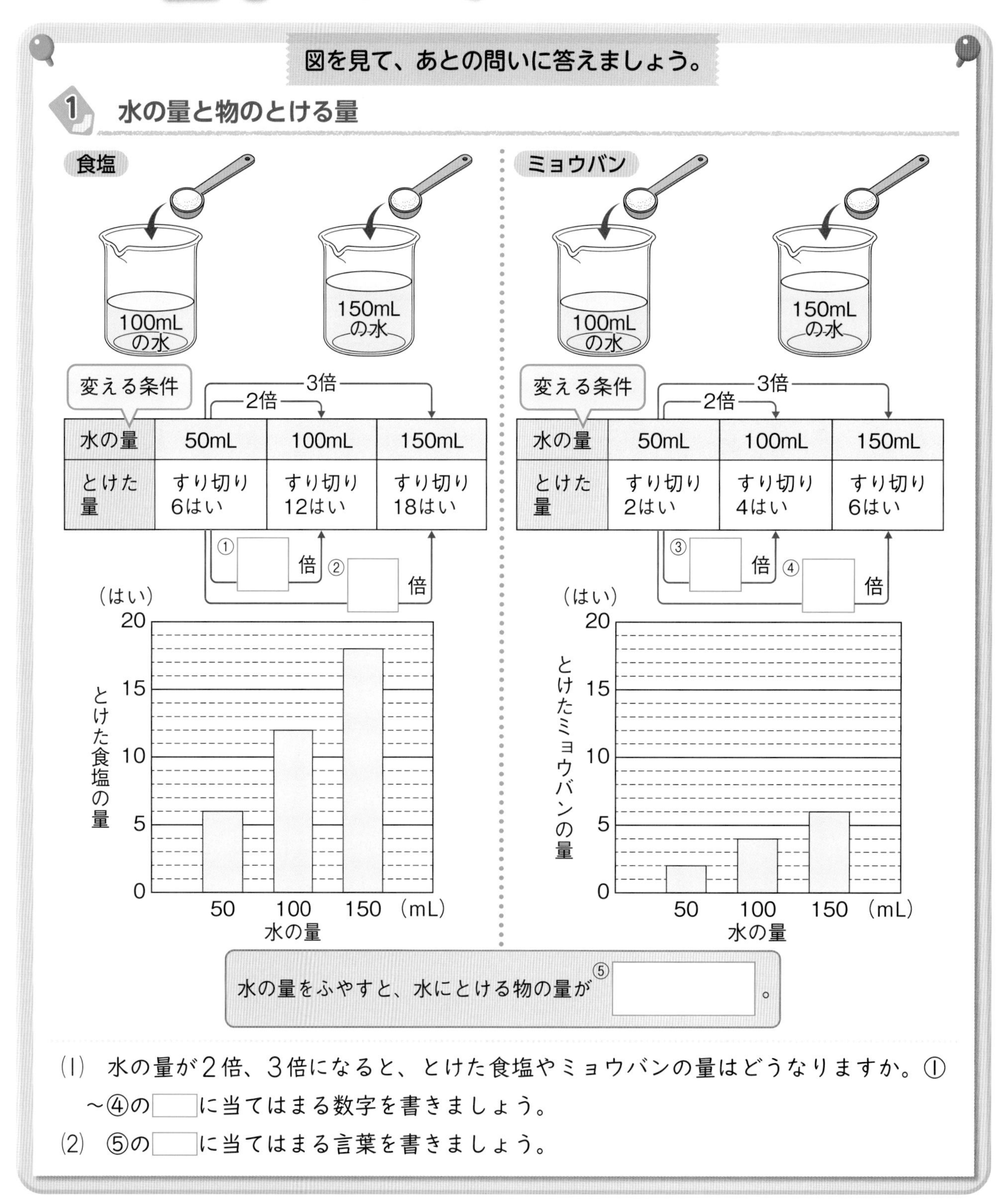

図を見て、あとの問いに答えましょう。

1 水の量と物のとける量

食塩

水の量	50mL	100mL	150mL
とけた量	すり切り6はい	すり切り12はい	すり切り18はい

ミョウバン

水の量	50mL	100mL	150mL
とけた量	すり切り2はい	すり切り4はい	すり切り6はい

水の量をふやすと、水にとける物の量が⑤□。

(1)　水の量が２倍、３倍になると、とけた食塩やミョウバンの量はどうなりますか。①～④の□に当てはまる数字を書きましょう。

(2)　⑤の□に当てはまる言葉を書きましょう。

まとめ　〔量　ふえる〕から選んで（　）に書きましょう。

●水の量をふやすと、食塩が水にとける量は①（　　　　）。

●水の②（　　　　）をふやすと、ミョウバンが水にとける量はふえる。

水の量がふえると、物がとける量もふえます。このときの関係を比例(ひれい)といい、水の量ととけた物の量をグラフにかくと、0の点からななめに一直線のグラフになります。

練習のワーク

教科書 103～107、163ページ　答え 15ページ

1 50mLの水に食塩を計量スプーンですり切り１ぱいずつ入れてとかし、何ばいまでとけるか調べました。同じように、水の量を100mL、150mLにして、水の量と水にとける食塩の量との関係を調べました。表はその結果です。あとの問いに答えましょう。

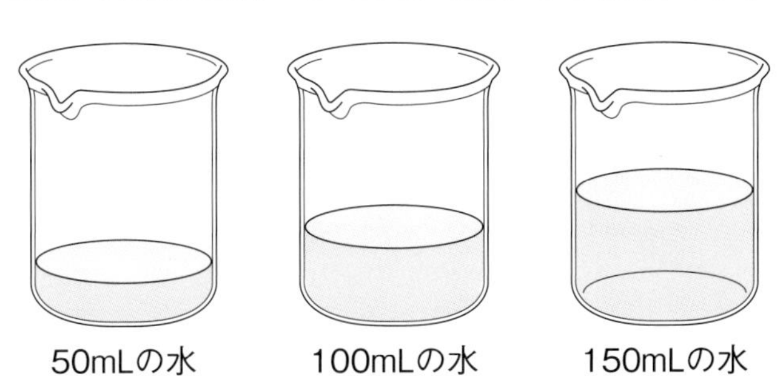

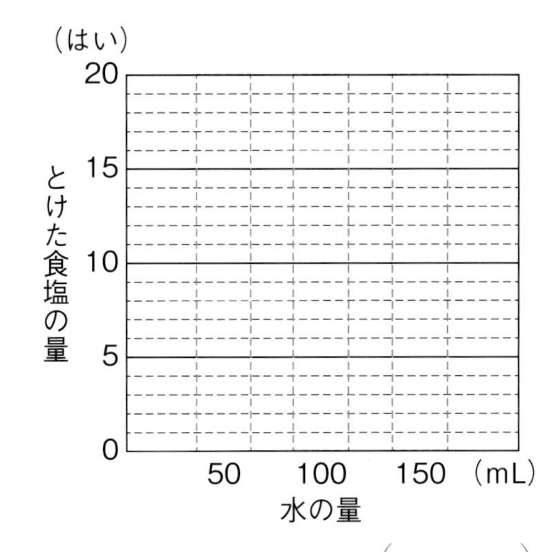

水の量	50mL	100mL	150mL
とけた食塩の量	すり切り6はい	すり切り12はい	すり切り18はい

(1) この実験で変える条件を、ア～ウから選びましょう。（　　）

ア　水の量　　イ　水の温度　　ウ　計量スプーンの大きさ

作図 (2) 表にまとめた水の量ととけた食塩の量との関係を、上にぼうグラフで表しましょう。

(3) 水の量をふやすと、食塩のとける量はどうなりますか。（　　）

2 50mLの水にミョウバンを計量スプーンですり切り１ぱいずつ入れてとかし、何ばいまでとけるか調べました。同じように、水の量を100mL、150mLにして、水の量と水にとけるミョウバンの量との関係を調べました。表はその結果です。あとの問いに答えましょう。

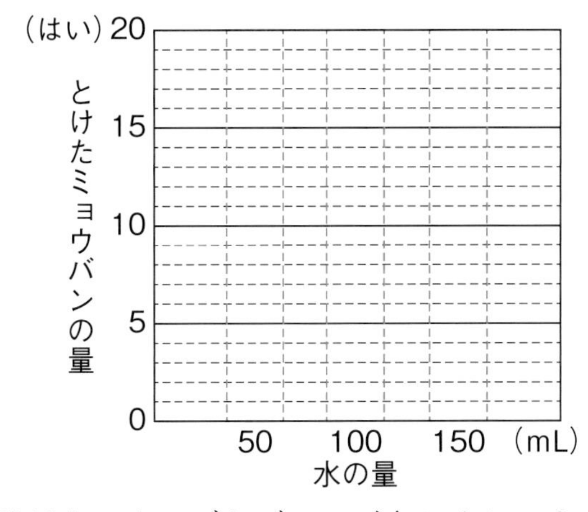

水の量	50mL	100mL	150mL
とけたミョウバンの量	すり切り2はい	すり切り4はい	すり切り6はい

作図 (1) 表にまとめた水の量ととけたミョウバンの量との関係を、上にぼうグラフで表しましょう。

(2) 次の①、②のとき、ミョウバンのとける量はそれぞれ何倍になりましたか。

① 水の量を50mLから100mLにしたとき（　　）

② 水の量を50mLから150mLにしたとき（　　）

(3) 結果からわかることについて、次の（　）に当てはまる言葉を漢字２文字で書きましょう。

物のとける量は、水の量に（　　　）している。

2 物が水にとける量③

基本のワーク

学習の目標
水の温度と食塩やミョウバンのとける量との関係を理解しよう。

教科書 103〜107ページ 答え 15ページ

図を見て、あとの問いに答えましょう。

1 水の温度と物のとける量

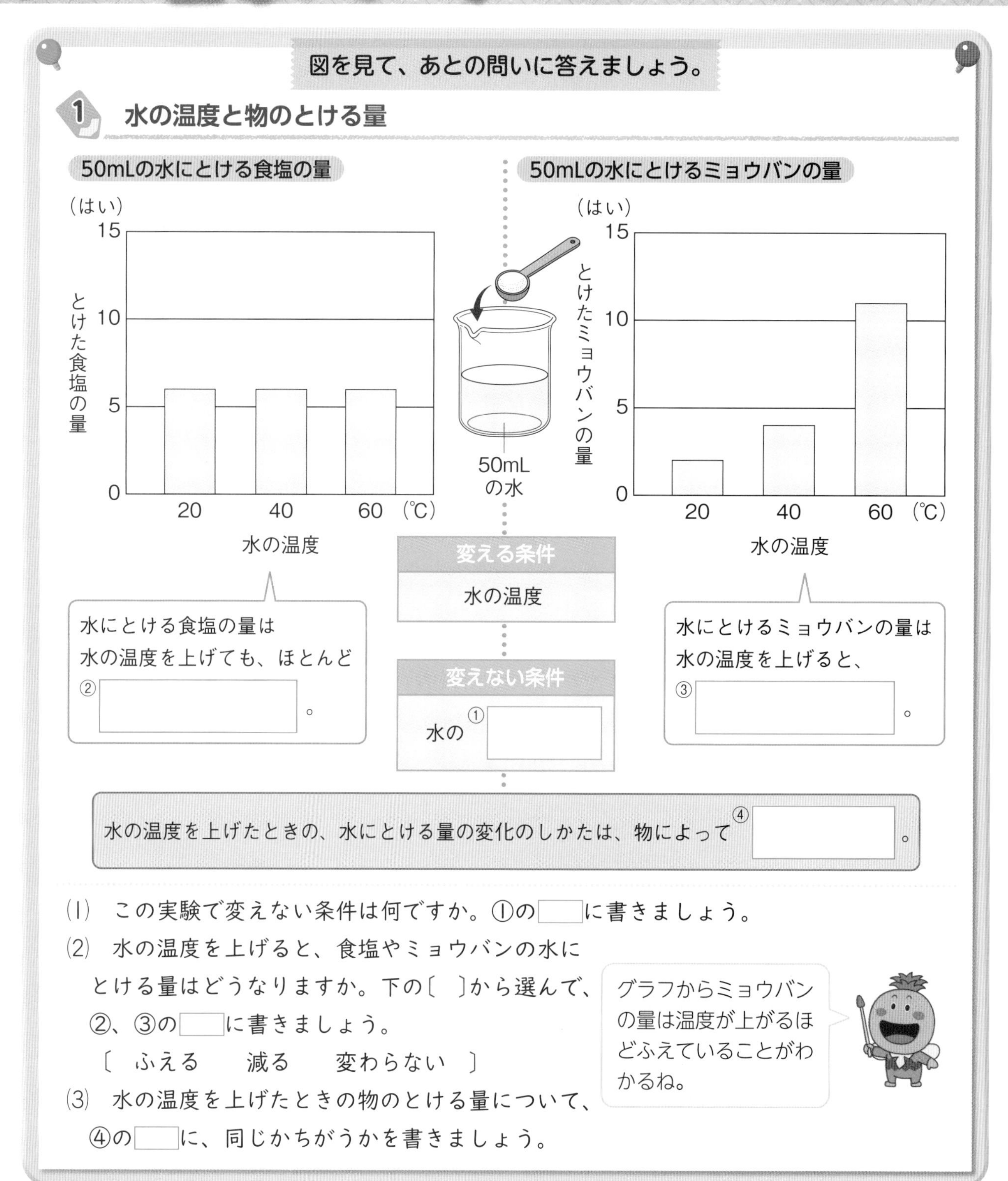

(1) この実験で変えない条件は何ですか。①の□に書きましょう。

(2) 水の温度を上げると、食塩やミョウバンの水にとける量はどうなりますか。下の〔 〕から選んで、②、③の□に書きましょう。

〔 ふえる　減る　変わらない 〕

(3) 水の温度を上げたときの物のとける量について、④の□に、同じかちがうかを書きましょう。

グラフからミョウバンの量は温度が上がるほどふえていることがわかるね。

まとめ 〔 ちがう　とける量 〕から選んで( )に書きましょう。

- 水の温度を上げると、ミョウバンは①(　　　)がふえるが、食塩はほとんど変わらない。
- 水の温度を上げたときの、物が水にとける量の変化のしかたは、物によって②(　　　)。

サイダーなどの炭酸飲料からは、あわが出ていますね。このあわは、実は水にとけていた二酸化炭素という気体です。このように、気体がとけている水よう液もあります。

練習のワーク

教科書 103～107ページ　答え 15ページ

1 右の図のように、50mLの水を入れたビーカーを2つ用意し、それぞれの水の温度を20℃、40℃にして、とける食塩の量を調べました。下の表はその結果です。あとの問いに答えましょう。

水の温度	20℃	40℃
とけた食塩の量	すり切り6はい	すり切り6はい

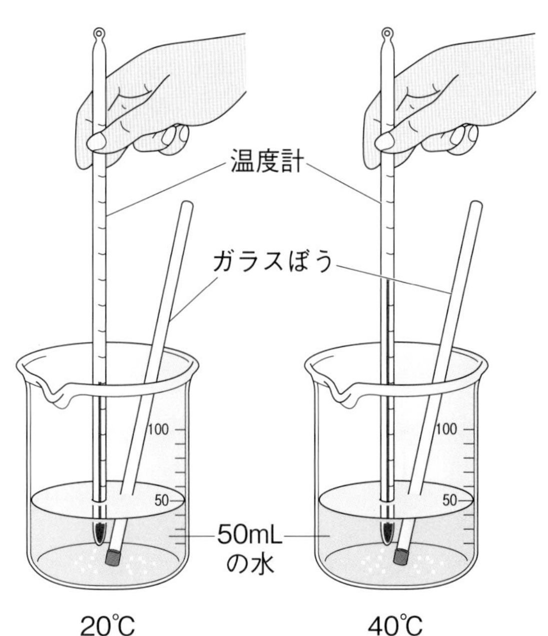

(1) 食塩をとかすとき、何でかき混ぜますか。ア、イから選びましょう。（　　）

ア　温度計の先でかき混ぜる。

イ　ガラスぼうでかき混ぜる。

(2) 水の温度が40℃のとき、20℃のときと比べてとける食塩の量はどうなりますか。

（　　　　）

(3) さらに、水の温度が60℃のときにとける食塩の量も調べて、比べることにしました。このとき、水の量は何mLにしますか。

（　　　　）

(4) (3)で正しく実験した結果、食塩のとける量はすり切り6はいであることがわかりました。この実験から、水の温度と食塩のとける量についてどんなことがわかりますか。ア、イから選びましょう。（　　）

ア　水の温度が上がっても、食塩のとける量は変わらないこと。

イ　水の温度が上がると、食塩のとける量はふえること。

2 水を入れたビーカーを3つ用意し、それぞれの水の温度を20℃、40℃、60℃にして、水の温度ととけるミョウバンの量との関係を調べました。右の表はその結果です。次の問いに答えましょう。

水の温度	20℃	40℃	60℃
とけたミョウバンの量	すり切り2はい	すり切り4はい	すり切り11はい

(1) この実験で変えない条件を、ア～ウから2つ選びましょう。（　　）（　　）

ア　水の量　　イ　水の温度　　ウ　計量スプーンの大きさ

(2) 水の温度が40℃のとき、20℃のときと比べてとけるミョウバンの量はどうなりますか。

（　　　　）

(3) この実験から、水の温度とミョウバンのとける量についてどんなことがわかりますか。ア、イから選びましょう。（　　）

ア　水の温度が上がっても、ミョウバンのとける量はほとんど変わらないこと。

イ　水の温度が上がると、ミョウバンのとける量はふえること。

勉強した日 月 日

学習の目標
水にとけた物をとり出す方法を理解しよう。

3 水にとけた物をとり出す

基本のワーク

教科書 108～113、161ページ 答え 16ページ

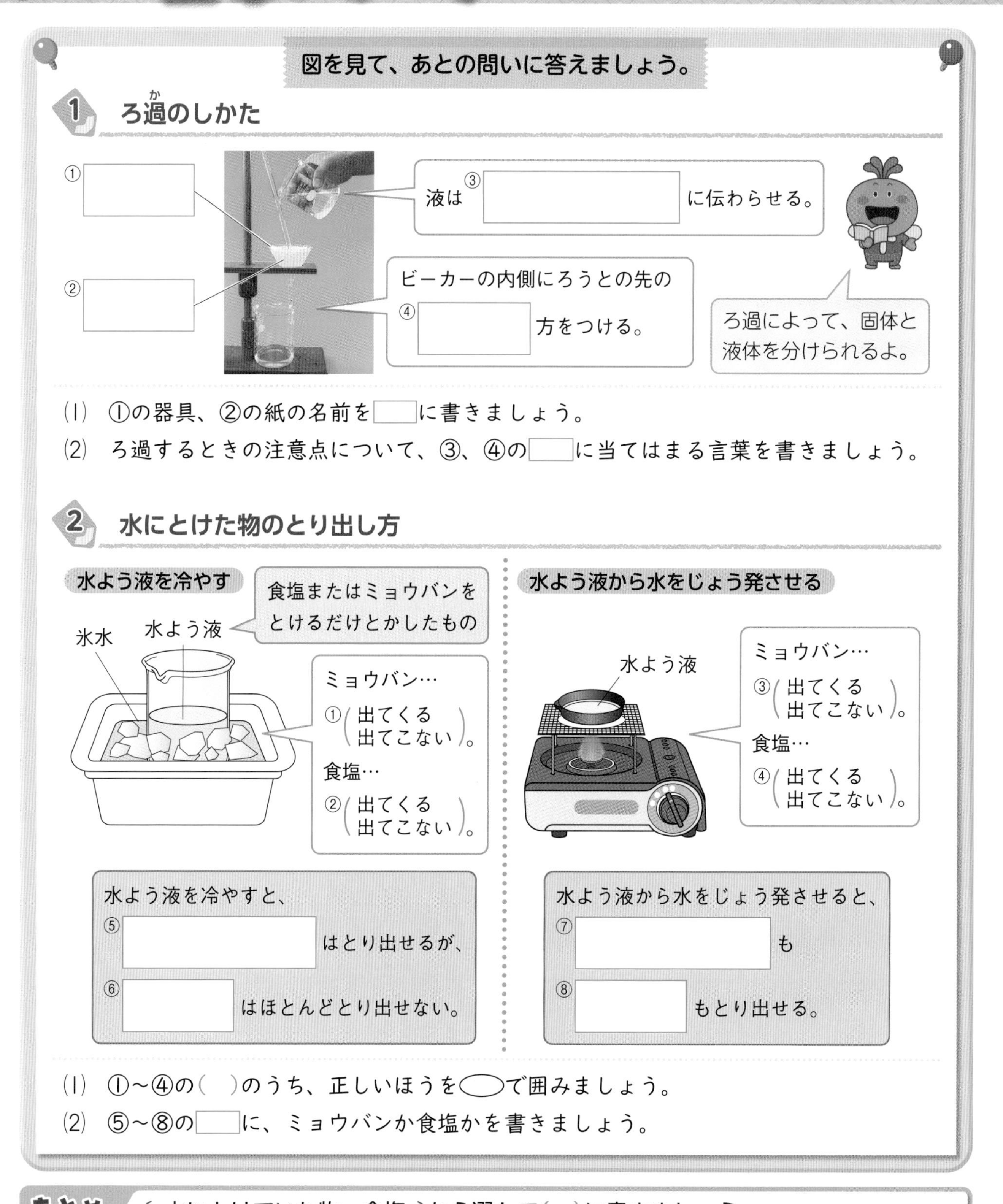

(1) ①の器具、②の紙の名前を□に書きましょう。
(2) ろ過するときの注意点について、③、④の□に当てはまる言葉を書きましょう。

(1) ①～④の（ ）のうち、正しいほうを◯で囲みましょう。
(2) ⑤～⑧の□に、ミョウバンか食塩かを書きましょう。

まとめ 〔 水にとけていた物　食塩 〕から選んで（ ）に書きましょう。

- 水よう液を冷やすと、ミョウバンはとり出せるが、①（　　　　）はとり出せない。
- 水よう液から水をじょう発させると、②（　　　　）をとり出せる。

＜結(けっ)しょう＞あたためた水よう液を冷やしたり、水よう液から水をじょう発させたりして出てきたつぶを、結しょうといいます。結しょうの形は、物によってちがいます。

練習のワーク

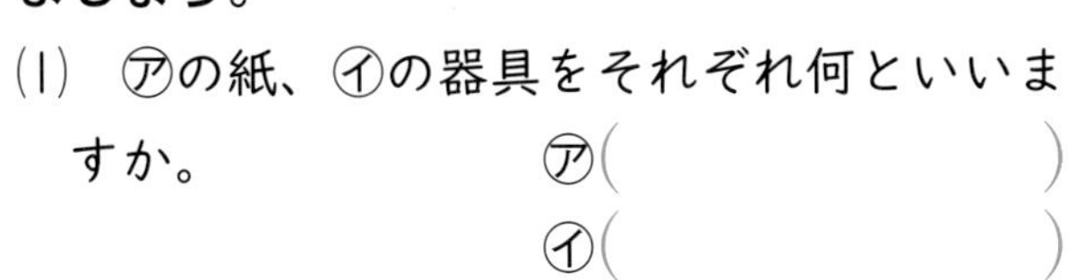

1　ミョウバンをたくさんとかした水よう液を置いておくと、図1のようにミョウバンが出てきたので、図2のようにしてミョウバンと水よう液とを分けました。次の問いに答えましょう。

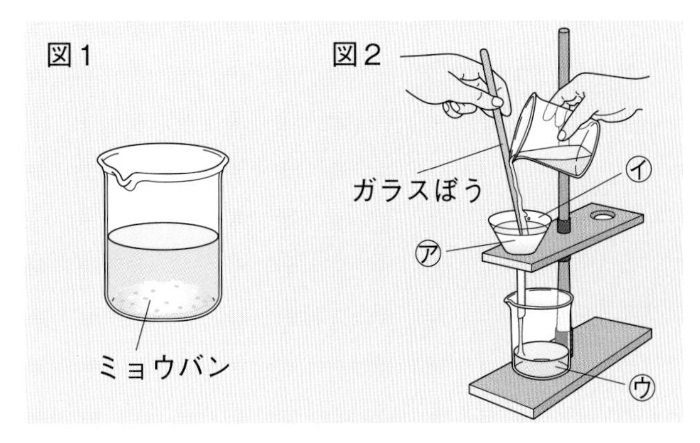

(1)　㋐の紙、㋑の器具をそれぞれ何といいますか。　㋐(　　　　)　㋑(　　　　)

(2)　㋐の紙を㋑の器具につけるとき、どうしますか。次のア、イから選びましょう。(　　)

ア　かわいた㋐を㋑にセロハンテープでつける。

イ　㋐を㋑にはめてから、水でぬらしてつける。

(3)　図2のようにして、固体と液体を分ける方法を何といいますか。(　　　　)

(4)　㋒の液を氷水で冷やすと、ミョウバンは出てきますか。次のア、イから選びましょう。(　　)

ア　ミョウバンは水の温度が下がるととける量が大きく減るため、とけきれなくなったミョウバンが出てくる。

イ　ミョウバンは水の温度が下がってもとける量がほとんど変わらないため、ミョウバンは出てこない。

(5)　㋒の水よう液をじょう発皿に少しとり、熱して水をじょう発させました。ミョウバンは出てきますか。(　　　　)

2　図1のように、食塩をとけ残りが出るまでとかした水よう液をつくり、ろ過しました。そして、ろ過した水よう液を、図2のように冷やしたり、図3のように熱したりしました。あとの問いに答えましょう。

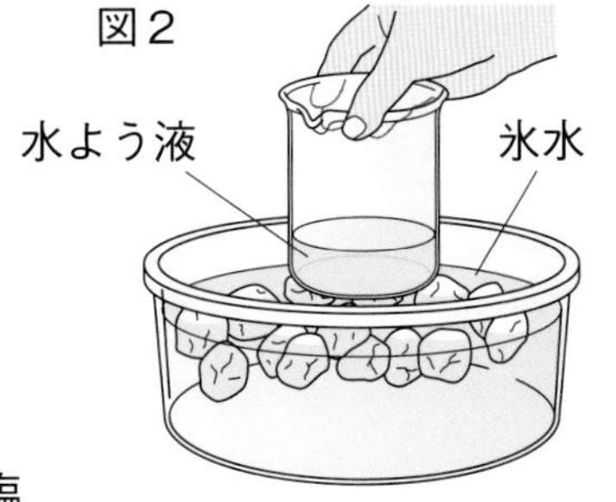

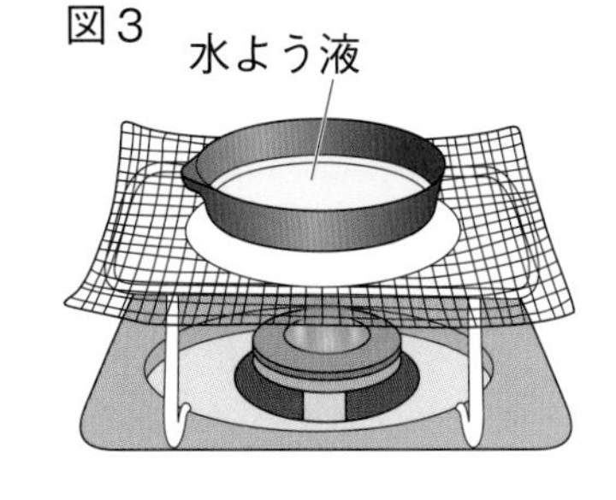

(1)　図2で、水よう液を冷やすと食塩は出てきますか。ア、イから選びましょう。(　　)

ア　出てくる。　　イ　ほとんど出てこない。

(2)　図3で、水よう液を熱して水をじょう発させると、食塩は出てきますか。(1)のア、イから選びましょう。(　　)

まとめのテスト②

7 物のとけ方

教科書 103〜113、161ページ　答え 16ページ

1 **水の量と物がとける量** 50mL、100mL、150mLの水の入ったビーカーを2つずつ用意し、それぞれに食塩とミョウバンを計量スプーンですり切り1ぱいずつ入れてとかし、何ばいまでとけるか調べました。図1は水の量ととけた食塩の量との関係、図2は水の量ととけたミョウバンの量との関係を表しています。あとの問いに答えましょう。

1つ5〔20点〕

図1

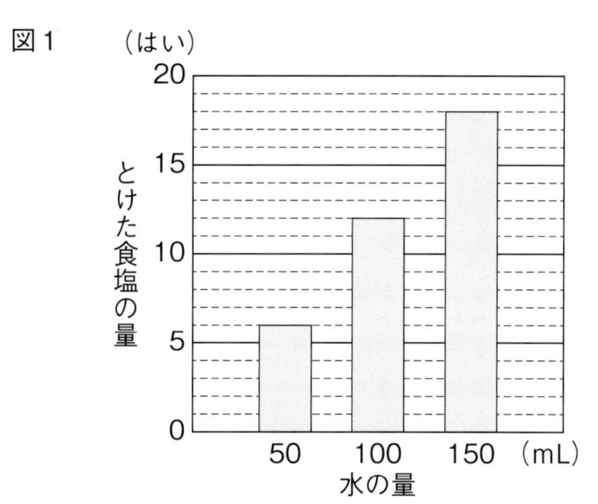

図2

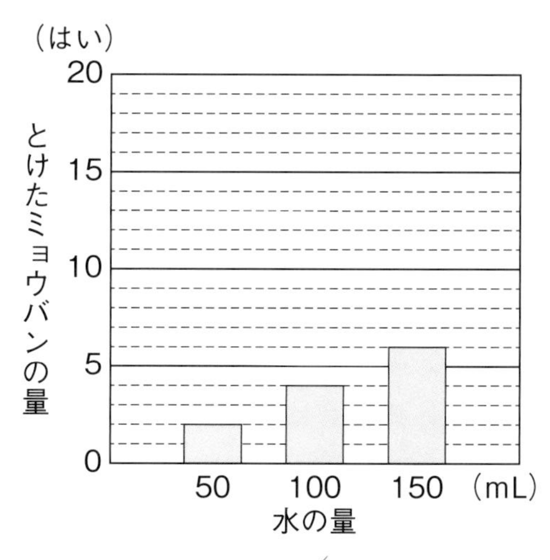

(1) 水の量をふやしたとき、食塩のとける量はどうなりましたか。（　　　　）

(2) 水の量をふやしたとき、ミョウバンのとける量はどうなりましたか。（　　　　）

(3) 100mLの水にとける食塩とミョウバンの量を比べました。とける量が多いのは、食塩とミョウバンのどちらですか。（　　　　）

(4) 水の量が2倍になると、水にとける食塩の量は何倍になりますか。（　　　　）

よく出る **2** **水の温度と物がとける量** 右のグラフは、20℃、40℃、60℃の水50mLに計量スプーンですり切り何ばいのミョウバンがとけるのかを調べた結果です。次の問いに答えましょう。

1つ6〔30点〕

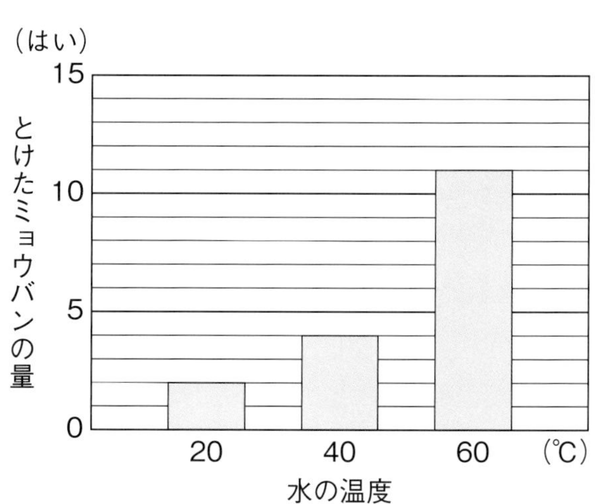

(1) 20℃の水50mLにとけるミョウバンの量は、すり切り何ばいですか。（　　　　）

(2) 40℃の水50mL、60℃の水50mLにミョウバンをすり切り8はい入れたとき、とけ残りが出ますか。 40℃の水（　　　　）
60℃の水（　　　　）

(3) 40℃の水の量を100mLにふやしたとき、とけるミョウバンの量は、すり切り何ばいになりますか。（　　　　）

記述 (4) 水の温度とミョウバンのとける量について、わかることは何ですか。
（　　　　　　　　　　　　）

3 **とけた物のとり出し方** 右のグラフは、20℃、40℃、60℃の水50mLに、食塩とミョウバンが、それぞれ計量スプーンですり切り何ばいまでとけたかを表しています。次の問いに答えましょう。 1つ4〔32点〕

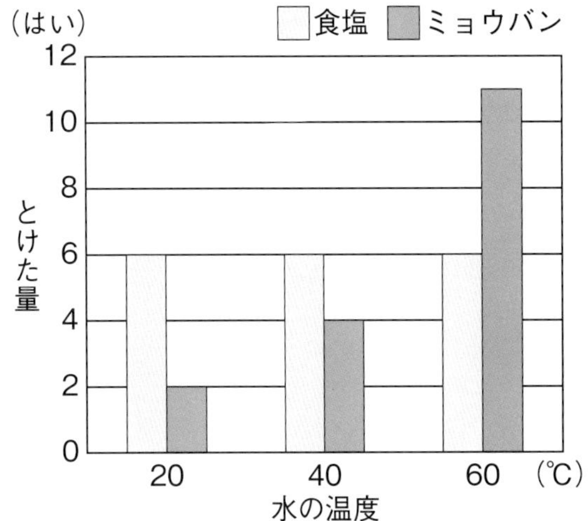

(1) 水の温度が上がったとき、食塩のとける量はどうなりますか。(　　　　)

(2) 20℃の水50mLを入れたビーカーを2つ用意して、それぞれに食塩とミョウバンをすり切り3ばい入れてとかしました。それぞれとけ残りは出ますか。 食塩(　　　　) ミョウバン(　　　　)

(3) 60℃の水50mLを入れたビーカーを2つ用意して、それぞれに食塩とミョウバンをすり切り8はい入れてとかしました。それぞれとけ残りは出ますか。 食塩(　　　　) ミョウバン(　　　　)

(4) 60℃の水50mLを入れたビーカーを2つ用意して、それぞれに食塩とミョウバンをとけるだけとかしました。その後、それぞれの水よう液の温度を20℃まで下げると、とけていた物は出てきますか。それぞれア、イから選びましょう。 食塩(　　) ミョウバン(　　)

ア 出てくる。　　イ ほとんど出てこない。

記述 (5) 40℃の水に食塩をとけるだけとかしました。この水よう液から食塩をとり出すには、どうすればよいですか。

(　　　　　　　　　　)

4 **とけた物のとり出し方** 60℃の水50mLにミョウバンをとけるだけとかし、40℃まで冷やしました。そして、出てきたミョウバンをろ紙を使って、水よう液と分けました。次の問いに答えましょう。 1つ6〔18点〕

(1) ミョウバンと水よう液に分ける方法として正しいものを、㋐～㋓から選びましょう。ただし、ろうと台はかかれていません。 (　　)

㋐

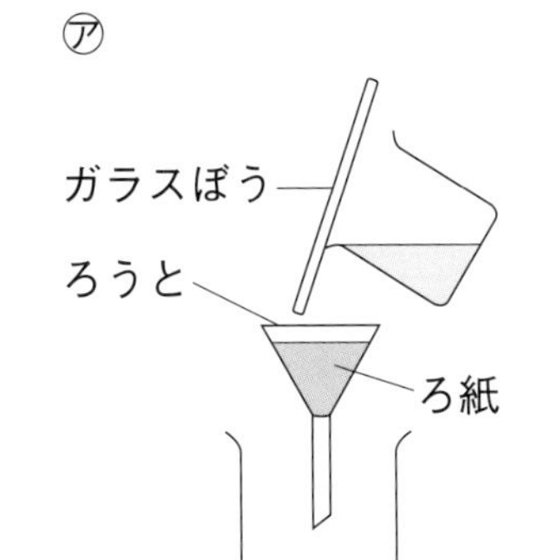

㋑

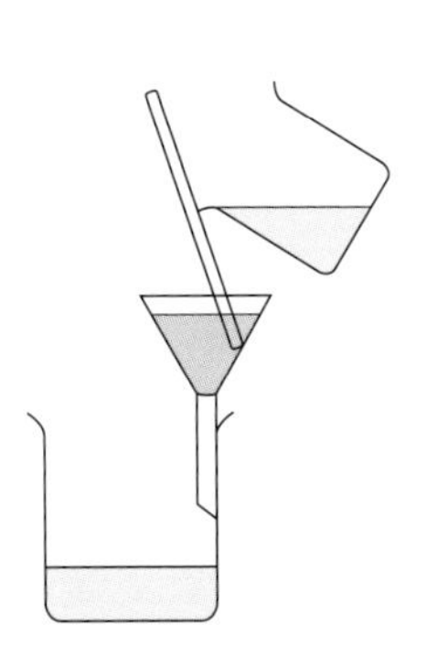

㋒

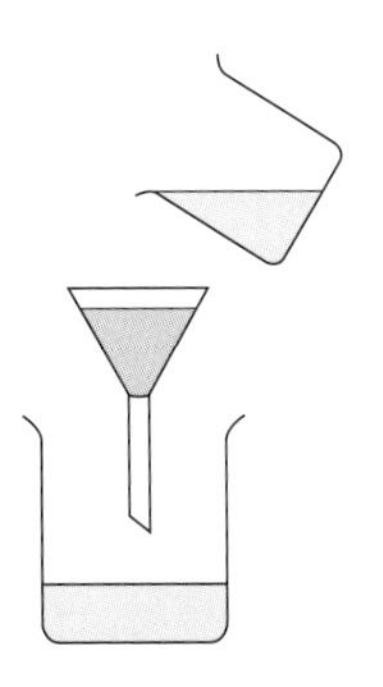

㋓

記述 (2) 分けた水よう液からミョウバンをとり出すには、どうすればよいですか。方法を2つ答えましょう。

(　　　　　　　　　　)

(　　　　　　　　　　)

勉強した日　月　日

1 人の生命のたんじょう

基本のワーク

学習の目標
人の子どもが母親の体内でどのように育っていくかを理解しよう。

教科書 114～123ページ　答え 17ページ

図を見て、あとの問いに答えましょう。

1 子どもの育ち方

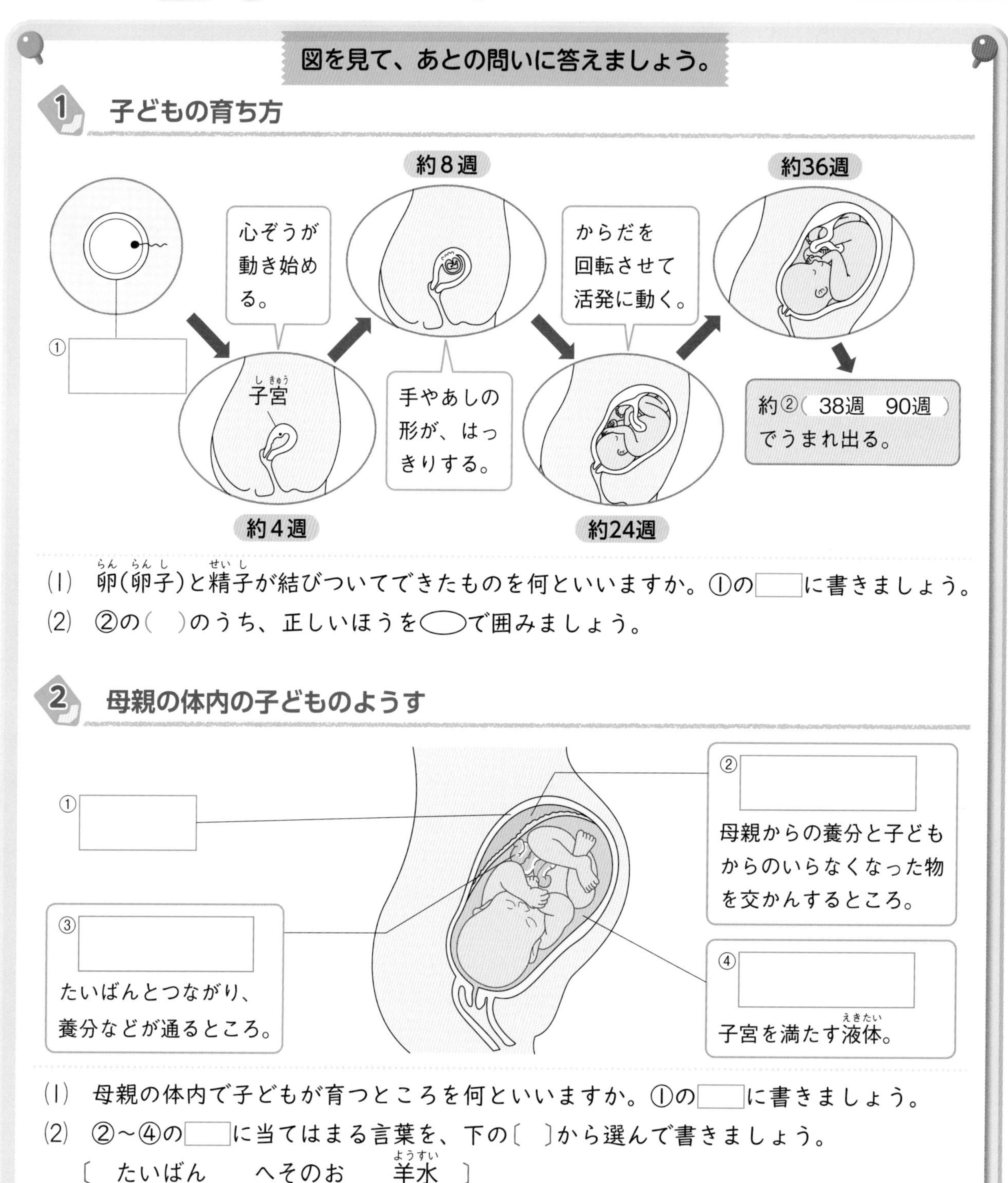

(1) 卵(卵子)と精子が結びついてできたものを何といいますか。①の□に書きましょう。

(2) ②の（　）のうち、正しいほうを◯で囲みましょう。

2 母親の体内の子どものようす

(1) 母親の体内で子どもが育つところを何といいますか。①の□に書きましょう。

(2) ②～④の□に当てはまる言葉を、下の〔　〕から選んで書きましょう。

〔 たいばん　へそのお　羊水 〕

まとめ 〔 子宮　へそのお　受精 〕から選んで（　）に書きましょう。

- 人の子どもは、母親の体内で成長し、①（　　　）後約38週でうまれ出てくる。
- 子どもは母親の②（　　　）の中で、③（　　　）を通して養分をとり入れる。

人やイヌ、ネコなどは、子をうみ、乳で子を育てます。このような動物のなかまをほ乳類といいます。しかし、カモノハシというほ乳類は例外で、たまごをうみ、乳で子を育てます。

練習のワーク

教科書 114～123ページ　答え 17ページ

できた数 /17問中

1 人の生命のたんじょうについて、次の問いに答えましょう。

(1) 次の(　)に当てはまる言葉を下の〔　〕から選んで書きましょう。

女性（じょせい）の体内でつくられた①(　　　)と男性（だんせい）の体内でつくられた②(　　　)が結びつくことを③(　　　)といい、できた④(　　　)が成長を始める。

〔 精子　受精　受精卵（じゅせいらん）　卵 〕

(2) 次の①～④は、受精してから約何週の子どものようすですか。下の〔　〕から選んで書きましょう。

① 手やあしの形がはっきりしてくる。目や耳ができてくる。(　　　)

② 子宮の中で回転できないぐらい大きくなっている。(　　　)

③ 心ぞうが動き始める。(　　　)

④ 心ぞうの動きが活発になり、からだがよく動くようになる。(　　　)

直径約0.14mmの受精卵から、だんだん人の形ができるね。

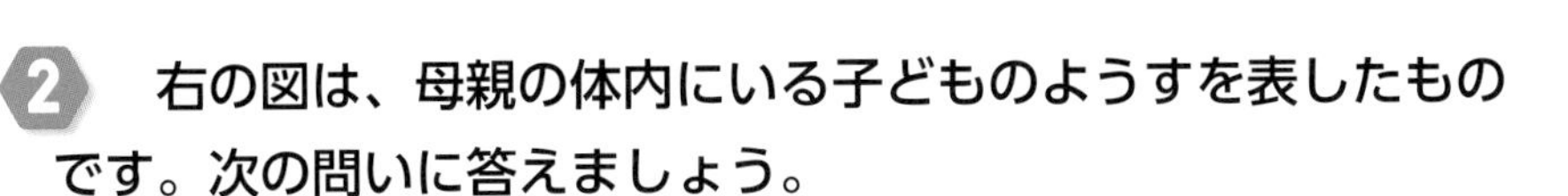

〔 4週　8週　24週　36週 〕

(3) 受精してから約何週で子どもがうまれ出ますか。ア～エから選びましょう。(　　　)

ア 約12週　イ 約18週　ウ 約38週　エ 約50週

2 右の図は、母親の体内にいる子どものようすを表したものです。次の問いに答えましょう。

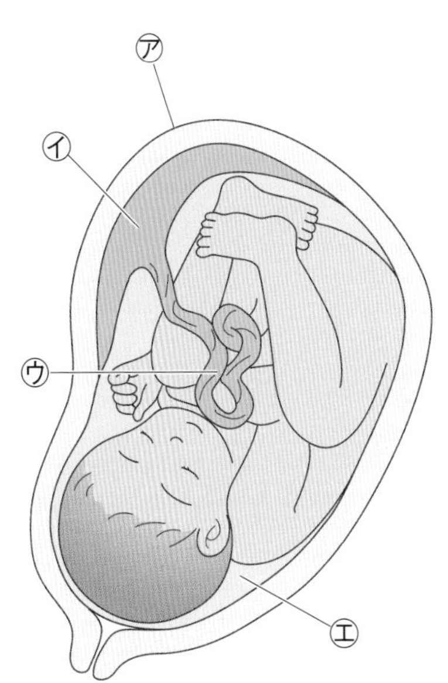

(1) 次の①～③は、図の㋐～㋒のどの部分を表していますか。

① 母親の体内で、子どもが育つところ。(　　　)

② 養分やいらなくなった物が通るところ。(　　　)

③ 母親から運ばれた養分と子どもから運ばれたいらなくなった物を交かんするところ。(　　　)

(2) (1)の①～③の部分をそれぞれ何といいますか。

①(　　　)

②(　　　)

③(　　　)

(3) 子どもを守るはたらきをする㋓の液体を何といいますか。(　　　)

(4) 母親の体内で、子どもはどこから養分をとり入れていますか。次のア、イから選びましょう。(　　　)

ア ㋓の液体の中からとり入れる。

イ 母親からとり入れる。

へそのおは子どものへそにつながっているんだね。

まとめのテスト

得点　/100点

8　人のたんじょう

教科書 114～123ページ　答え 17ページ

1 人の卵と精子　右の図は、人の卵(卵子)と精子のようすを表したものです。次の問いに答えましょう。　1つ4〔20点〕

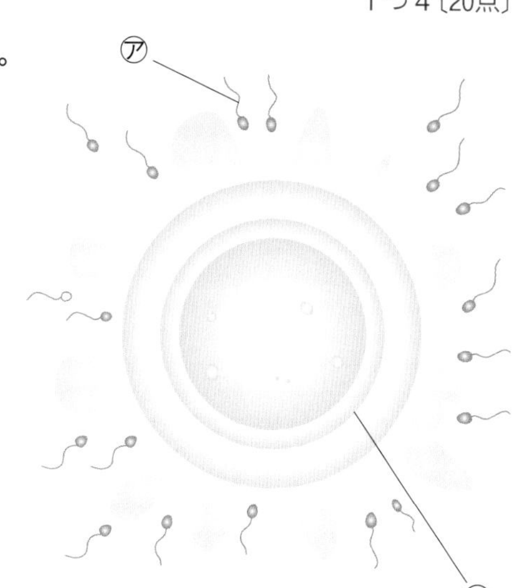

(1)　卵を表しているものを、図の㋐、㋑から選びましょう。　(　　)

(2)　卵の直径はどのぐらいの大きさですか。次のア～ウから選びましょう。　(　　)

ア　約0.14mm　　イ　約1.4mm　　ウ　約14mm

(3)　卵は、女性と男性のどちらの体内でつくられますか。　(　　)

(4)　卵と精子が結びつくことを何といいますか。　(　　)

(5)　卵と精子が結びついてできた物を何といいますか。　(　　)

2 子どもの育ち方　次の図は、受精してから約4週、約8週、約24週、約36週の子どものようすを表したものです。あとの問いに答えましょう。　1つ5〔30点〕

㋐
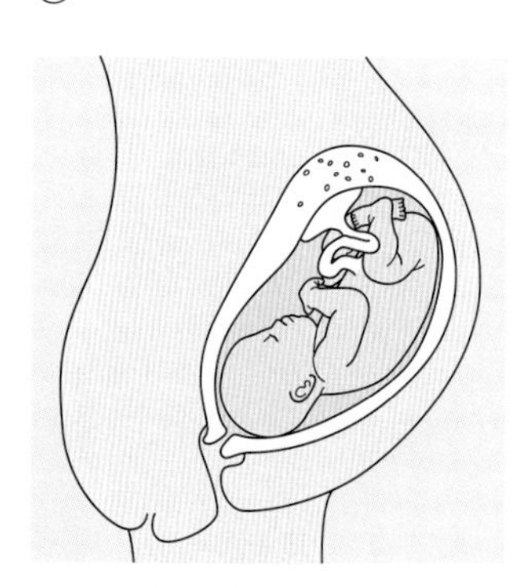
㋑
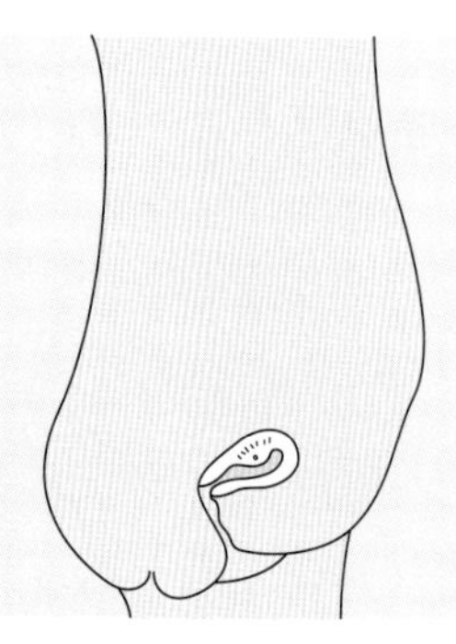
㋒
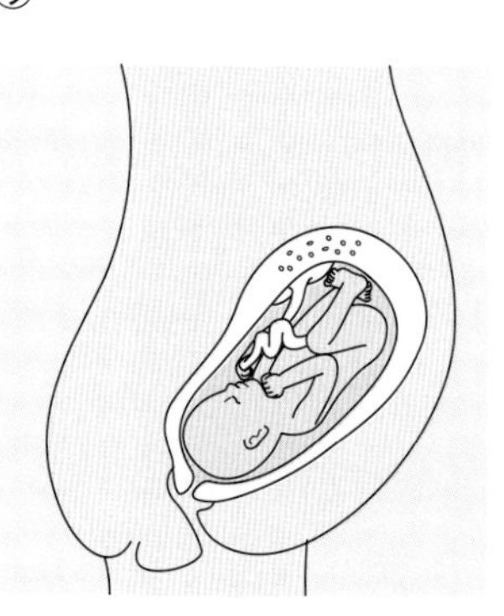
㋓
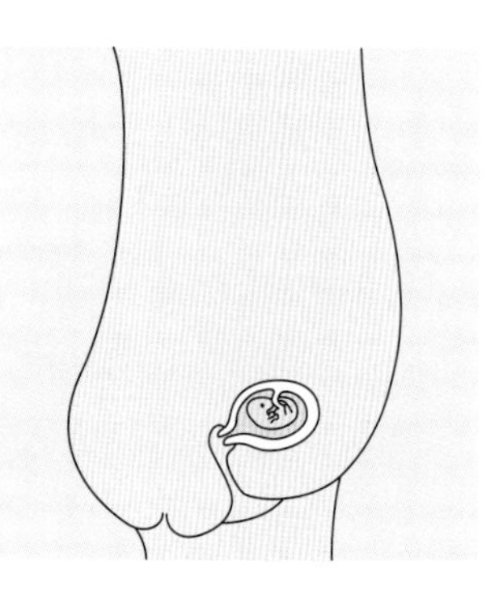

(1)　㋐～㋓を人の子どもが育つ順にならべましょう。
(　　→　　→　　→　　)

(2)　心ぞうが動き始めるころのようすを、㋐～㋓から選びましょう。　(　　)

(3)　目や耳ができ、手やあしの形がはっきりしてくるころのようすを、㋐～㋓から選びましょう。　(　　)

(4)　心ぞうの動きが活発で、からだを回転させてよく動くようになるころのようすを、㋐～㋓から選びましょう。　(　　)

(5)　人の子どもが母親からうまれ出てくるのは、受精から約何週のころですか。次のア～ウから選びましょう。　(　　)

ア　約38週　　イ　約48週　　ウ　約58週

(6)　うまれた子どもは、しばらくの間、何を飲んで育ちますか。　(　　)

3 **子どもが育つところ** **右の図は、母親の体内にいる子どものようすを表したものです。次の問いに答えましょう。**

1つ5〔35点〕

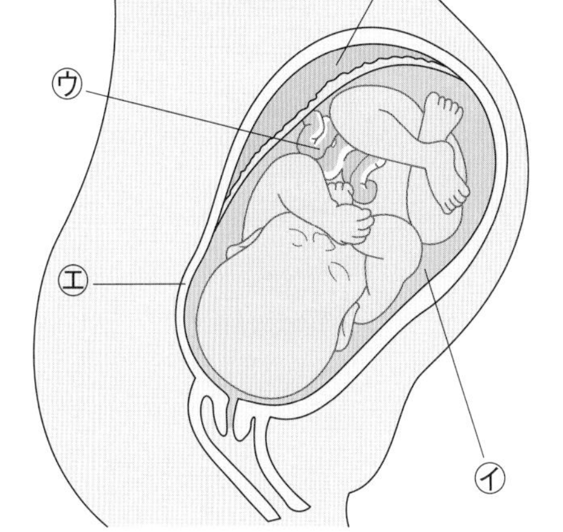

(1) 人の子どもは、母親の体内の何というところで育ちますか。 (　　　　　　　)

(2) 母親から運ばれてきた養分と、子どもから運ばれてきたいらなくなった物を交かんしている部分を、㋐～㋓から選びましょう。また、その部分の名前も答えましょう。

記号(　　　　)

名前(　　　　　　　)

(3) (2)の部分と子どもをつないでいて、養分やいらなくなった物の通り道になっている部分を、㋐～㋓から選びましょう。また、その部分の名前も答えましょう。

記号(　　　　)

名前(　　　　　　　)

(4) 母親の体内で、外部からの力をやわらげて子どもを守っている液体を何といいますか。

(　　　　　　　)

記述 (5) 母親の体内で、子どもは何も食べなくても育ちます。子どもは、育つための養分をどのようにしてとり入れていますか。

(　　　　　　　　　　　　　　　　　　　　)

4 **人の子どもとメダカの子ども** **人の子どもがうまれ出てくるまでのようすと、メダカの子どもがたまごからかえるまでのようすについて比べました。次の問いに答えましょう。**

1つ3〔15点〕

(1) 人の受精卵とメダカの受精卵の大きさを比べました。次のア～ウから正しいものを選びましょう。 (　　　)

ア　人の受精卵のほうが大きい。

イ　メダカの受精卵のほうが大きい。

ウ　人の受精卵とメダカの受精卵は同じぐらいの大きさである。

(2) 人の子どもが受精卵から成長してうまれ出てくるまでの時間と、メダカの子どもが受精卵から成長してたまごから出てくるまでの時間を比べました。次のア～ウから正しいものを選びましょう。 (　　　)

ア　人の子どものほうが、長い時間がかかる。

イ　メダカの子どものほうが、長い時間がかかる。

ウ　人の子どももメダカの子どもも、同じぐらいの時間で出てくる。

(3) 次の文のうち、人の子どもとメダカの子どもで似ていることには○、ちがっていることには×をつけましょう。

①(　　)受精卵から育ち、少しずつからだの形ができてからうまれること。

②(　　)受精卵の中の養分を使って、子どもが育つこと。

③(　　)子どもが成長して親となることで生命をつないでいること。

1 電磁石の性質①

基本のワーク

学習の目標

電磁石をつくり、鉄の引きつけ方を調べよう。

教科書 124〜128ページ　答え 18ページ

図を見て、あとの問いに答えましょう。

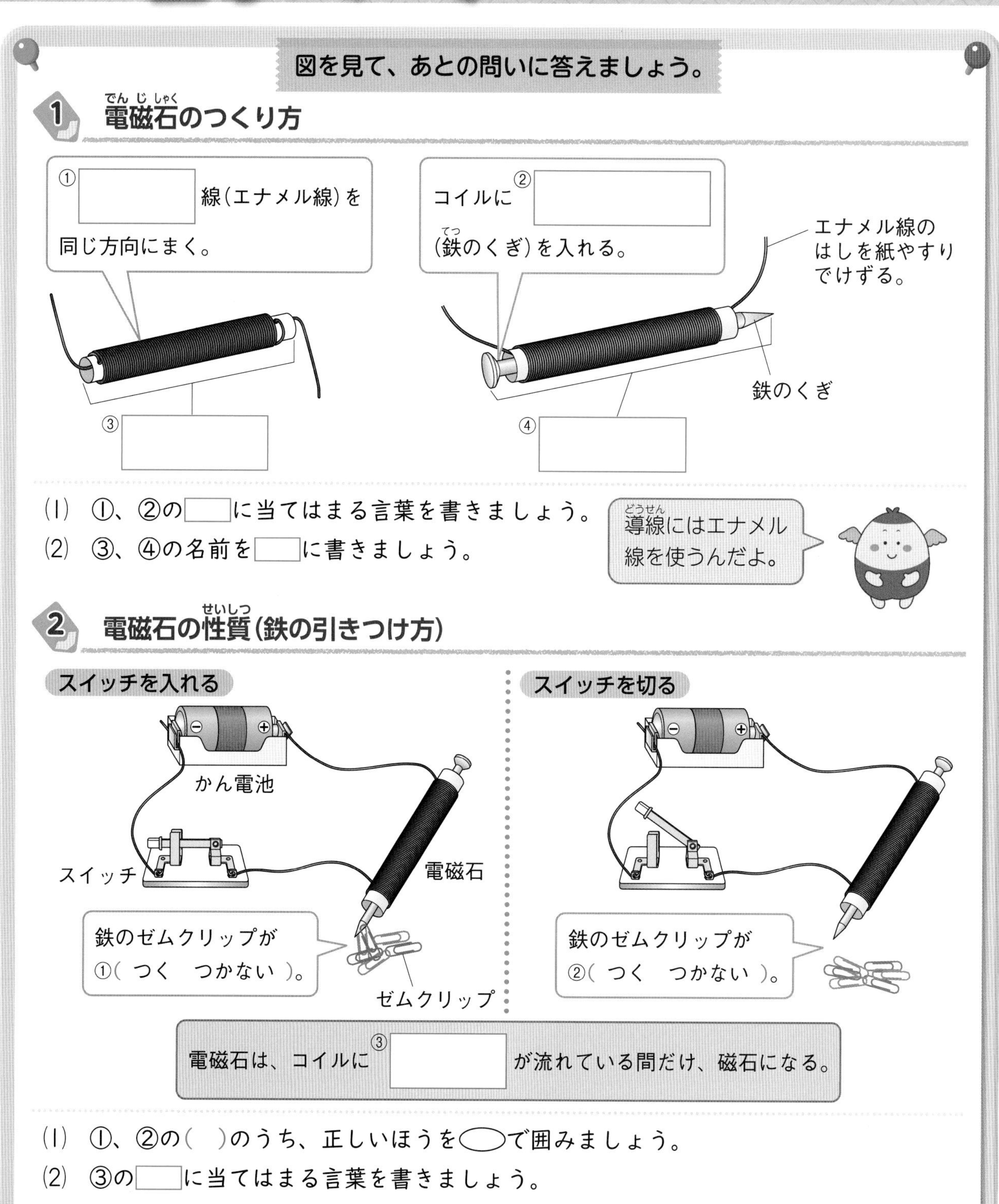

まとめ 〔 電磁石　コイル 〕から選んで( )に書きましょう。

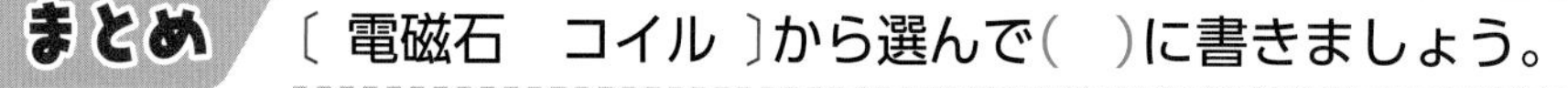

- 導線(エナメル線)をまいた物を①(　　　　)という。
- ②(　　　　)は、電流が流れている間だけ、磁石の性質をもつ。

電磁石は、コイルに電流が流れている間だけ磁石の性質をもちます。ごみしょ理場などでは、鉄をほかの物と分けるために電磁石を利用しています。

練習のワーク

できた数　/11問中

教科書 124〜128ページ　答え 18ページ

1 次の図のように、ポリエチレン管(かん)にエナメル線(導線)をまき、くぎを入れて電磁石をつくりました。あとの問いに答えましょう。

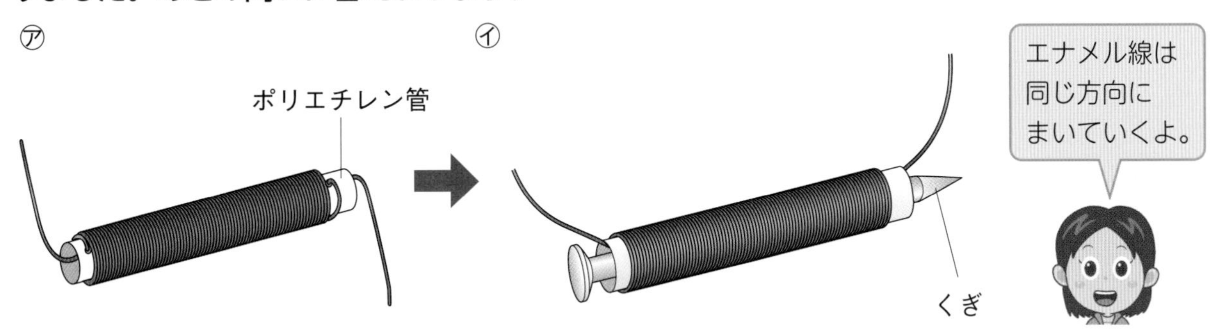

(1) エナメル線は、何でできた線にエナメルをつけていますか。（　　　）

(2) エナメルは電気を通しますか。（　　　）

(3) ㋐のように、エナメル線をまいた物を何といいますか。（　　　）

記述 (4) かん電池につないで実験をするために、エナメル線のはしをどうしますか。
（　　　）

(5) ㋑のように、ポリエチレン管にくぎを入れました。電磁石をつくるとき、ポリエチレン管には何でできたくぎを入れますか。（　　　）

2 コイルに鉄しんを入れて、実験をしました。次の問いに答えましょう。

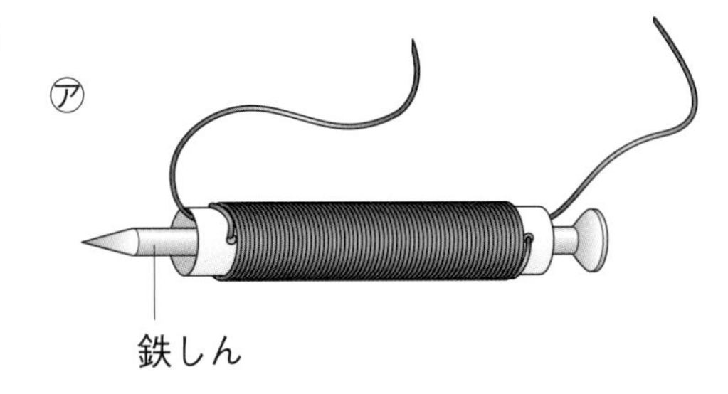

(1) ㋐のように、コイルに鉄しんを入れてつくった物を何といいますか。（　　　）

(2) ㋐をかん電池につないでいないとき、鉄のゼムクリップは鉄しんにつきますか。
（　　　）

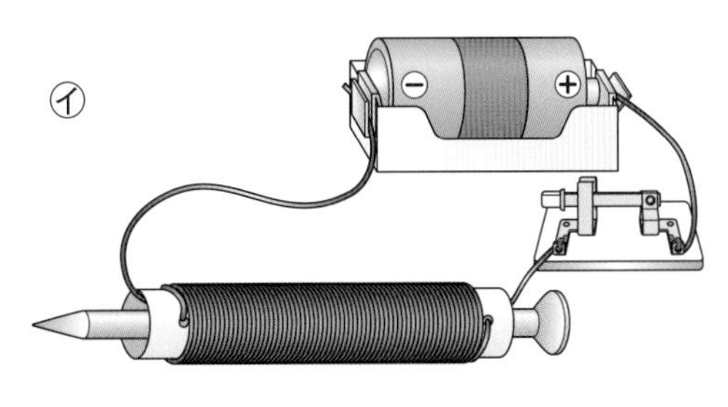

(3) ㋑のように、㋐をかん電池につないでスイッチを入れました。鉄のゼムクリップは鉄しんにつきますか。
（　　　）

(4) (3)の後、スイッチを切りました。鉄のゼムクリップは鉄しんにつきますか。（　　　）

(5) コイルに鉄しんを入れた物が磁石の性質をもったとき、鉄のゼムクリップは、どの部分によくつきますか。次のア、イから選びましょう。（　　　）

ア　コイルの中央付近　　イ　鉄しんの両はし付近

記述 (6) コイルに鉄しんを入れた物は、どんなときに磁石の性質をもちますか。
（　　　）

勉強した日　月　日

1　電磁石の性質②

基本のワーク

学習の目標
電磁石のN極とS極は電流の向きによってどうなるかを理解しよう。

教科書 124～128ページ　答え 19ページ

図を見て、あとの問いに答えましょう。

1 電磁石の性質（電磁石のN極とS極）

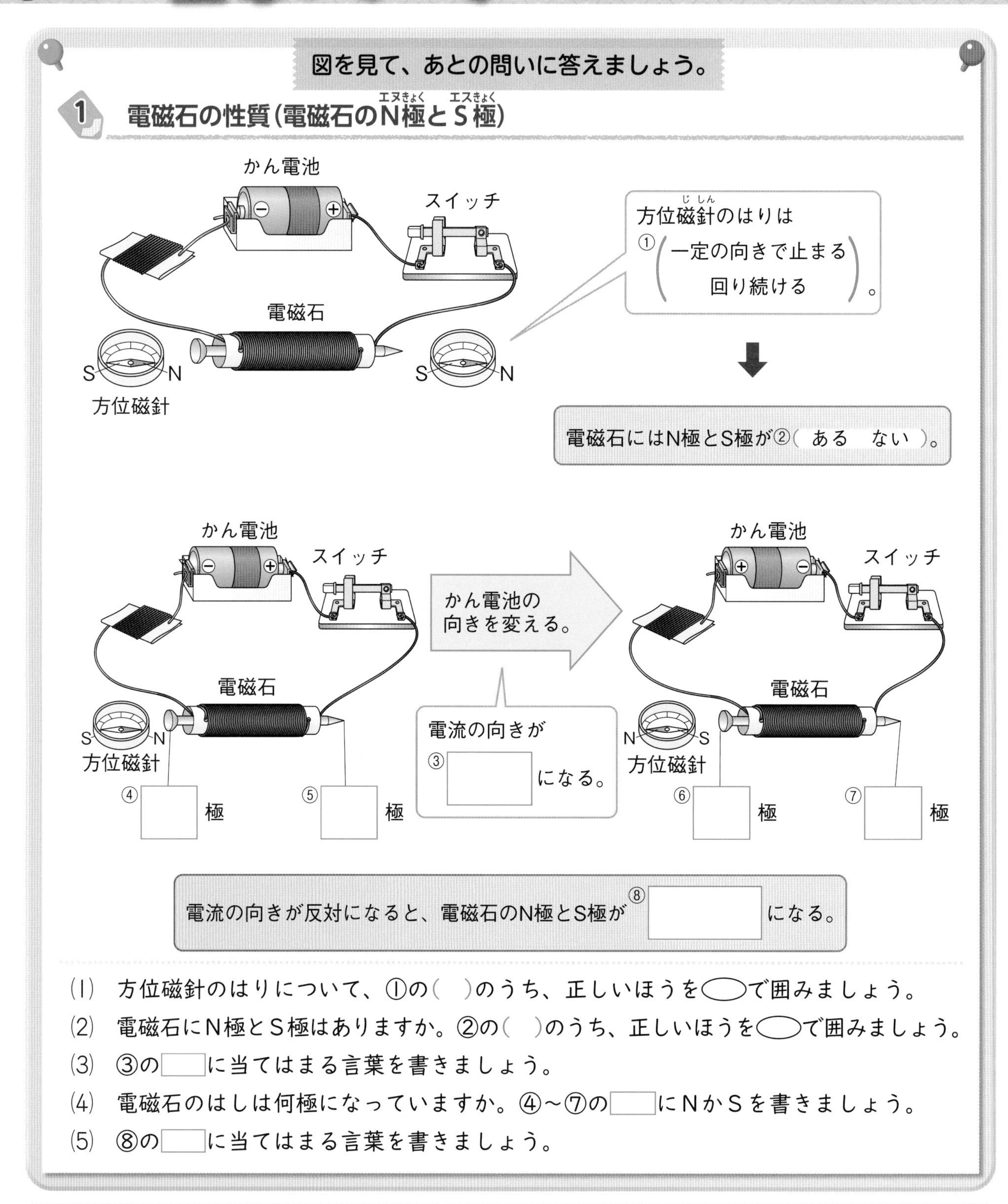

(1)　方位磁針のはりについて、①の（　）のうち、正しいほうを◯で囲みましょう。
(2)　電磁石にN極とS極はありますか。②の（　）のうち、正しいほうを◯で囲みましょう。
(3)　③の□に当てはまる言葉を書きましょう。
(4)　電磁石のはしは何極になっていますか。④～⑦の□にNかSを書きましょう。
(5)　⑧の□に当てはまる言葉を書きましょう。

まとめ　〔反対　N　S〕から選んで（　）に書きましょう。

- 電磁石には電流が流れている間だけ、①（　　　）極と②（　　　）極がある。
- 電流の向きを反対にすると、電磁石のN極とS極は③（　　　）になる。

電磁石の性質を利用したモーターは多くの物に使われています。リニアモーターカーは、電磁石が磁石と引き合ったり、しりぞけ合ったりする力を使い、車体をうき上げながら進みます。

練習のワーク

教科書 124～128ページ　答え 19ページ

1 次の図のように、電流の向きと電磁石のN極とS極のでき方について調べました。あとの問いに答えましょう。

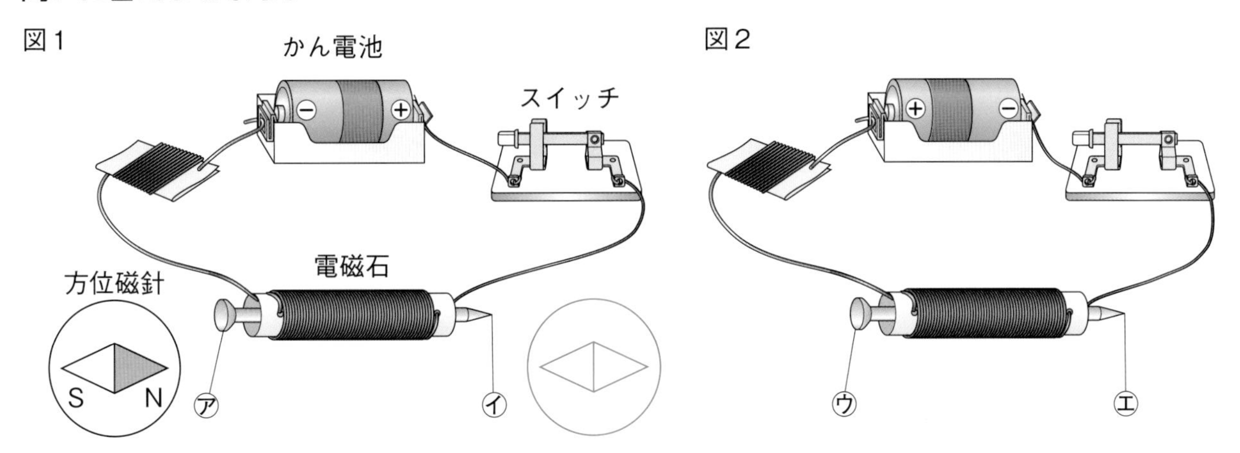

(1) 方位磁針を使うと、何を調べることができますか。次の(　)に当てはまる言葉を書きましょう。

方位磁針を使うと、電磁石に(　　　　)があるかどうかを調べることができる。

(2) 図1のとき、電磁石のアに方位磁針のN極が引きつけられて止まりました。このとき、電磁石にはN極とS極がありますか。(　　　　)

(3) 図1のとき、ア、イはそれぞれN極とS極のどちらになっていますか。

ア(　　　　)

イ(　　　　)

作図 (4) 図1で、電磁石のイの右側にも方位磁針を置きました。この方位磁針のはりの向きはどうなりますか。N極をぬりましょう。

(5) 図2のように、かん電池の向きを図1とは反対にして、電磁石の性質がどう変化するのかを調べました。次の①～④のうち、図1と図2で変える条件には○、変えない条件には×をつけましょう。

①(　　)コイルに流れる電流の向き　②(　　)コイルに流れる電流の大きさ

③(　　)電磁石の向き　④(　　)導線のまき方

(6) 図2のように、かん電池の向きを図1のときと反対にすると、流れる電流の向きはどうなりますか。次のア、イから選びましょう。(　　)

ア　図1のときと同じ向きになる。

イ　図1のときと反対の向きになる。

(7) 図2のとき、電磁石のウ、エはそれぞれN極とS極のどちらになっていますか。

ウ(　　　　)

エ(　　　　)

かん電池の向きを反対にすると、方位磁針のはりの向きも変わるね。

記述 (8) この実験から、コイルに流れる電流の向きを反対にすると電磁石のN極とS極がどうなることがわかりますか。(　　　　　　)

まとめのテスト①

9 電流がうみ出す力

教科書 124～128ページ　答え 19ページ

1 **電磁石のつくり方** 図1のように、導線をまいた物をつくり、その中に鉄しんを入れました。そして、図2のような回路をつくりました。あとの問いに答えましょう。　1つ5〔20点〕

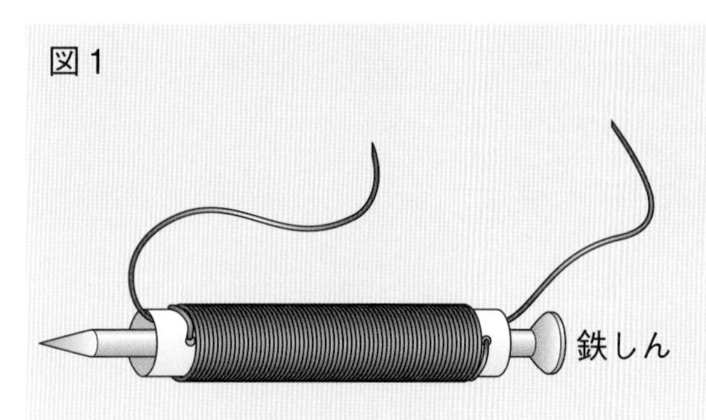

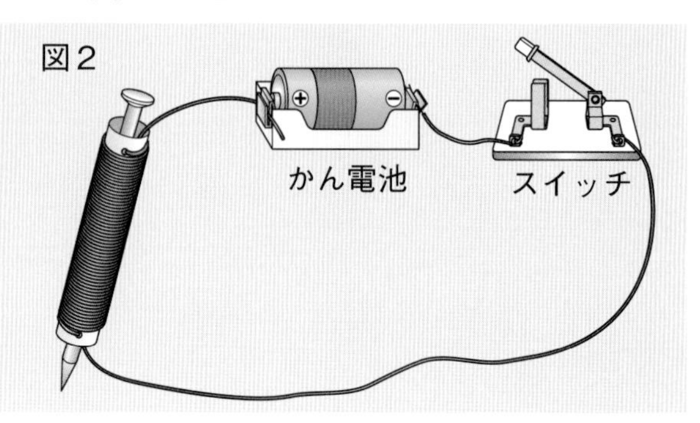

(1) 導線をまいた物を何といいますか。（　　　　）

(2) 導線には、何とよばれる線を使いますか。（　　　　）

(3) 図1のように、(1)に鉄しんを入れてつくった物を何といいますか。（　　　　）

(4) 図2の回路をつくるとき、導線のはしを紙やすりでけずっておきました。何を通すようにするためですか。（　　　　）

よく出る **2** **電磁石** 右の図のように、かん電池、スイッチ、電磁石をつなぎました。そして、電磁石を鉄のゼムクリップに近づけて、電磁石の性質を調べました。次の問いに答えましょう。

1つ6〔30点〕

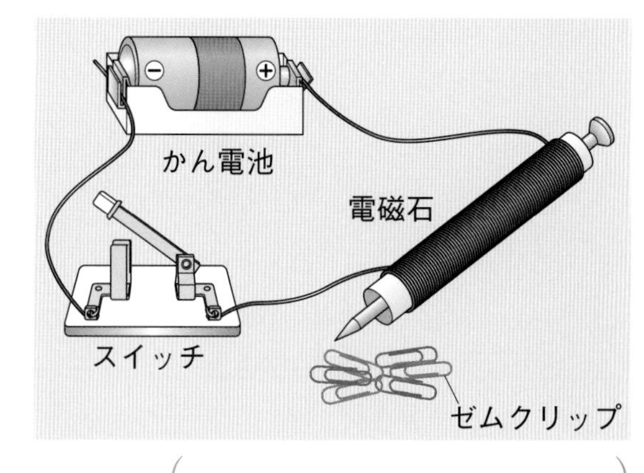

(1) スイッチを入れて電磁石を近づけると、ゼムクリップはどうなりますか。次のア～ウから選びましょう。（　　）

ア　電磁石に引きつけられる。
イ　電磁石に引きつけられない。
ウ　電磁石に引きつけられたり、引きつけられなかったりする。

(2) (1)のとき、電磁石は磁石の性質をもっていますか。（　　　　）

(3) (1)の後、スイッチを切りました。ゼムクリップはどうなりますか。次のア～ウから選びましょう。（　　）

ア　電磁石についていたゼムクリップはついたままになる。
イ　電磁石についていたゼムクリップの一部が落ちる。
ウ　電磁石についていたゼムクリップがすべて落ちる。

(4) (3)のとき、電磁石は磁石の性質をもっていますか。（　　　　）

記述 (5) 調べた結果から、電磁石の性質についてわかることは何ですか。
（　　　　　　　　　　）

3 電磁石の極 電磁石に電流を流し、方位磁針のはりがどうなるのかを調べる実験をしました。あとの問いに答えましょう。

1つ5〔15点〕

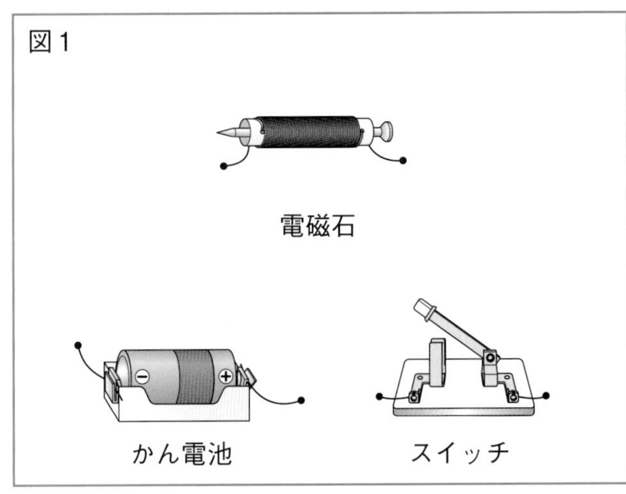

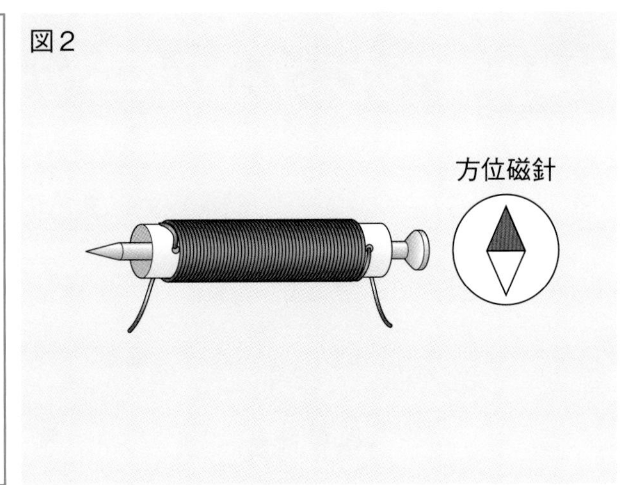

作図
(1) かん電池、スイッチ、電磁石をつないで回路をつくります。どうつなぐとよいですか。図1にかきましょう。

(2) 回路を正しくつくってスイッチを入れると、図2のように電磁石の横に置いた方位磁針のはりはどうなりますか。次のア、イから選びましょう。（　　）

ア　回転し続ける。

イ　一定の向きで止まる。

(3) (2)のとき、電磁石にN極とS極がありますか。（　　）

4 電磁石の極 電磁石を用意して、㋐のように電流を流すと、方位磁針のN極が図のように引きつけられました。次の問いに答えましょう。

1つ5〔35点〕

(1) ㋐の電磁石で、あ、いはそれぞれN極とS極のどちらになっていますか。

あ（　　）

い（　　）

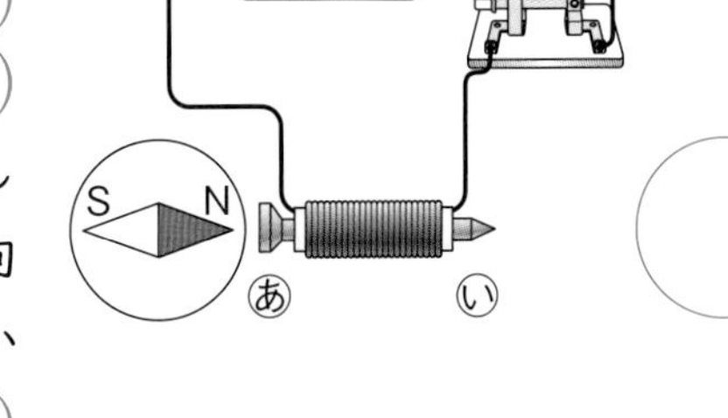

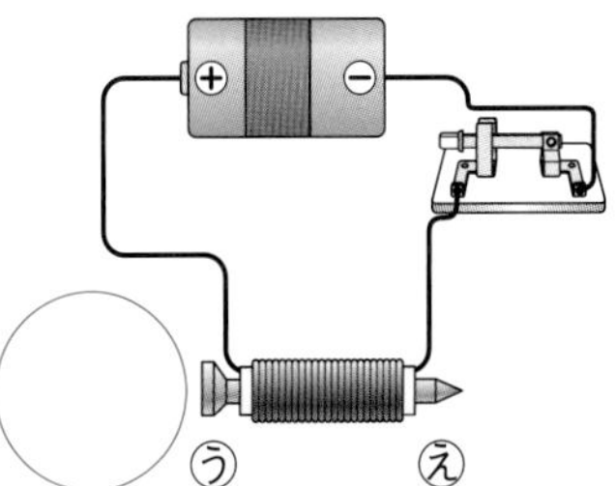

(2) かん電池の向きを㋑の向きに変えました。このとき、コイルに流れる電流の向きはどうなっていますか。次のア、イから選びましょう。（　　）

ア　㋐と同じ向き

イ　㋐と反対の向き

作図
(3) ㋑のとき、電磁石のうの左に置いた方位磁針のはりはどうなりますか。㋐の方位磁針のはりを参考にして、㋑の○の中にかきましょう。ただし、N極の側をぬりつぶすものとします。

(4) ㋑の電磁石で、う、えはそれぞれN極とS極のどちらになっていますか。

う（　　）

え（　　）

記述
(5) この実験から、電磁石のN極とS極を反対にしたいときはどうすればよいことがわかりますか。

（　　）

勉強した日 月 日

2 電磁石の強さ①

基本のワーク

教科書 129～132、162ページ 答え 20ページ

学習の目標
電流の大きさと電磁石の強さの関係について理解しよう。

図を見て、あとの問いに答えましょう。

1 電流計の使い方

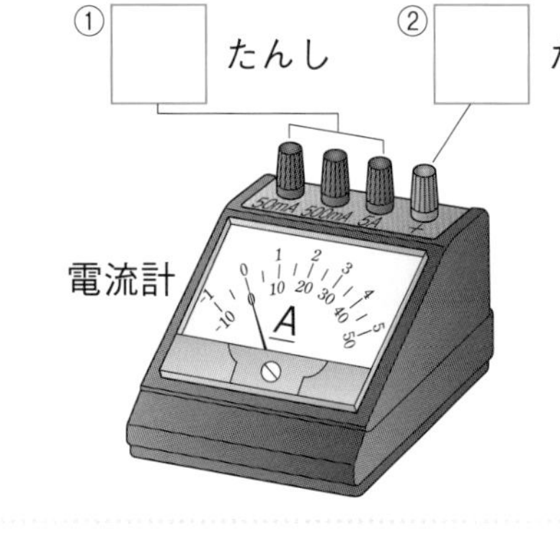

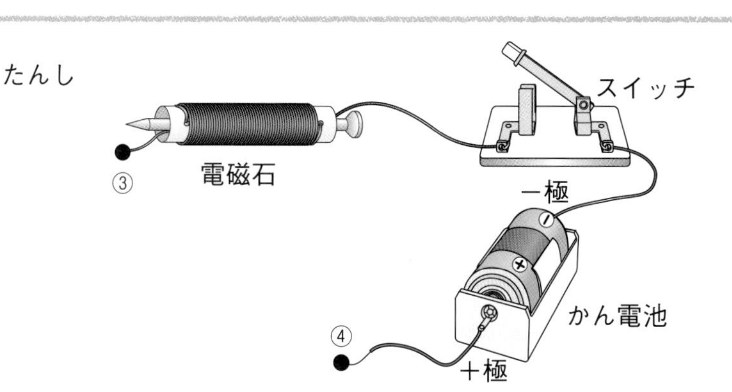

(1) 電流計のたんしについて、①、②の□に＋か－かを書きましょう。

(2) 電流計とかん電池、電磁石、スイッチをつなぐとき、最初はどのたんしにつなぎますか。③、④の●と電流計のたんしをつなぎましょう。

2 電流の大きさと電磁石の強さ

変える条件

Ⓐ かん電池１個

Ⓘ かん電池２個直列

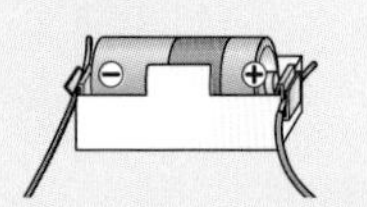

変えない条件

・導線の全体の長さ
・導線のまき数

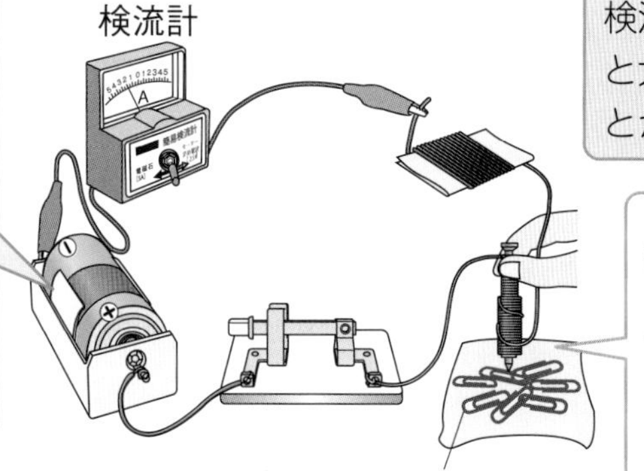

電流の大きさ…① □ が大きい。
つり上げたゼムクリップの数…② □ が多い。

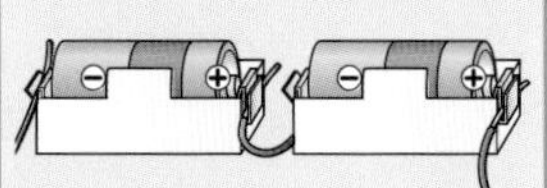

コイルに流れる電流が ③ □ なると、電磁石は強くなる。

(1) ①、②の□に、ⒶかⒾかを書きましょう。

(2) ③の□に当てはまる言葉を書きましょう。

まとめ 〔 電流　－ 〕から選んで（　）に書きましょう。

● かん電池の－極側の導線は、電流計の①（　　　）たんしにつなぐ。

● コイルに流れる②（　　　）が大きくなると、電磁石は強くなる。

回路がひとつの輪になるつなぎ方が直列つなぎ、と中で分かれるつなぎ方がへい列つなぎです。直列つなぎでは、かん電池の数がふえると回路を流れる電流が大きくなります。

練習のワーク

教科書 129～132、162ページ　答え 20ページ

1 **回路に検流計をつなぎ、流れる電流の大きさを調べました。次の問いに答えましょう。**

(1) 検流計を使うと、回路に流れる電流の大きさと何を調べることができますか。
（　　　　）

(2) 検流計は回路にどうつなぎますか。ア、イから選びましょう。（　　　）

ア　検流計とかん電池、電磁石、スイッチがひと続きの回路になるようにつなぐ。

イ　検流計とかん電池だけでひと続きの回路になるようにつなぐ。

(3) 検流計のかわりに電流計を回路につなぎました。流れる電流の大きさがわからないとき、まず電流計のどの－たんしにつなぎますか。ア～ウから選びましょう。（　　　）

ア　50mAの－たんし　　イ　500mAの－たんし　　ウ　5Aの－たんし

(4) 電流計のはりが右の図のようにさしていました。次の①～③の－たんしにつないでいる場合の電流の大きさをそれぞれ読みとりましょう。

① 50mAの－たんしにつないでいる場合
（　　　　）

② 500mAの－たんしにつないでいる場合
（　　　　）

③ 5Aの－たんしにつないでいる場合
（　　　　）

2 **右の図1のように電磁石をつないだ回路に、かん電池1個、かん電池2個、かん電池3個をそれぞれつなぎ、電磁石の強さを比べました。次の問いに答えましょう。**

(1) 図2のようなかん電池のつなぎ方を何といいますか。ア、イから選びましょう。（　　　）

ア　直列つなぎ

イ　へい列つなぎ

(2) この実験で変えない条件を、ア～ウから2つ選びましょう。（　　　）（　　　）

ア　導線の全体の長さ

イ　電流の大きさ

ウ　導線のまき数

(3) 回路を流れる電流がいちばん大きいのは、かん電池何個のときですか。（　　　）

(4) 電磁石についた鉄のゼムクリップの数がいちばん多いのは、かん電池何個のときですか。
（　　　）

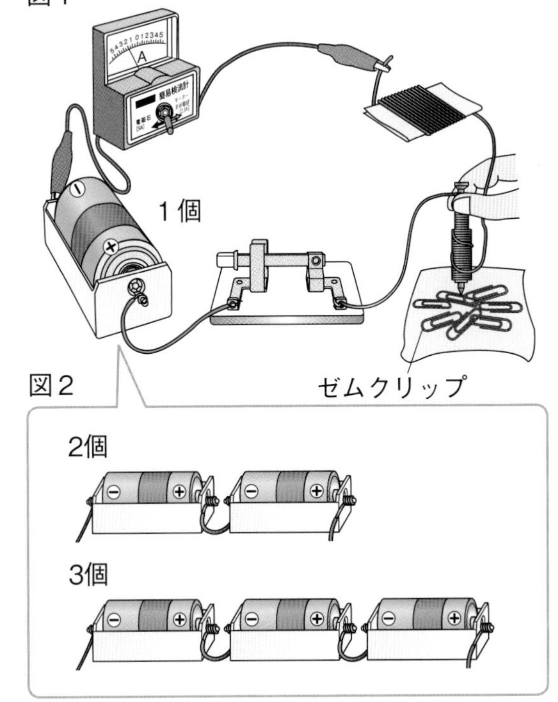

(5) 電磁石を強くするためには、回路を流れる電流の大きさをどうすればよいですか。（　　　　）

2 電磁石の強さ②

基本のワーク

学習の目標
導線のまき数と電磁石の強さの関係について理解しよう。

教科書 129〜137ページ　答え 21ページ

図を見て、あとの問いに答えましょう。

1 導線のまき数と電磁石の強さ

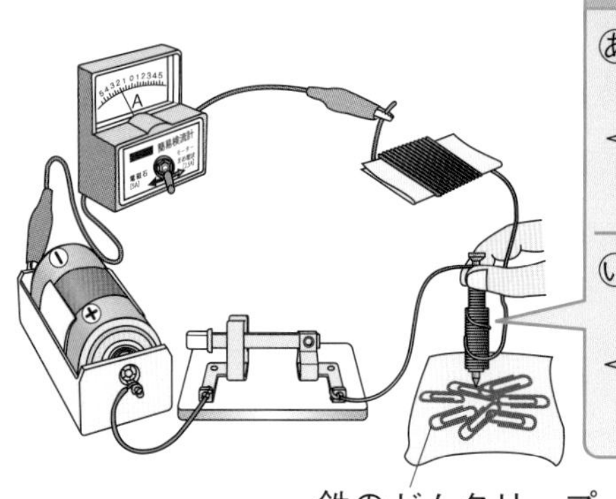

鉄のゼムクリップ

変える条件	変えない条件
あ 導線のまき数100回	・導線の全体の長さ
い 導線のまき数200回	・電流の①

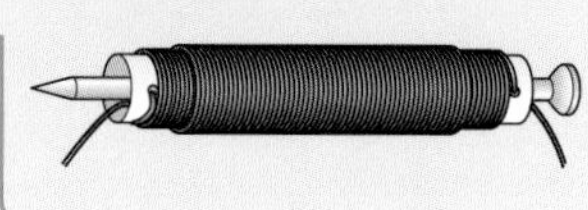

導線のまき数…② が多い。
つり上げたゼムクリップの数…③ が多い。

導線のまき数が④ なると、電磁石は強くなる。

(1) ①の に、あといで変えない条件を書きましょう。
(2) ②、③の に、あかいかを書きましょう。
(3) ④の に当てはまる言葉を書きましょう。

2 電磁石を利用した物(鉄の空きかん拾い機)

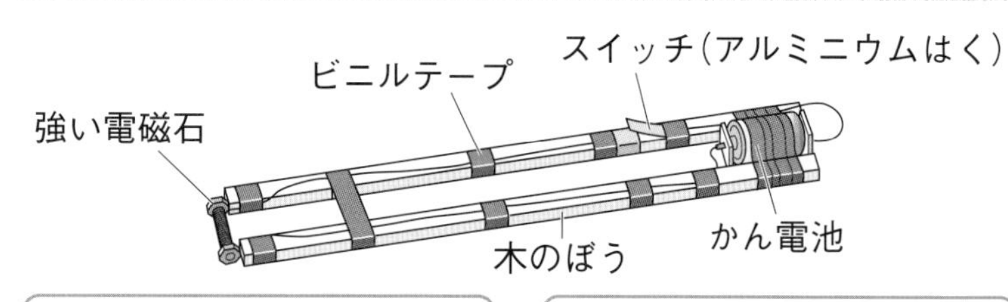

鉄を引きつけて拾うとき、スイッチを① 。

鉄をはなしてすてるとき、スイッチを② 。

多くの鉄を拾う方法
・電流を③ する。
・導線のまき数を④ する。

● ①〜④の に当てはまる言葉を、下の〔 〕から選んで書きましょう。
〔 入れる　切る　小さく　大きく　少なく　多く 〕

まとめ 〔 電磁石　多く 〕から選んで( )に書きましょう。
● 導線のまき数を①( )すると、電磁石は強くなる。
● 鉄の空きかん拾い機のように、②( )の性質を利用した物が身のまわりにある。

わくわくたんてい団
導線に電流を流すと、導線のまわりに磁石のはたらきをする磁界(じかい)というものができます。導線のまき数が多いほど、この磁界のはたらきが大きくなるのです。

勉強した日　月　日

練習のワーク

教科書　129~137ページ　答え　21ページ

1　右の図のように、導線のまき数が100回の電磁石と200回の電磁石を使って回路をつくり、電磁石の強さを比べました。次の問いに答えましょう。

(1)　この実験で変えない条件を、ア～ウから2つ選びましょう。（　　）（　　）

ア　導線の全体の長さ

イ　回路につなぐかん電池の数

ウ　導線のまき数

(2)　導線のまき数が100回の電磁石と200回の電磁石で、コイルに流れる電流が大きいのはどちらですか。ア～ウから選びましょう。（　　）

ア　導線のまき数が100回の電磁石

イ　導線のまき数が200回の電磁石

ウ　どちらの電磁石も同じ

(3)　電磁石についた鉄のゼムクリップの数が多いのはどちらですか。(2)のア～ウから選びましょう。（　　）

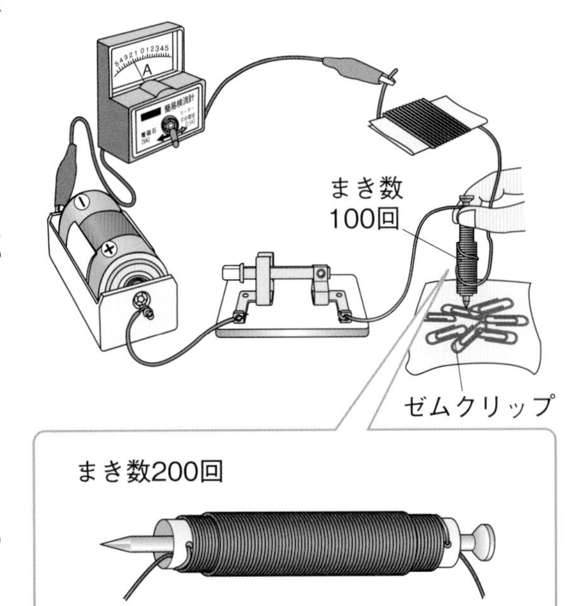

(4)　電磁石を強くするためには、導線のまき数をどうすればよいですか。

（　　　　　　）

2　右の図は、電磁石を利用した鉄の空きかん拾い機です。次の問いに答えましょう。

(1)　空きかん拾い機は、電磁石のどんな性質を利用していますか。次の（　）に当てはまる言葉を書きましょう。

（　　　）が流れているときだけ磁石になるという電磁石の性質を利用している。

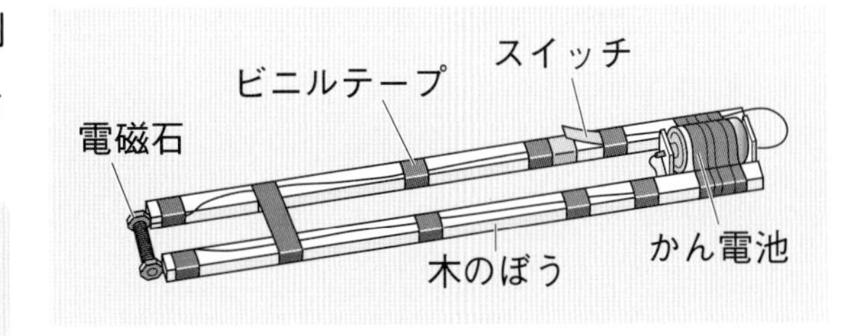

(2)　空きかん拾い機は、鉄を引きつけて拾い、ふくろの中ではなすはたらきをします。電磁石ではなく、ふつうの磁石を使うと、同じはたらきをする物をつくることができますか。

（　　　　）

記述　(3)　さらに重い物を持ち上げたいとき、どうすればよいですか。かん電池の数をふやすこと以外の方法を書きましょう。

（　　　　　　　　　　　　）

(4)　電磁石を利用した物として、ほかにモーターがあります。次の①～⑤のうち、モーターが使われている物を2つ選んで、○をつけましょう。

①（　　）せん風機　　②（　　）豆電球

③（　　）けんび鏡　　④（　　）方位磁針

⑤（　　）電気自動車

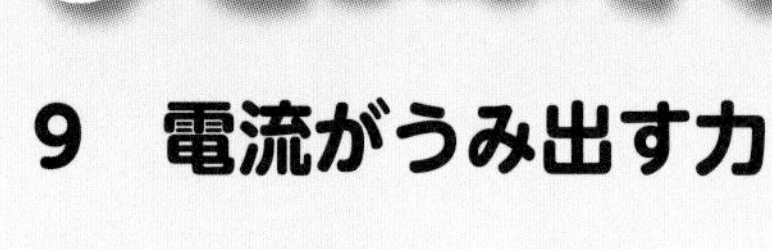

9 電流がうみ出す力

勉強した日　月　日

教科書 129〜137、162ページ　答え 22ページ

1 電流計 **電流計の使い方について、次の問いに答えましょう。ただし、電流計の赤いたんしを＋たんしとします。** 1つ6〔36点〕

(1) 回路のつなぎ方が正しいものを、図1の㋐〜㋓から2つ選びましょう。（　）（　）

(2) かん電池の向きを反対にすれば正しいつなぎ方になるものを、図1の㋐〜㋓から選びましょう。（　）

(3) 電流の大きさを表すmAは、何と読みますか。カタカナで答えましょう。（　）

(4) 500mAの電流の大きさをAの単位を使って表すと、何Aですか。（　）

(5) 500mAの－たんしを使ってはかったところ、図2のようになりました。流れている電流の大きさは何mAですか。（　）

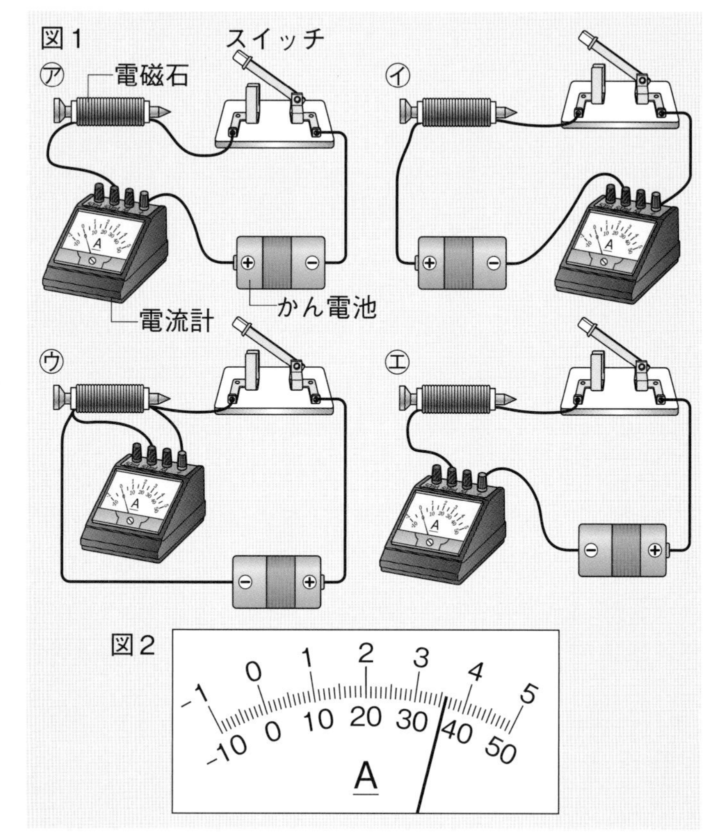

2 電磁石の強さ **導線のまき数が100回の電磁石に、次の図の㋐〜㋒のようにかん電池をつなぎ、電磁石の強さを調べました。あとの問いに答えましょう。** 1つ6〔18点〕

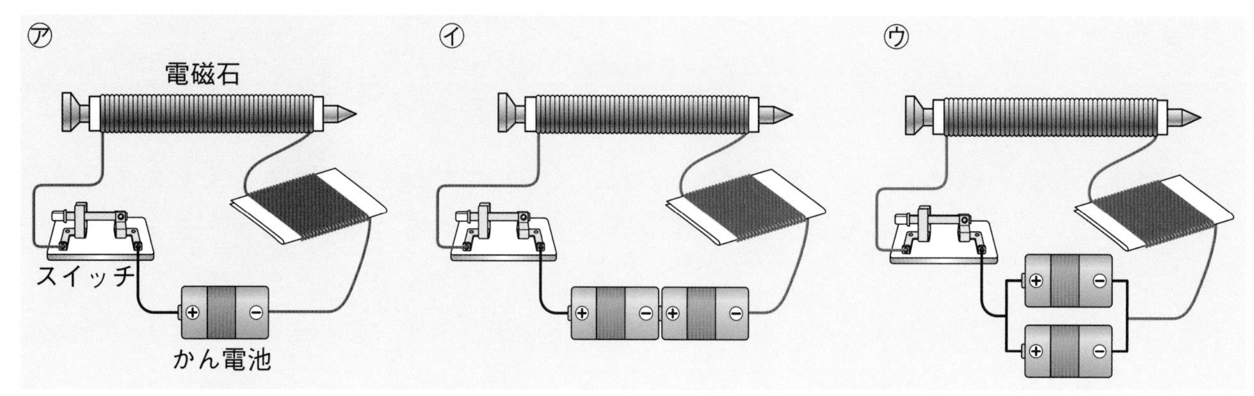

(1) コイルに流れる電流がいちばん大きいものを、㋐〜㋒から選びましょう。（　）

(2) それぞれの電磁石に鉄のゼムクリップを近づけました。電磁石につくゼムクリップの数がいちばん多いものを、㋐〜㋒から選びましょう。（　）

記述 (3) この実験から、導線のまき数が同じであるとき、コイルに流れる電流の大きさと電磁石の強さにはどんな関係があることがわかりますか。

（　）

3 電磁石の強さ 次の図の㋐～㋒のように、同じ長さの導線を使って電磁石をつくりました。あとの問いに答えましょう。

1つ5〔10点〕

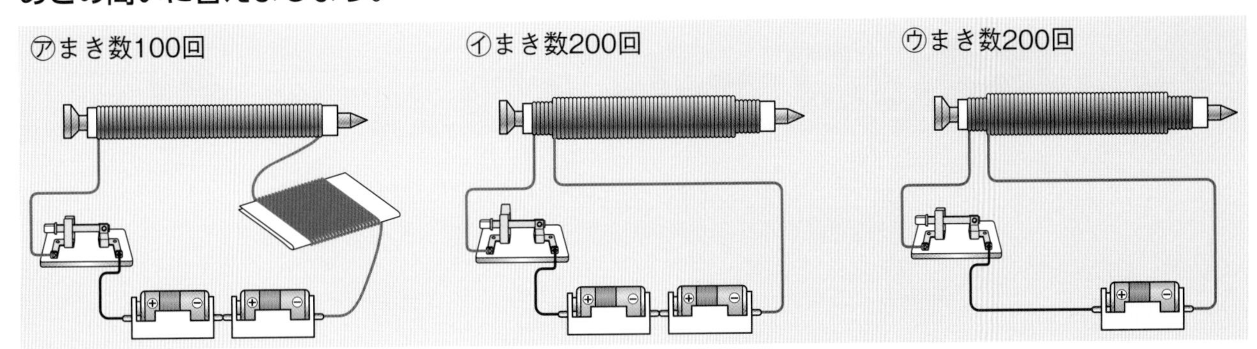

(1) コイルに流れる電流の大きさと電磁石の強さとの関係を調べたいとき、㋐～㋒のどれとどれを比べますか。
(と)

(2) 導線のまき数と電磁石の強さとの関係を調べたいとき、㋐～㋒のどれとどれを比べますか。
(と)

4 電磁石の強さ 次の図の㋐～㋕のように、同じ長さの導線を使って電磁石をつくり、電磁石を強くする方法を調べました。あとの問いに答えましょう。

1つ6〔36点〕

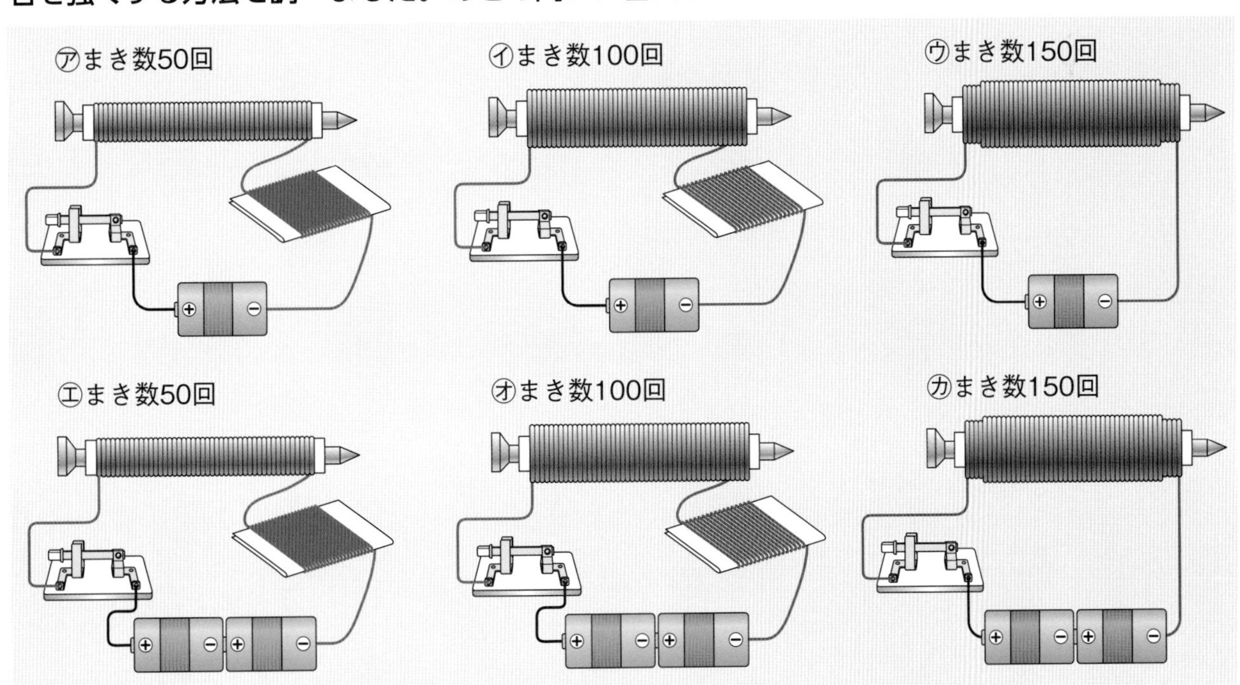

(1) ㋐、㋑、㋒を比べたとき、電磁石がいちばん強いのはどれですか。 ( )

(2) ㋐と㋓を比べたとき、電磁石が強いのはどちらですか。 ( )

(3) ㋐～㋕の電磁石に鉄のゼムクリップを近づけました。次の①、②に当てはまるものを、㋐～㋕から選びましょう。

① 電磁石につくゼムクリップの数がいちばん多いもの。 ( )

② 電磁石につくゼムクリップの数がいちばん少ないもの。 ( )

記述 (4) 電磁石を強くするには、どうすればよいですか。この実験からわかる方法を、2つ答えましょう。

( )

( )

1　ふりこの1往復する時間①

基本のワーク

学習の目標
ふりこを知り、ふりこの1往復する時間の求め方を理解しよう。

教科書 138〜142ページ　答え 23ページ

図を見て、あとの問いに答えましょう。

1 ふりこ

糸やぼうなどにおもりをつけて、左右にふれるようにした物をふりこという。

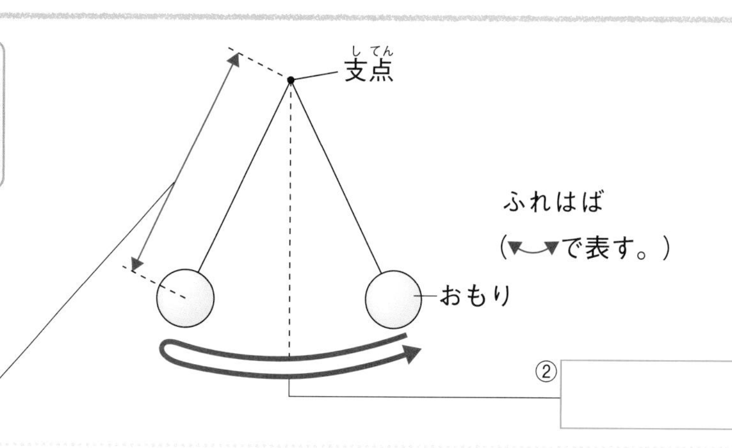

(1)　①、②の□に当てはまる言葉を書きましょう。

(2)　ふりこのふれはばはどの部分をさしますか。図に▼⌣▼でかき入れましょう。

2 ふりこの1往復（おうふく）する時間の求め方

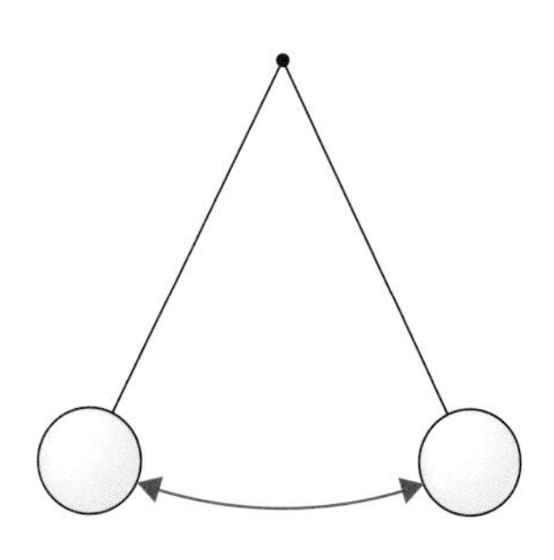

1　ふりこの10往復する時間を3回はかる。

1回目	2回目	3回目
11.4秒	11.3秒	11.5秒

2　ふりこの10往復する時間の平均を求める。

(1回目＋2回目＋3回目)÷3
＝(10往復する時間の平均)

(11.4＋11.3＋11.5)÷3＝①□(秒)
1回目　2回目　3回目

3　ふりこの1往復する時間の平均を求める。

(10往復する時間の平均)÷10
＝(1往復する時間の平均)

①÷10＝②□(秒)

小数第2位で四しゃ五入して、小数第1位まで求めよう。

●　①、②の□に当てはまる数字を書きましょう。

まとめ　〔平均　10〕から選んで(　)に書きましょう。

●まず、ふりこの10往復する時間を3回はかり、10往復する時間の①(　　　)を計算する。
次に、10往復する時間の平均を②(　　　)でわって、1往復する時間の平均を計算する。

わくわくたんてい団　実際にふりこをふって動かすと、やがてふれはばが小さくなっていきます。これは、おもりがまわりの空気にふれることで、ふれる勢いが小さくなるためです。

練習のワーク

教科書 138〜142ページ　答え 23ページ

できた数　/10問中

1 右の図のように、たこ糸におもりをつけて、左右にふれるようにしました。次の問いに答えましょう。

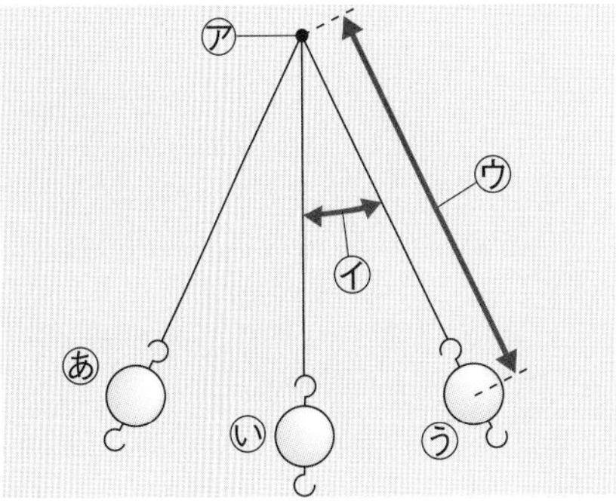

(1) 右の図のように、左右にふれるようにした物を何といいますか。（　　　）

(2) 固定した㋐の部分を何といいますか。（　　　）

(3) おもりがふれる㋑のはばを何といいますか。（　　　）

(4) ㋒の長さを何といいますか。（　　　）

(5) 1往復を表しているのはどれですか。次のア〜ウから選びましょう。（　　　）

ア　おもりが(あ) → (い)と動いたとき

イ　おもりが(あ) → (い) → (う)と動いたとき

ウ　おもりが(あ) → (い) → (う) → (い) → (あ)と動いたとき

(6) 次の①〜③のうち、右の図の物に関係がある物を1つ選び、○をつけましょう。

①（　　）ブランコ　②（　　）はさみ　③（　　）こま

2 右の図のふりこが1往復するのにかかる時間を調べるために、10往復する時間を3回はかったところ、表のような結果になりました。あとの問いに答えましょう。

10往復する時間

1回目	2回目	3回目
12.0秒	12.3秒	12.2秒

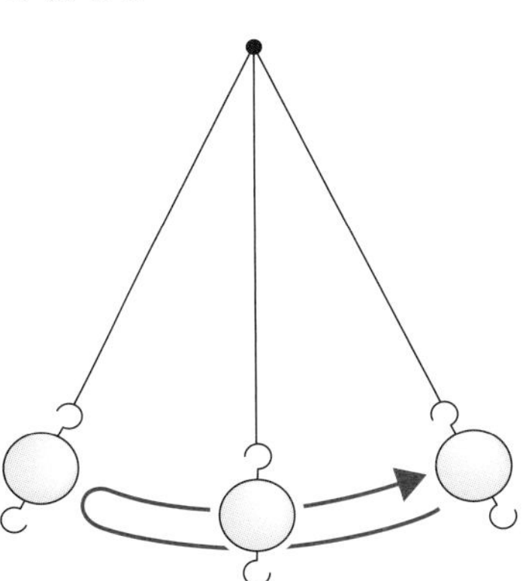

(1) 表の結果から、10往復する時間の平均を計算しましょう。ただし、小数第2位で四しゃ五入して、小数第1位まで答えましょう。（　　　）

(2) (1)から、このふりこが1往復する時間の平均を求めましょう。ただし、小数第2位で四しゃ五入して、小数第1位まで答えましょう。（　　　）

(3) この実験のように、10往復する時間をはかった結果から1往復する時間を計算して求めるのはなぜですか。次のア、イから選びましょう。（　　　）

ア　1往復する時間を正確（せいかく）にはかるのはむずかしいから。

イ　1往復する時間は毎回変化しているから。

(4) 別のふりこで10往復する時間を3回はかったところ、右の表のようになりました。このとき、ふりこが1往復する時間の平均は何秒ですか。ただし、小数第1位まで答えましょう。（　　　）

1回目	2回目	3回目
14.1秒	13.8秒	14.1秒

勉強した日　月　日

1　ふりこの1往復する時間②

基本のワーク

学習の目標
ふりこの長さとふりこの1往復する時間との関係を調べよう。

教科書 143～151ページ　答え 23ページ

図を見て、あとの問いに答えましょう。

1 ふりこの長さとふりこの1往復する時間

変える条件
・ふりこの長さ

変えない条件
・おもりの①
・ふれはば

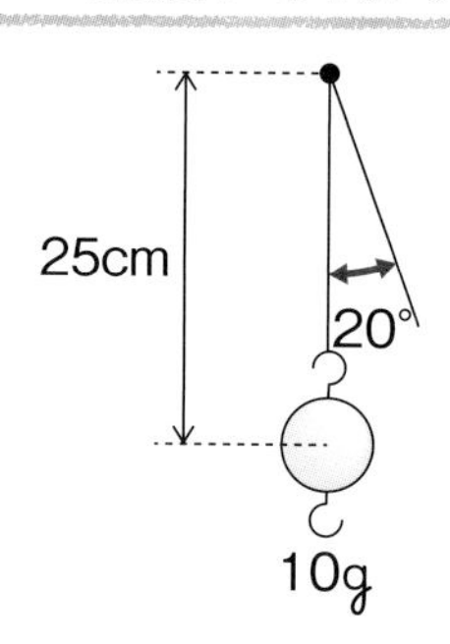

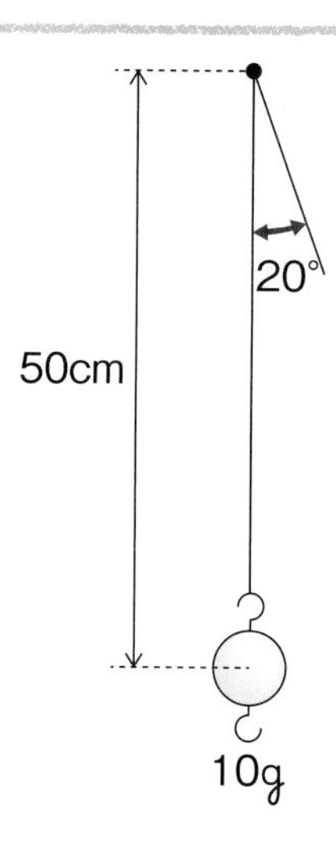

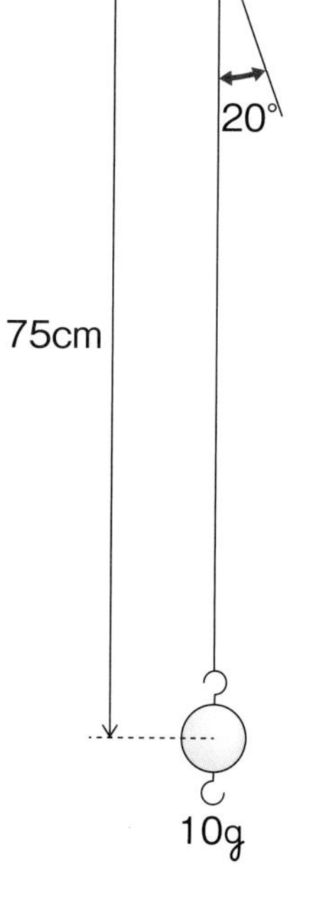

調べる条件(ふりこの長さ)以外の条件は変えないよ。

ふりこの長さ	10往復する時間(秒)			10往復する時間の平均(秒)	1往復する時間の平均(秒)
	1回目	2回目	3回目		
25cm	10.2	10.1	10.3	②	③
50cm	14.6	14.4	14.2	④	⑤
75cm	17.4	18.0	17.7	⑥	⑦

ふりこの長さを長くすると、ふりこの1往復する時間は⑧ 。

(1)　この実験で変えない条件を、①のに書きましょう。
(2)　表の②～⑦に当てはまる数字を、小数第１位まで計算して書きましょう。
(3)　ふりこの長さが長くなると、１往復する時間はどうなりますか。⑧のに当てはまる言葉を書きましょう。

まとめ　〔重さ　長く〕から選んで(　)に書きましょう。

●ふりこの長さを①(　　　)すると、ふりこの1往復する時間は長くなる。このとき、ふれはばとおもりの②(　　　)は変えないで実験する。

ふりこ時計は、おもりの位置を少し変えることで、時計のはり(時間)の進みぐあいを早めたり、おそくしたりすることができます。ふりこの長さを長くするとおそくなります。

勉強した日　月　日

練習のワーク

教科書 143～151ページ　答え 23ページ

できた数　/13問中

1 右の図の㋐、㋑の２つのふりこを用意し、１往復する時間を比べました。次の問いに答えましょう。

(1) ㋐と㋑のふりこで、次の①～③の条件は、変える条件と変えない条件のどちらですか。

① ふれはば
(　　　　　　)

② ふりこの長さ
(　　　　　　)

③ おもりの重さ
(　　　　　　)

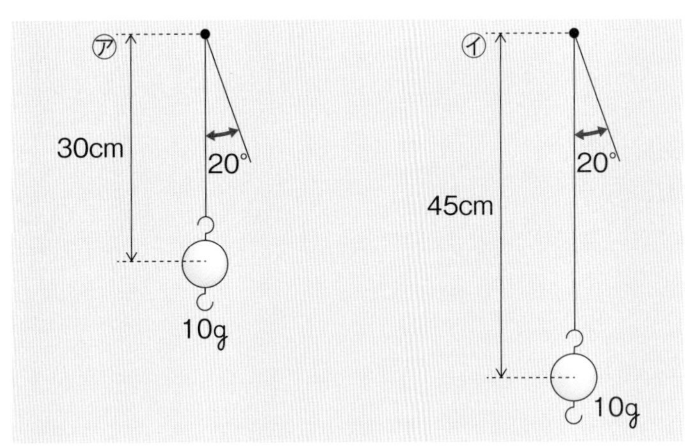

(2) ㋐と㋑の結果を比べることで、何の条件とふりこの１往復する時間との関係を調べることができますか。
(　　　　　　)

2 ふりこの長さを変えて10往復する時間を３回ずつストップウォッチではかり、次の表のように整理しました。あとの問いに答えましょう。

ふりこの長さ	10往復する時間(秒)			10往復する時間の平均(秒)	1往復する時間の平均(秒)
	1回目	2回目	3回目		
25cm	10.2	10.0	10.1	①	㋐
50cm	14.4	14.5	14.3	②	㋑
75cm	17.6	18.1	17.7	③	㋒

(1) ふりこの長さを変えたときにふりこの１往復する時間が変わるのかどうかを調べます。このとき、おもりの重さのほかに何を同じにしますか。
(　　　　　　)

(2) 表の①～③に当てはまる数字を、10往復する時間の結果から計算して書きましょう。

(3) １往復する時間の平均をそれぞれ求めて、表の㋐～㋒に書きましょう。ただし、小数第２位で四しゃ五入して答えましょう。

(4) ふりこの長さを長くすると、ふりこの１往復する時間はどうなりますか。次のア～ウから選びましょう。
(　　)

ア 長くなる。

イ 短くなる。

ウ 変わらない。

記述 (5) ふりこの１往復する時間を短くするには、どうすればよいですか。
(　　　　　　)

勉強した日　月　日

1　ふりこの1往復する時間③

基本のワーク

学習の目標
おもりの重さやふれはばと、ふりこの1往復する時間との関係を調べよう。

教科書 143~151ページ　答え 24ページ

図を見て、あとの問いに答えましょう。

1 おもりの重さとふりこの1往復する時間

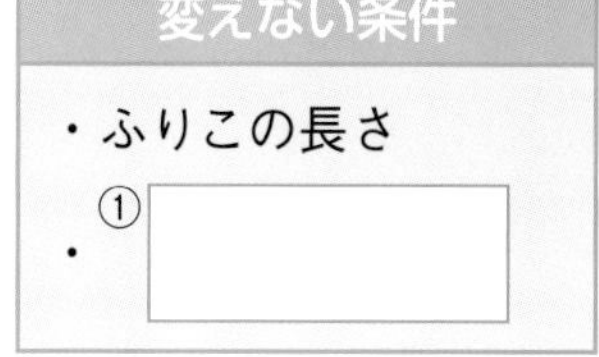

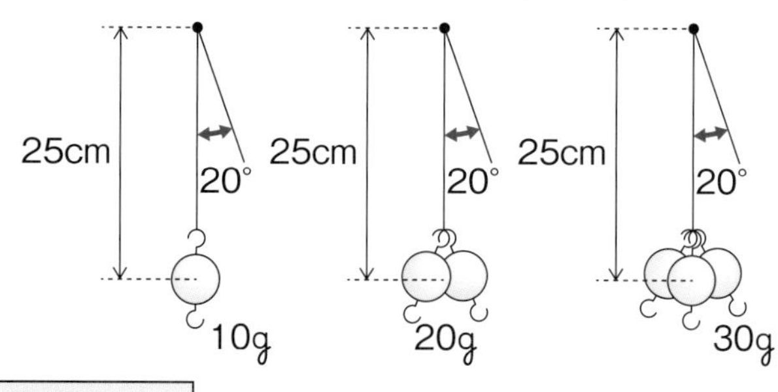

おもりの重さ	10往復する時間(秒)			1往復する時間の平均(秒)
	1回目	2回目	3回目	
10g	10.1	10.3	10.2	1.0
20g	10.2	10.2	10.3	1.0
30g	10.2	10.2	10.1	1.0

おもりの重さを重くしても、1往復する時間は
②［　　　　］。

● ①、②の□に当てはまる言葉を書きましょう。

2 ふれはばとふりこの1往復する時間

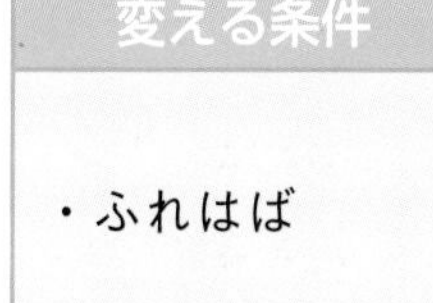

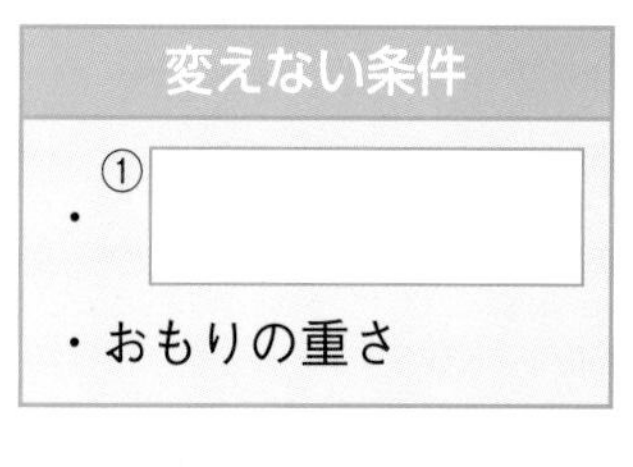

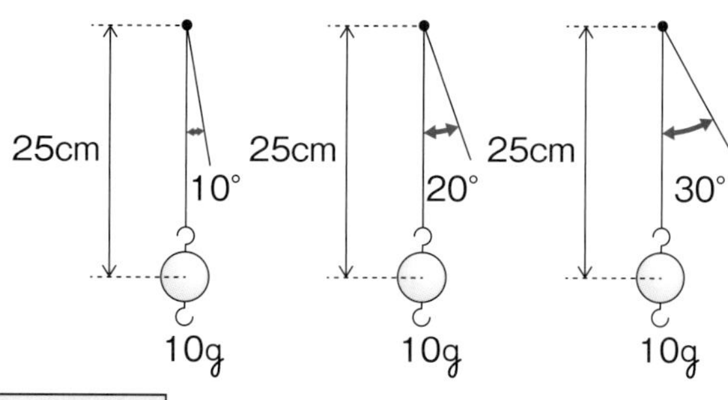

ふれはば	10往復する時間(秒)			1往復する時間の平均(秒)
	1回目	2回目	3回目	
10°	10.2	10.3	10.2	1.0
20°	10.1	10.3	10.2	1.0
30°	10.2	10.3	10.1	1.0

ふれはばを大きくしても、1往復する時間は
②［　　　　］。

● ①、②の□に当てはまる言葉を書きましょう。

まとめ　〔 変わらない　おもりの重さ 〕から選んで（　）に書きましょう。

● ふりこの1往復する時間は、①（　　　　　）によっては変わらない。
● ふりこの1往復する時間は、ふれはばによっては②（　　　　　）。

ふりこのきまりは、イタリアのガリレオ・ガリレイという人物が発見しました。ガリレイは、「地球は動いている」という地動説をとなえたことでも有名です。

教科書 143～151ページ　答え 24ページ

できた数 ／7問中

1 **次の図の㋐～㋕のようなふりこを用意し、それぞれが1往復する時間を調べました。あとの問いに答えましょう。**

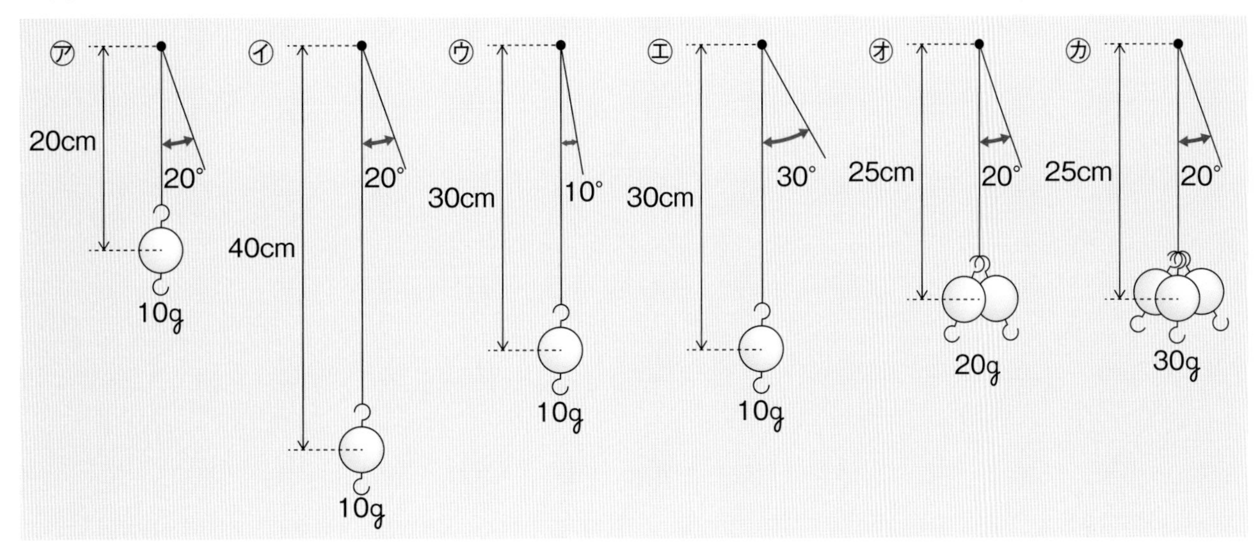

(1) ㋐と㋑を、ふれはばを20°にしてふりました。次の①、②に答えましょう。

① ㋐と㋑の結果を比べると、何の条件とふりこの1往復する時間との関係を調べることができますか。（　　　　）

② ふりこの1往復する時間について、次のア～ウから正しいものを選びましょう。（　　）

ア ㋐のほうが長い。　イ ㋑のほうが長い。

ウ ㋐と㋑で同じ。

(2) ㋒と㋓を、ふれはばを10°と30°にしてふりました。次の①、②に答えましょう。

① ㋒と㋓の結果を比べると、何の条件とふりこの1往復する時間との関係を調べることができますか。（　　　　）

② ふりこの1往復する時間について、次のア～ウから正しいものを選びましょう。（　　）

ア ㋒のほうが長い。　イ ㋓のほうが長い。

ウ ㋒と㋓で同じ。

(3) ㋔と㋕を、ふれはばを20°にしてふりました。次の①、②に答えましょう。

① ㋔と㋕の結果を比べると、何の条件とふりこの1往復する時間との関係を調べることができますか。（　　　　）

② ふりこの1往復する時間について、次のア～ウから正しいものを選びましょう。（　　）

ア ㋔のほうが長い。　イ ㋕のほうが長い。

ウ ㋔と㋕で同じ。

(4) ふりこの1往復する時間は、何によって変わることがわかりますか。（　　　　）

まとめのテスト

勉強した日　月　日

10　ふりこのきまり

得点

/100点

教科書　138～151ページ　答え　24ページ

1 ふりこ　**ふりこについて、次の問いに答えましょう。**　1つ3〔12点〕

(1)　ふりこの長さとは、どこからおもりの中心までの長さですか。　(　　　　　　)

(2)　ふりこの|往復とは、どのように動いたときのことですか。次の㋐～㋒から選びましょう。　(　　　)

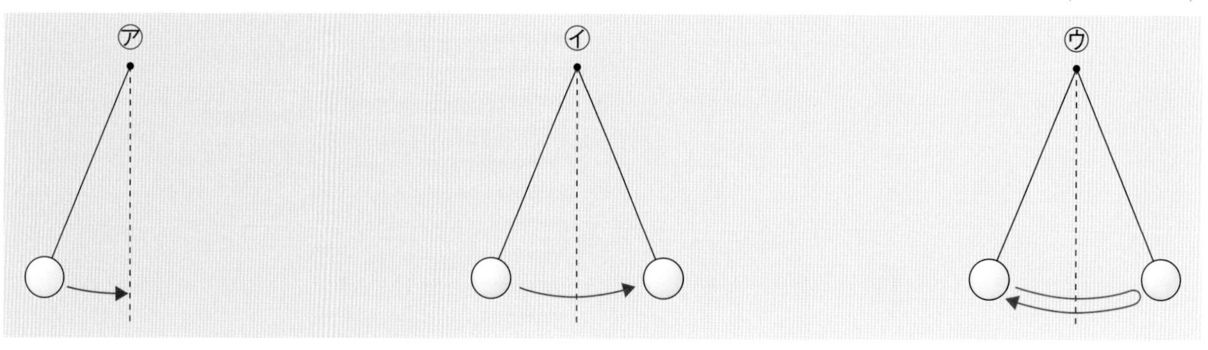

(3)　ふりこの|往復する時間の求め方としてもっともよいものを、次のア～ウから選びましょう。　(　　　)

ア　ふりこの|往復する時間を|回だけはかって求める。

イ　ふりこの|往復する時間を3回はかって、平均を求める。

ウ　ふりこの|0往復する時間を3回はかって、平均を求める。

(4)　ふりこの|0往復する時間を3回はかったところ、下の表のような結果になりました。このとき、ふりこの|往復する時間の平均は何秒ですか。ただし、小数第2位で四しゃ五入して、小数第|位まで答えましょう。　(　　　　　　)

1回目	2回目	3回目
13.1秒	12.9秒	13.3秒

2 ふりこの実験　**おもりの重さを変えて、ふりこの1往復する時間を調べました。次の問いに答えましょう。**　1つ4〔12点〕

作図

(1)　右の図のようなおもりを|個から2個にして、重さを変えて実験します。2個目のおもりはどのようにつるしますか。図にかき入れましょう。

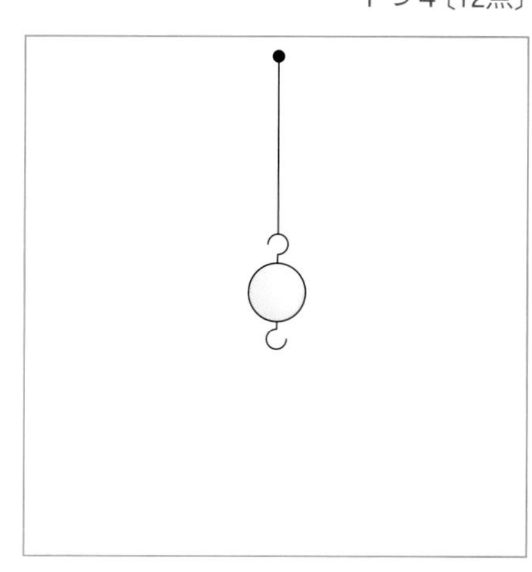

(2)　おもりを|個つるしたとき、|往復するのに|.2秒かかりました。おもりを2個にしたとき、|往復するのに何秒かかりますか。次のア～エから選びましょう。(　　　　)

ア　0.6秒　　イ　|.0秒　　ウ　|.2秒　　エ　2.4秒

(3)　この実験を行うとき、ふれはばは同じにしますか、変えますか。　(　　　　　　)

3 **ふりこの1往復する時間** ふりこの1往復する時間は何によって変わるのかを調べるため、次の表の1～3のように、おもりの重さ、ふれはば、ふりこの長さを変えて、それぞれのふりこの10往復する時間を3回ずつはかりました。あとの問いに答えましょう。　1つ4〔76点〕

1 おもりの重さ

おもりを10g、20g、30gと変える。

変えない条件	おもりの重さ	1回目(秒)	2回目(秒)	3回目(秒)	1往復の平均(秒)
①(　　　)	10g	15.0	15.2	14.8	⑦
②(　　　)	20g	15.1	15.1	14.8	⑧
	30g	14.8	15.3	14.9	⑨

2 ふれはば

ふれはばを10°、20°、30°と変える。

30°　20°　10°

変えない条件	ふれはば	1回目(秒)	2回目(秒)	3回目(秒)	1往復の平均(秒)
③(　　　)	10°	15.1	14.8	15.1	⑩
④(　　　)	20°	14.8	15.0	15.2	⑪
	30°	15.0	15.1	14.9	⑫

3 ふりこの長さ

ふりこの長さを25cm、50cm、75cmと変える。

変えない条件	ふりこの長さ	1回目(秒)	2回目(秒)	3回目(秒)	1往復の平均(秒)
⑤(　　　)	25cm	10.2	10.4	10.0	⑬
⑥(　　　)	50cm	14.3	14.5	14.4	⑭
	75cm	17.8	17.4	17.9	⑮

(1)　1～3で変えない条件はそれぞれ何ですか。次のア～ウから選び、表の①～⑥の(　)に書きましょう。

ア　おもりの重さ　　イ　ふれはば　　ウ　ふりこの長さ

チャレンジ!

(2)　1～3で、ふりこの1往復する時間の平均はそれぞれ何秒ですか。小数第1位まで計算して、表の⑦～⑮に書きましょう。

(3)　ふりこの1往復する時間は、おもりの重さによって変わりますか。

(　　　　　　)

(4)　ふりこの1往復する時間は、ふれはばによって変わりますか。

(　　　　　　)

(5)　ふりこの1往復する時間は、ふりこの長さによって変わりますか。

(　　　　　　)

記述

(6)　ふりこの1往復する時間を長くするためには、どうすればよいですか。

(　　　　　　　　　　　　　　　　　　　　)

考えてとく問題にチャレンジ!

プラスワーク

答え 25ページ

1 植物の発芽と成長 教科書 20～37ページ

インゲンマメの種子が発芽するために空気が必要かどうかを調べるために、右の図の㋐、㋑のように準備をしました。次の問いに答えましょう。

(1) ㋑に水をいっぱいに入れたのはなぜですか。

(　　　　　　　　　　)

(2) 発芽に空気が必要かどうかを調べる実験で変えない条件は何ですか。次のア～ウから2つ選びましょう。

(　　　)(　　　)

ア　水をあたえる。
イ　まわりの空気と同じ温度になるようにする。
ウ　空気にふれるようにする。

(3) 用意した㋐と㋑では、発芽に空気が必要かどうかを正しく調べることができませんでした。それはなぜですか。また、どちらをどうすれば、正しく調べることができますか。

調べられなかった理由(　　　　　　　　　　)
正しく調べる方法(　　　　　　　　　　)

2 魚のたんじょう 教科書 38～49ページ

次の図1のようにして、メダカを飼うことにしました。図2は、水そうに入れたメダカのようすを表しています。あとの問いに答えましょう。

図1

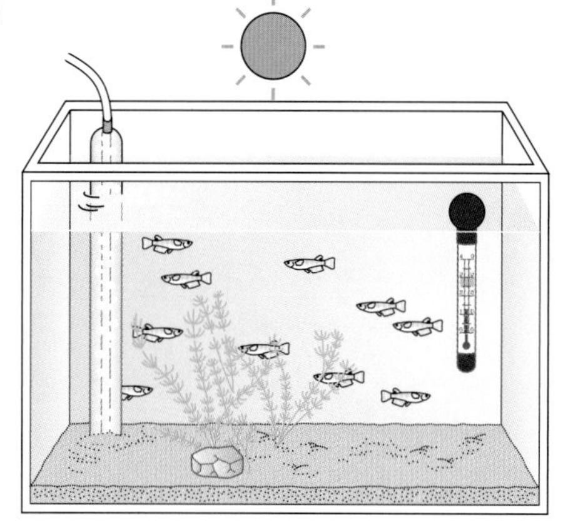

図2

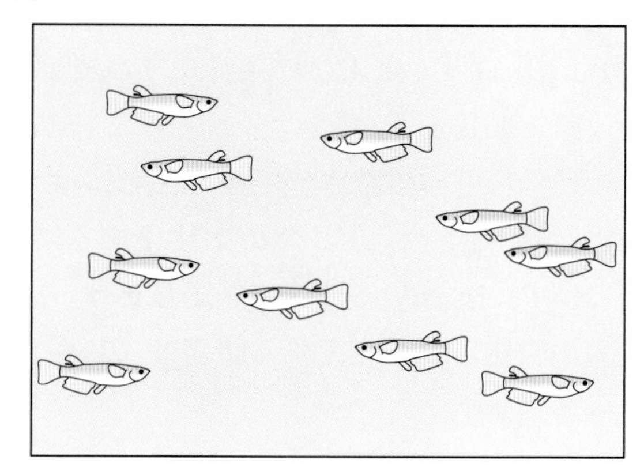

(1) 図1のメダカの飼い方には、正しくない点が1つあります。それは何ですか。

(　　　　　　　　　　)

(2) 飼い方を正しくしてメダカの世話をしていましたが、メダカはたまごをうみませんでした。それはなぜですか。図2からわかる理由を書きましょう。

(　　　　　　　　　　)

3 花から実へ 教科書 52〜63ページ

あるリンゴ農園では、マメコバチというハチの巣箱を置き、マメコバチの助けを借りてリンゴをつくっています。次の問いに答えましょう。

(1) 花がさいた後、実ができるためには、何が必要ですか。
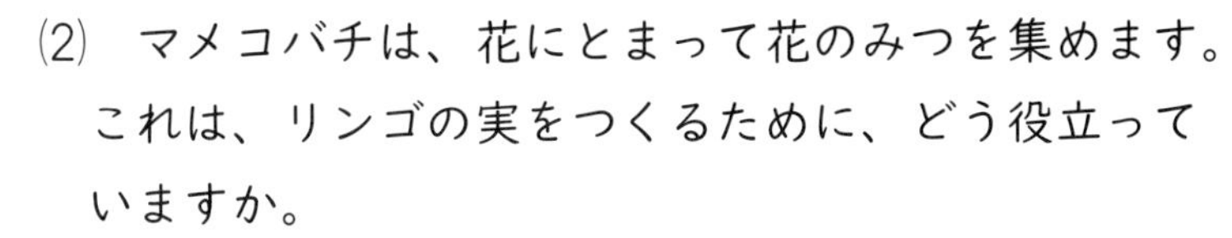
（　　　　　　　）

(2) マメコバチは、花にとまって花のみつを集めます。これは、リンゴの実をつくるために、どう役立っていますか。

（　　　　　　　　　　　　　　　　）

4 流れる水のはたらき 教科書 72〜93ページ

次の写真は、山の中の川、平地へ流れ出たあたりの川、平地の川の石のものです。写っているものさしは、すべて同じものです。あとの問いに答えましょう。

(1) 石の大きさがいちばん大きいものを、㋐〜㋒から選びましょう。（　　　）

(2) 石の大きさがいちばん小さいものを、㋐〜㋒から選びましょう。（　　　）

(3) すべての写真に、同じものさしが写るようにしているのは、なぜですか。

（　　　　　　　　　　　　　　　　）

5 物のとけ方 教科書 94〜113、161ページ

とけ残りが出た水よう液のとけ残った固体と液体を分けることにしました。あとの問いに答えましょう。

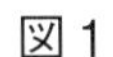
図1

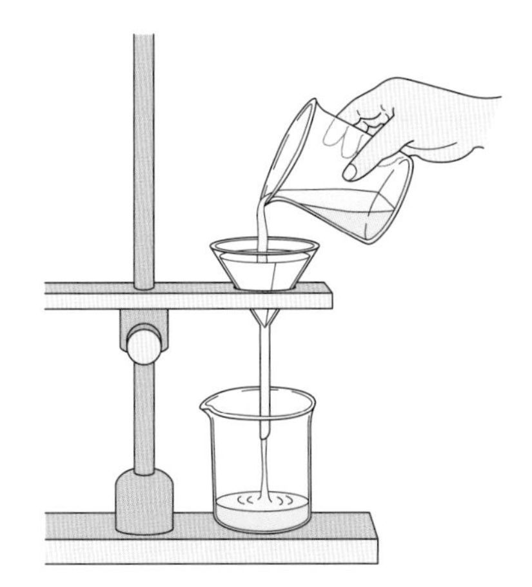

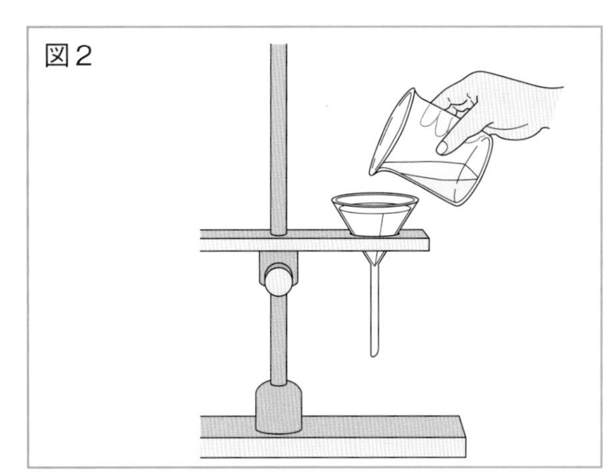

(1) 図1のような器具を使って、固体と液体を分ける方法を何といいますか。

（　　　　　　　）

(2) 図1の方法には正しくない点が2つあります。どう直すとよいですか。図2の□の中に正しい方法をかきましょう。

6 電流がうみ出す力 教科書 124～137ページ

次の図のように、導線のまき数が100回の電磁石と導線のまき数が200回の電磁石を用意して、導線のまき数と電磁石の強さを調べる実験をしました。あとの問いに答えましょう。

㋐ 導線のまき数100回

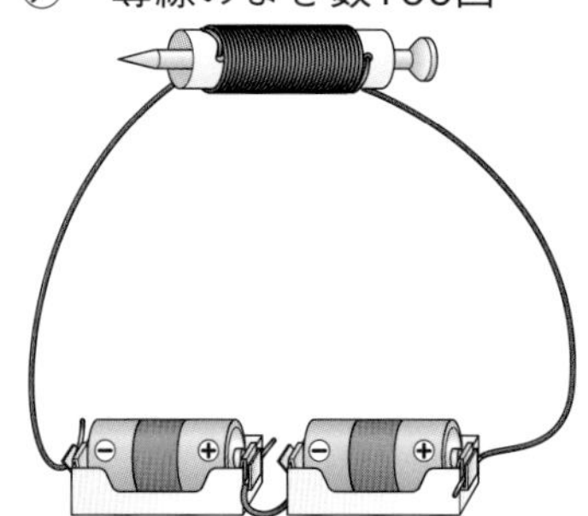

㋑ 導線のまき数200回

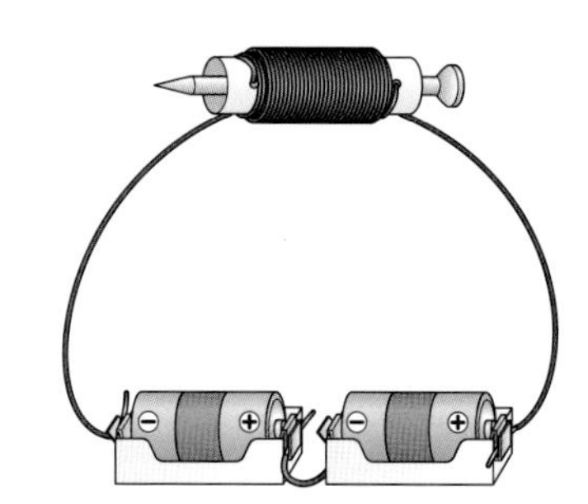

(1) この実験をするとき、㋐と㋑で変える条件は何ですか。次のア～ウから選びましょう。 (　　)

ア 電流の大きさ　　イ 導線のまき数　　ウ かん電池の向き

(2) この実験をするとき、㋐と㋑で変えない条件は何ですか。次のア～ウから2つ選びましょう。 (　　)(　　)

ア 電流の大きさ　　イ 導線のまき数　　ウ かん電池の向き

(3) この実験では、導線のまき数と電磁石の強さの関係を正しく調べることができませんでした。それはなぜですか。「導線の全体の長さが」に続けて書きましょう。

導線の全体の長さが(　　　　)

(4) ㋑の図で、導線のまき数を変えないで電磁石の強さをさらに強くしたいとき、どうすればよいですか。

(　　　　)

7 ふりこのきまり 教科書 138～151ページ

右の図のように、おもりの位置は動かさず、支える位置を変えることができるふりこをつくりました。ある曲に合わせてふったら、ふれ方が曲のテンポに合いませんでした。次の問いに答えましょう。

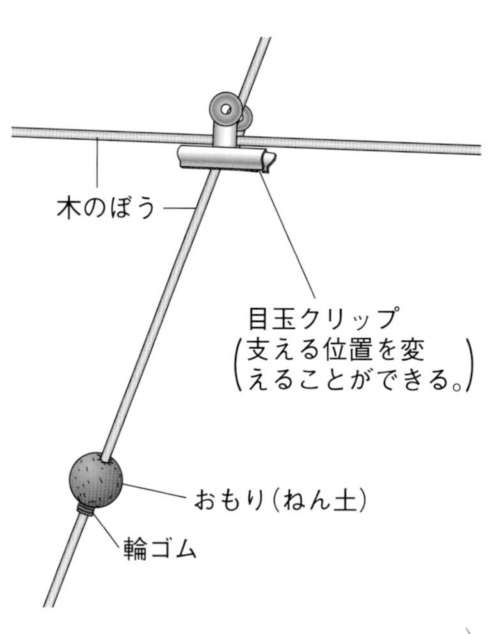

(1) おもりのねん土を今より小さい物に変えました。ふれ方のテンポはどう変わりますか。次のア～ウから選びましょう。 (　　)

ア 速くなる。　　イ おそくなる。

ウ 変わらない。

(2) ふりこを大きくふって、ふれはばを今より大きくしました。ふれ方のテンポはどう変わりますか。次のア～ウから選びましょう。 (　　)

ア 速くなる。　　イ おそくなる。

ウ 変わらない。

(3) ふれ方が曲のテンポよりおそいとき、どこをどう動かせば、テンポを合わせることができますか。

(　　　　)

●勉強した日　　月　　日

実力判定テスト

夏休みのテスト①

時間 30分

名前　　得点　　／100点

おわったらシールをはろう

教科書　6～31ページ　　答え　28ページ

1 次の写真は、ある日の午前10時と午後２時の雲のようすです。あとの問いに答えましょう。

1つ8〔24点〕

午前10時

午後２時

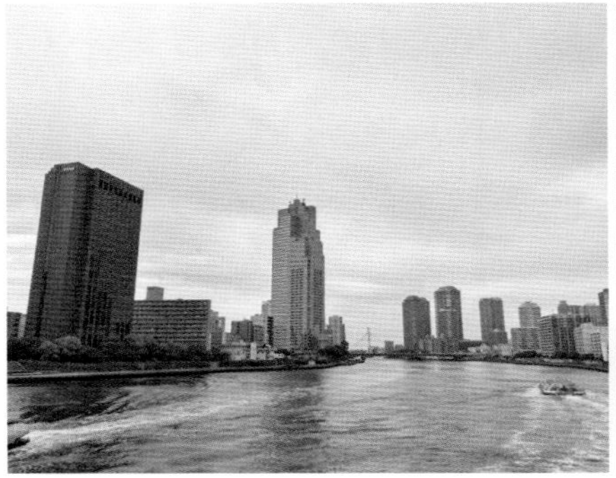

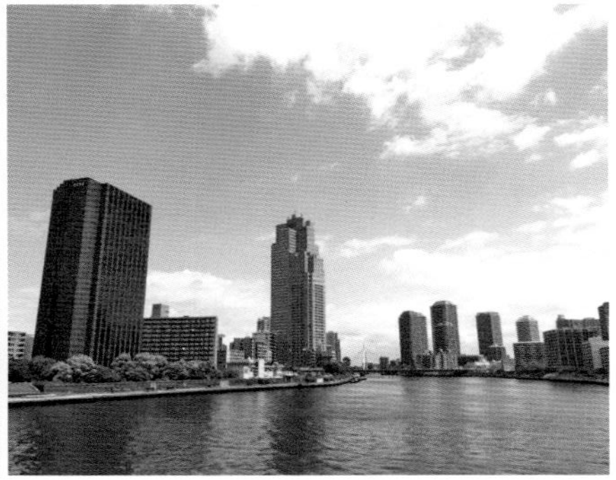

(1)　空全体を10としたとき、雲の量がいくつからいくつまでのときを、「晴れ」としますか。

（　　～　　）

(2)　午前10時の天気は、晴れとくもりのどちらですか。　（　　　）

(3)　雲の量は、午前10時から午後２時にかけてどう変化しましたか。

（　　　）

3 次の図の㋐～㋓のように、プラスチックの入れ物にインゲンマメの種子を置き、発芽（はつが）するかどうかを調べました。あとの問いに答えましょう。

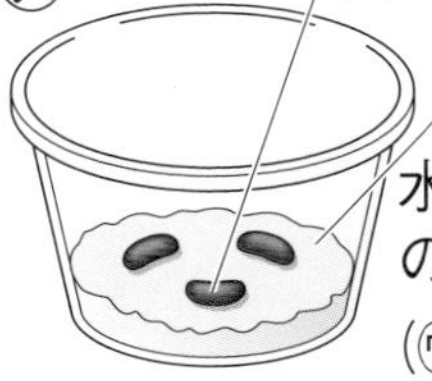

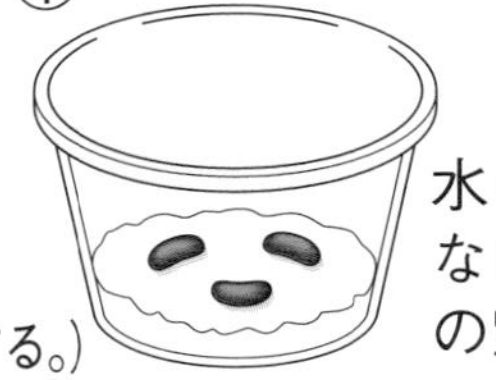

1つ7〔28点〕

㋐

水をあたえ、20℃の室内に置く。
（㋒と比（くら）べるときは暗くする。）

㋑

水をあたえないで、20℃の室内に置く。

㋒ 冷ぞう庫

水をあたえ、冷ぞう庫（6～7℃）の中に置く。

㋓

種子を水にしずめ、20℃の室内に置く。

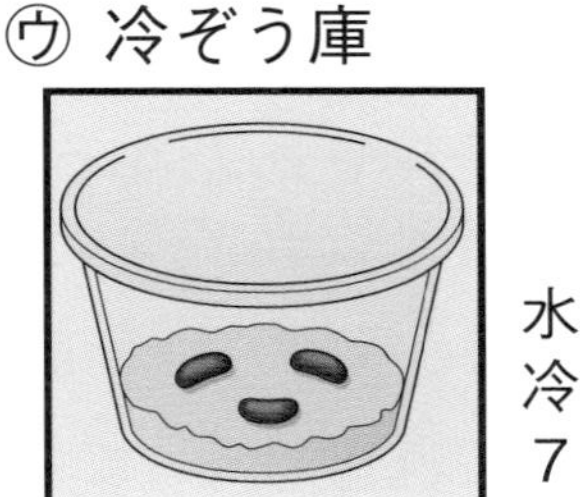

(1)　㋐と㋑を比べると、発芽には何が必要かどうかを調べられますか。　（　　　）

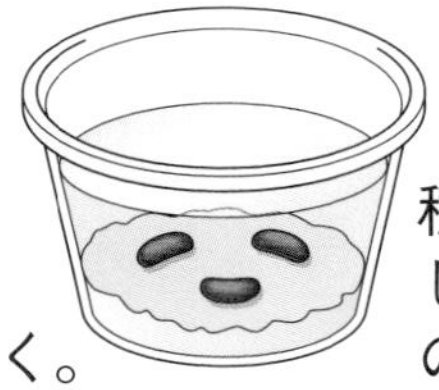

(2)　㋐と㋒を比べると、発芽には何が必要かどうかを調べられますか。　（　　　）

(3)　㋐と㋓を比べると、発芽には何が必要かどうかを調べられますか。　（　　　）

夏休みのテスト②

●勉強した日　　月　　日

時間 30分

名前　　得点　　／100点

おわったら シールを はろう

教科書 32〜49、157ページ　答え 28ページ

1 **育ち方が同じぐらいのインゲンマメのなえ３本を用意し、次の㋐〜㋒のようにして育てました。あとの問いに答えましょう。** 1つ7〔28点〕

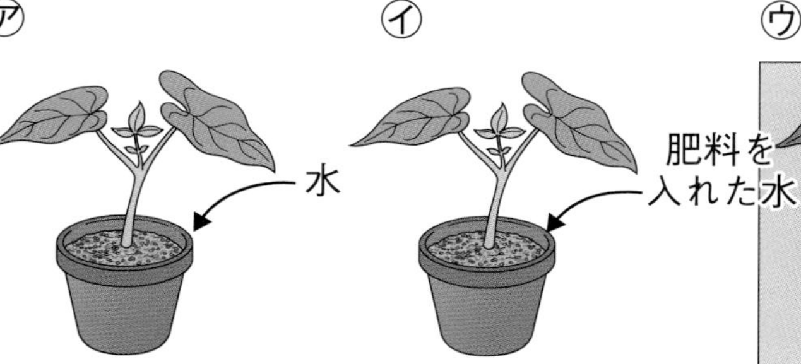

㋐ 肥料(ひりょう)をあたえない。日光に当てる。　㋑ 肥料をあたえる。日光に当てる。　㋒ 肥料をあたえる。日光に当てない。

(1)　植物の成長に日光が関係しているかどうかを調べるには、㋐〜㋒のどれとどれを比(くら)べればよいですか。
（　　　と　　　）

(2)　植物の成長に肥料が関係しているかどうかを調べるには、㋐〜㋒のどれとどれを比べればよいですか。
（　　　と　　　）

(3)　いちばんよく育つなえを、㋐〜㋒から選びましょう。
（　　　）

(4)　めすがうんだたまごとおすが出した精子(せいし)が結びつくことを、何といいますか。（　　　）

(5)　(4)によってできたたまごのことを何といいますか。
（　　　）

(6)　たまごの中のメダカの変化について正しいものを、次のア、イから選びましょう。（　　　）

ア　たまごの中の養分を使って、少しずつメダカのからだができる。

イ　親から養分をもらいながら、小さいメダカが大きくなる。

3 **次の図のけんび鏡について、あとの問いに答えましょう。** 1つ6〔30点〕

(4)　この実験から、植物がよく成長するために必要な条件（じょうけん）について、わかることは何ですか。

（　　　　　　　　　　　　）

2 メダカのたんじょうについて、次の問いに答えましょう。

1つ7〔42点〕

(1)　メダカのおすは、㋐、㋑のどちらですか。（　　　）

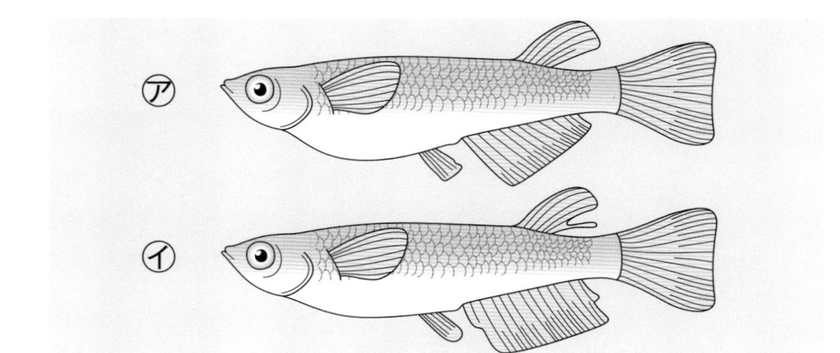

(2)　メダカを水そうで飼（か）うとき、水草を入れるのはなぜですか。次のア、イから選びましょう。（　　　）

ア　メダカが水草を食べるから。

イ　メダカがうんだたまごをつけるから。

(3)　水そうの水を入れかえるとき、どうしますか。次のア、イから選びましょう。（　　　）

ア　すべての水を水道水と入れかえる。

イ　半分ぐらいの水をくみ置きの水と入れかえる。

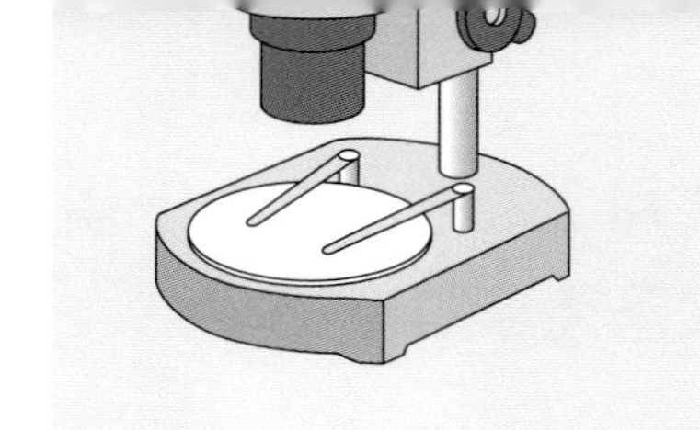

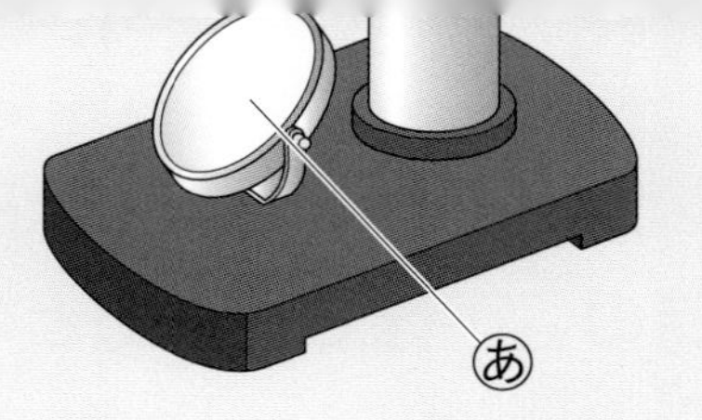

(1)　かいぼうけんび鏡を、㋐、㋑から選びましょう。

（　　　）

(2)　㋑のけんび鏡は、どんなところに置いて使いますか。次のア、イから選びましょう。（　　　）

ア　日光が直接（ちょくせつ）当たらない、明るいところ。

イ　日光が当たらない、暗いところ。

(3)　㋑のけんび鏡では、㋐の向きで明るさを調節します。㋐を何といいますか。（　　　　）

(4)　㋑のけんび鏡について、次のア～エをそうさの順にならべましょう。（　　→　　→　　→　　）

ア　レンズを観察する物から遠ざけていき、はっきり見えるところで止める。

イ　真横から見ながら、レンズを観察する物にできるだけ近づける。

ウ　㋐の向きを変えて、見やすい明るさにする。

エ　ステージに観察する物をのせる。

(5)　厚（あつ）みのある物を立体的に観察することができるけんび鏡を、㋐、㋑から選びましょう。（　　　）

2 次の図は、4月20日から4月22日までの午後3時の雲画像(くもがぞう)です。あとの問いに答えましょう。

1つ8〔24点〕

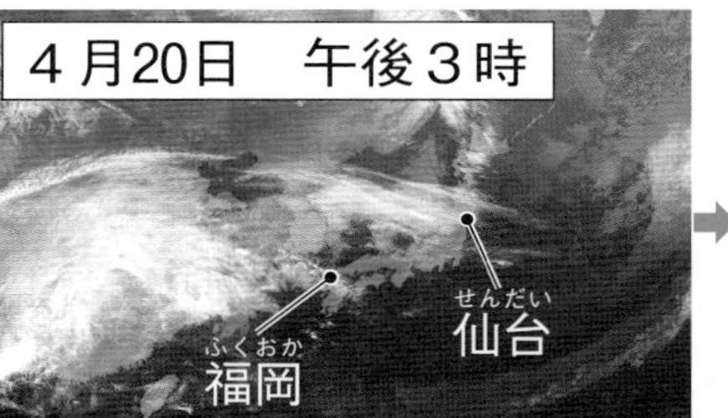

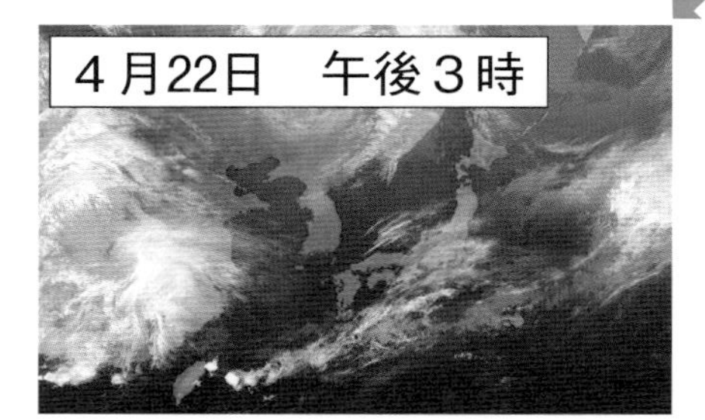

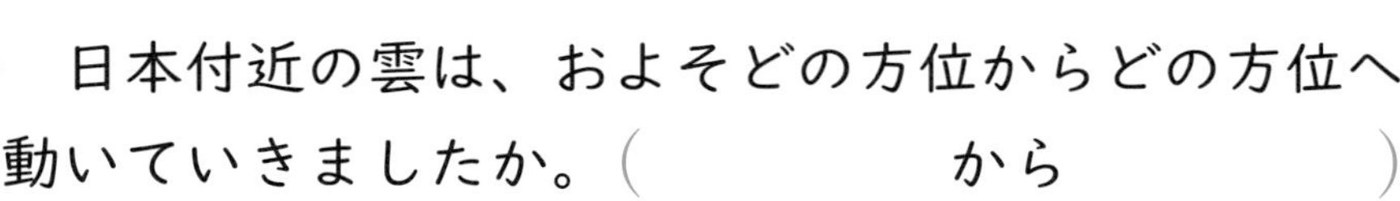

(1)　日本付近の雲は、およそどの方位からどの方位へ動いていきましたか。(　　　　から　　　　)

(2)　図より、4月22日午後3時の福岡の天気は、何だと考えられますか。(　　　　)

(3)　4月22日午後3時の雲画像から、4月23日の仙台の天気は、晴れと雨のどちらだと考えられますか。(　　　　)

(4)　㋐～㋓のどれが発芽しますか。(　　　　)

4 次の図1は、発芽する前のインゲンマメの種子のつくりを、図2は発芽して成長したインゲンマメを表したものです。あとの問いに答えましょう。

1つ8〔24点〕

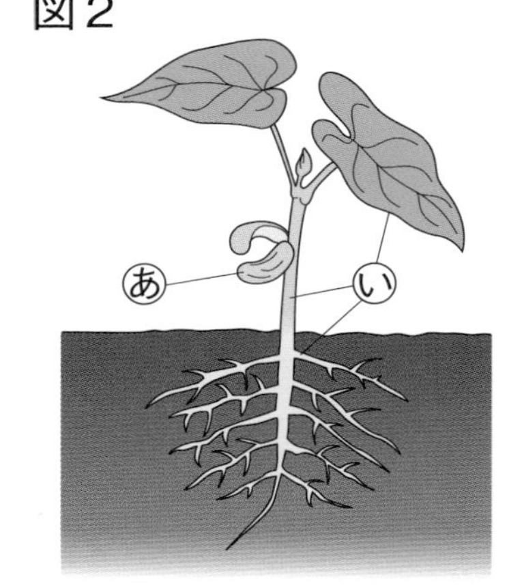

図1

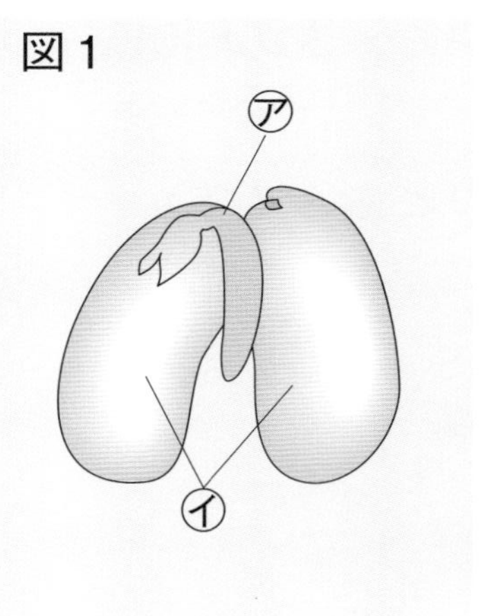

図2

(1)　図1の㋐の部分は、発芽した後、図2のあ、いのどちらの部分になりますか。(　　　　)

(2)　でんぷんがふくまれているかどうかを調べるとき、何という液(えき)を使いますか。(　　　　)

(3)　図1の㋑の部分と、図2のあを半分に切ったものを、(2)の液にひたすと、どうなりますか。次のア、イから選びましょう。(　　　　)

ア　図1の㋑だけが、青むらさき色になる。

イ　図2のあだけが、青むらさき色になる。

(　　　　　　)(　　　　　　)

(3)　流れる水の3つのはたらきのうち、㋒で大きいはたらきは何ですか。(　　　　　　)

(4)　㋑で、川岸がけずられているのは、㋐、㋑のどちら側ですか。(　　　　)

(5)　川の水による災害(さいがい)から生命を守るため、けずられた土や石が、下流にいちどに流れるのを防ぐダムを何といいますか。(　　　　　　)

2 **物が水にとけた液(えき)について、次の問いに答えましょう。**　1つ8〔40点〕

(1)　物が水にとけた液を何といいますか。

(　　　　　　)

(2)　物が水にとけた液は、すき通っていますか、にごっていますか。

(　　　　　　)

(3)　100gの水に10gの食塩をとかしました。できた液の重さは何gですか。

(　　　　　　)

水の温度

とけた物の量は、計量スプーンですり切り何ばいとけたかで表しています。

(1)　水の温度を上げると、ミョウバンのとける量はどうなりますか。

(　　　　　　)

(2)　水の温度を上げると、食塩のとける量はどうなりますか。

(　　　　　　)

(3)　食塩のとける量をふやしたいとき、水の量をどうすればよいですか。(　　　　　　)

(4)　ミョウバンをとけ残りが出るまでとかした水よう液の温度を下げました。とけていたミョウバンをとり出すことができますか。(　　　　　　)

(5)　ミョウバンをとけ残りが出るまでとかした水よう液から水をじょう発させました。とけていたミョウバンをとり出すことができますか。

(　　　　　　)

(6)　食塩をとけ残りが出るまでとかした水よう液からとけている食塩をとり出すには、どうすればよいですか。

(　　　　　　)

㋒(　　　　　)　㋓(　　　　　)

(3)　㋑の先についている粉(こな)のような物を何といいますか。　(　　　　　)

(4)　(3)の粉が㋓の先につくことを何といいますか。

(　　　　　)

(5)　(4)が起こると、㋓のもとの部分は何になりますか。

(　　　　　)

(6)　(5)の中には何ができますか。

(　　　　　)

2 **右の図のようなけんび鏡について、次の問いに答えましょう。**　1つ5〔25点〕

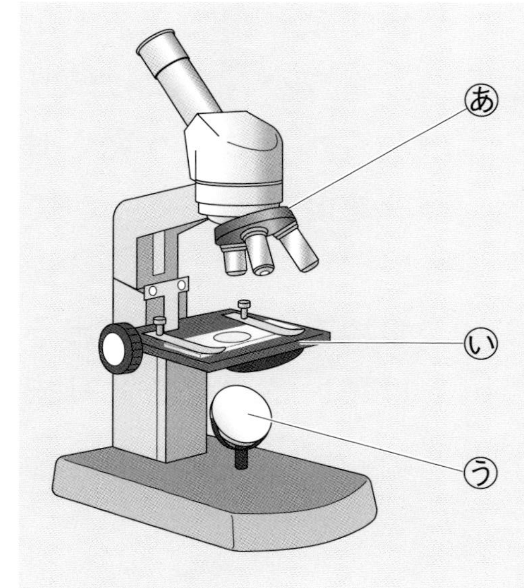

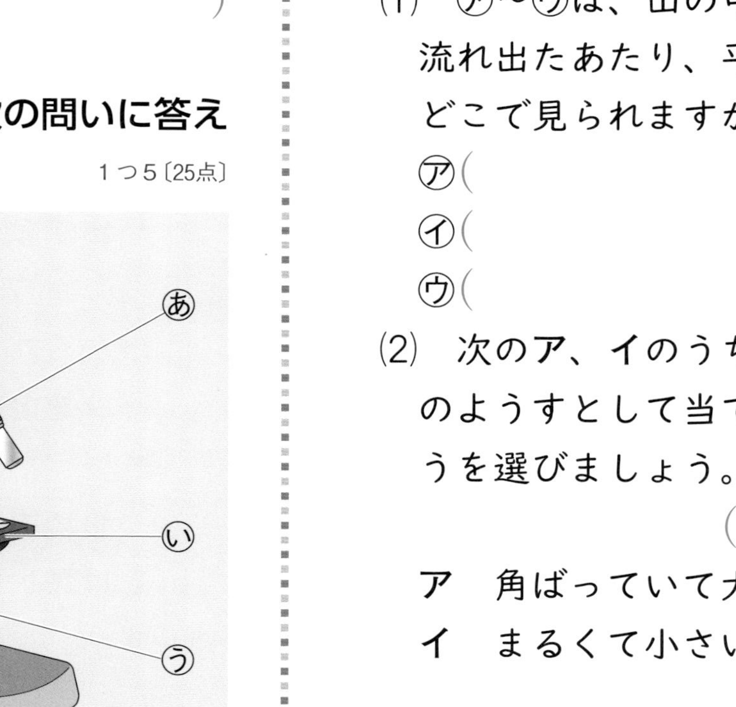

(1)　接眼(せつがん)レンズをのぞいたときに明るく見えるようにするには、どの部分を調節しますか。㋐～㋒から選びましょう。

(　　　　　)

(2)　(1)の部分を何といいますか。

(　　　　　)

次のア～ウから選びましょう。　(　　　　　)

ア　ふった雨によって、ダムの水がふえる。

イ　強い風がふいて、木がたおれる。

ウ　大雨によって、山のがけがくずれる。

4 **右の㋐～㋒は、山の中の川、平地へ流れ出たあたりの川、平地の川の、それぞれの石の写真です。次の問いに答えましょう。**　1つ5〔20点〕

(1)　㋐～㋒は、山の中、平地へ流れ出たあたり、平地のうち、どこで見られますか。

㋐(　　　　　)

㋑(　　　　　)

㋒(　　　　　)

(2)　次のア、イのうち、㋑の石のようすとして当てはまるほうを選びましょう。

(　　　　　)

ア　角ばっていて大きい。

イ　まるくて小さい。

●勉強した日　　月　　日

実力判定テスト

冬休みのテスト①

時間30分

名前　　得点　　/100点

おわったらシールをはろう

教科書　52〜78、156〜157ページ　　答え　29ページ

1 次の図は、ヘチマやアサガオの花のつくりを表したものです。あとの問いに答えましょう。 1つ4〔40点〕

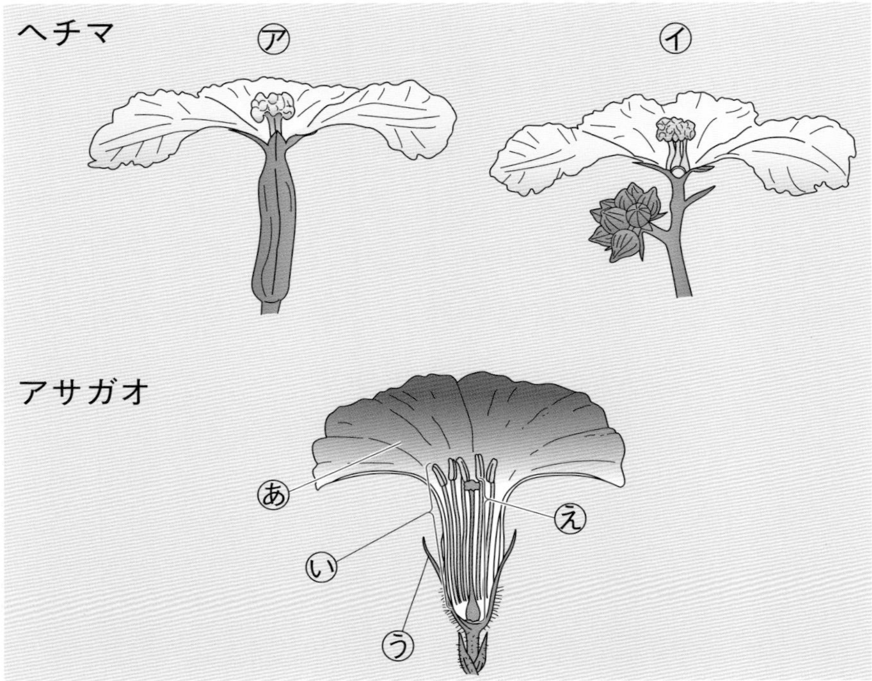

(1) ヘチマの㋐、㋑の花を何といいますか。

㋐(　　　　)　㋑(　　　　)

(2) アサガオの花のあ〜えのつくりを何といいますか。

あ(　　　　)　い(　　　　)

(3) 接眼レンズの倍率(ばいりつ)が15倍、対物レンズの倍率が10倍のとき、けんび鏡の倍率は何倍ですか。

(　　　　)

(4) よく見えるように調節するとき、どうしますか。次の(　)に当てはまる言葉を書きましょう。

接眼レンズをのぞきながら①(　　　　)を回し、プレパラートを対物レンズから少しずつ②(　　　　)ながら、よく見えるところで止める。

3 台風について、次の問いに答えましょう。 1つ5〔15点〕

(1) 台風はどこで発生しますか。次のア〜ウから選びましょう。(　　　)

ア　日本の北の方　　イ　日本の南の方

ウ　日本の東の方

(2) 台風が近づくと、風の強さはどうなりますか。

(　　　　)

(3) 台風によるめぐみには、どんなことがありますか。

●勉強した日　月　日

実力判定テスト

冬休みのテスト②

時間30分

名前

得点　/100点

おわったらシールをはろう

教科書　78〜113ページ　答え　29ページ

1 次の図の㋐〜㋒付近での川のようすについて、あとの問いに答えましょう。　1つ5〔30点〕

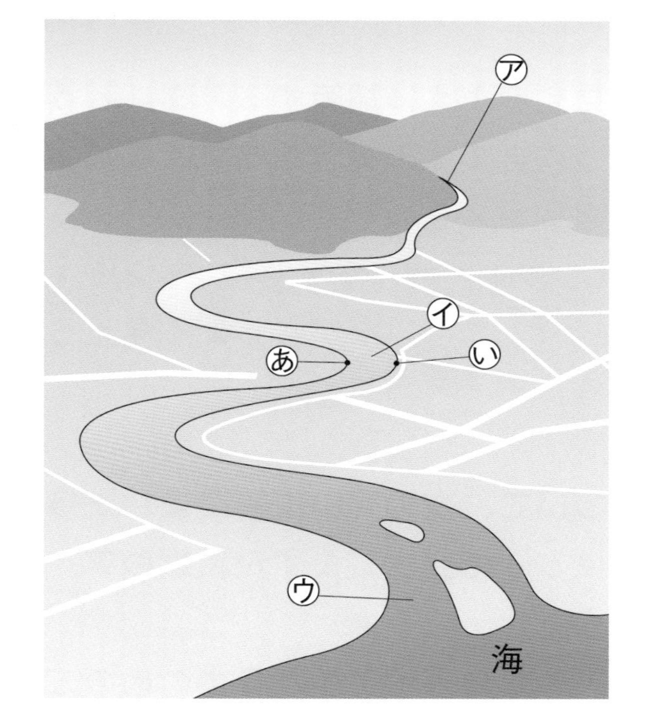

(1)　川の流れが速く、川はばがせまくなっているのは、㋐、㋒のどちらですか。　(　　)

(2)　流れる水の３つのはたらきのうち、㋐で大きいはたらきは何ですか。２つ答えましょう。

(4)　20℃の水50mLに食塩をとかしました。食塩のとける量に限(かぎ)りはありますか。　(　　)

(5)　20℃の水50mLにミョウバンをとかしました。ミョウバンのとける量に限りはありますか。

(　　)

3 次のグラフは、50mLの水にとけるミョウバンと食塩の量を、水の温度を変えて調べた結果を表したものです。あとの問いに答えましょう。　1つ5〔30点〕

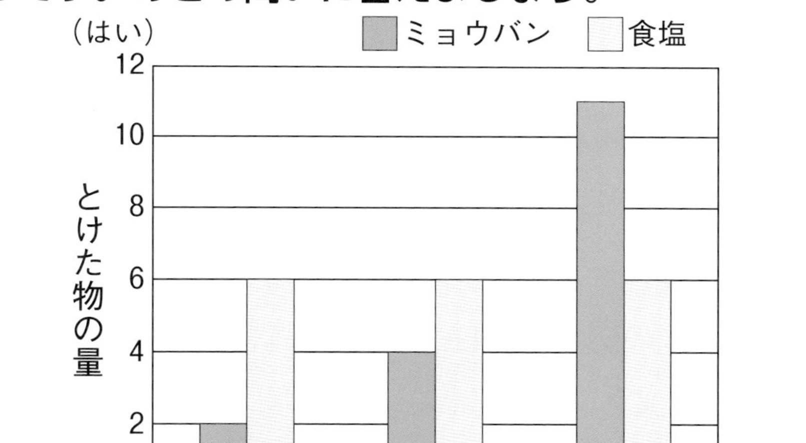

学年末のテスト①

時間 30分

名前

得点 ／100点

おわったら シールを はろう

教科書 114～151ページ　答え 30ページ

1 **右の図は、母親の体内で育つ子どものようすです。次の問いに答えましょう。** 1つ7〔35点〕

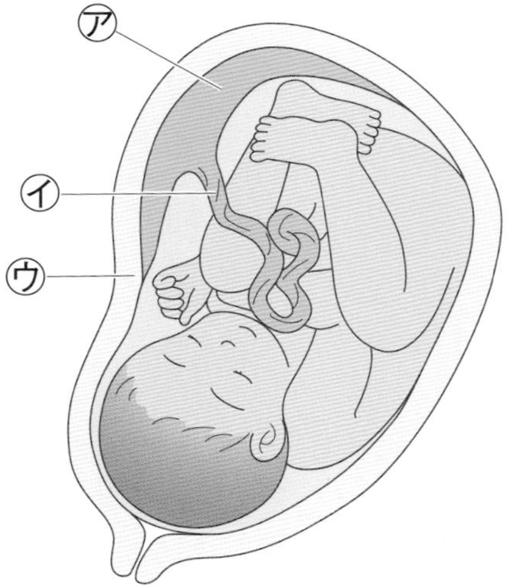

(1)　人の受精卵（じゅせいらん）は、母親の体内の何というところで育ちますか。

(　　　　　)

(2)　(1)の中を満たし、子どもを守るはたらきをする液体（えきたい）を何といいますか。

(　　　　　)

(3)　母親から運ばれてきた養分と、子どもから運ばれてきたいらない物を交かんしている部分を、図の㋐～㋒から選びましょう。　(　　　)

(4)　(3)の部分と子どもをつなぎ、養分などを運んでいる部分を何といいますか。　(　　　　　)

(5)　受精してから約何週で子どもがたんじょうしますか。次のア～エから選びましょう。　(　　　)

(3)　電磁石を強くするには、どうすればよいですか。2つ答えましょう。

(　　　　　　　　　　)

(　　　　　　　　　　)

(4)　電磁石のN極（エヌきょく）とS極（エス）を反対にするには、電流が流れる向きをどうすればよいですか。

(　　　　　　　　　　)

(5)　身のまわりには電磁石の性質を利用したさまざまな物があります。次のア～ウのうち、電磁石を使っている物を選びましょう。　(　　　)

ア　実験用ガスこんろ

イ　方位磁針（じしん）

ウ　モーター

3 **次の図のふりこの1往復（おうふく）する時間について、あとの問いに答えましょう。** 1つ7〔35点〕

㋐　㋑

学年末のテスト②

●勉強した日　月　日

時間 30分

名前　　得点　／100点

おわったら シールを はろう

教科書 6～151、161ページ　答え 30ページ

1 次の問いに答えましょう。

1つ5〔40点〕

(1) 春のころの日本付近の天気は、およそどの方位からどの方位へ変わっていきますか。

(　　　　から　　　　)

(2) 植物の発芽(はつが)に必要なものを、ア～オからすべて選びましょう。(　　　　)

ア 日光　イ 水　ウ 肥料(ひりょう)
エ 空気　オ 適当(てきとう)な温度

(3) 植物の成長と日光との関係を調べるとき、変える条件(じょうけん)と変えない条件は何ですか。それぞれア～オからすべて選びましょう。

ア 日光　イ 水　ウ 肥料
エ 空気　オ 温度

変える条件(　　　　)
変えない条件(　　　　)

(4) メダカを飼(か)うとき、水そうはどんなところに置きますか。

(　　　　)

(2) 2つの水よう液からそれぞれ水をじょう発させました。食塩とミョウバンはそれぞれ出てきますか。

(　　　　)

(3) とけ残った物をろ紙でこして、固体と液体(えきたい)に分ける方法を何といいますか。

(　　　　)

(4) 右の図は、(3)のそうさを表していますが、まちがっているところがあります。それはどんなことですか。

(　　　　)

3 右の写真は、こう水(ずい)を防(ふせ)ぐためのくふうを表したものです。次の問いに答えましょう。

1つ8〔24点〕

(　　　　)

(5)　メダカのめすがうんだたまごとおすが出した精子(せいし)が結びついてできたたまごを何といいますか。

(　　　　)

(6)　植物で、めしべのもとの部分がふくらんで実ができるためには、何が起こることが必要ですか。

(　　　　)

(7)　植物の実の中には何ができますか。

(　　　　)

2 **60℃の水50mLを入れたビーカーを２つ用意し、１つには食塩を、もう１つにはミョウバンをとけるだけとかしました。次の問いに答えましょう。**

1つ9〔36点〕

(1)　２つの水よう液を20℃まで冷やしました。２つの水よう液のようすはどうなりますか。**ア**～**エ**から選びましょう。　(　　　　)

ア　食塩もミョウバンも出てくる。

イ　食塩もミョウバンも出てこない。

ウ　食塩は出てくるが、ミョウバンは出てこない。

エ　食塩はほとんど出てこないが、ミョウバンは出てくる。

(1)　このくふうを何といいますか。**ア**～**ウ**から選びましょう。

(　　　　)

ア　ブロック

イ　さ防(ぼう)ダム

ウ　ダム

(2)　(1)のくふうは、どんなはたらきをしていますか。**ア**～**ウ**から選びましょう。　(　　　　)

ア　ふだんは公園として利用されているが、大雨がふると、水を一時的にためる。

イ　川の水がふえると、その水を地下の水そうにたくわえる。

ウ　雨水をたくわえることで、下流にいちどに大量の水が流れるのを防ぐ。

(3)　台風などにより、短い時間に多くの雨がふったときに、こう水が起こりやすくなります。川を流れる水の量がふえると、しん食(しょく)と運(うん)ぱんのはたらきはどうなりますか。

(　　　　)

ア　約4週　　イ　約16週
ウ　約38週　　エ　約60週

2 電磁石(でんじしゃく)について、次の問いに答えましょう。 1つ5〔30点〕

(1) 電磁石は、どんなときに磁石の性質(せいしつ)をもちますか。
（　　　　　　　　　　　　）

(2) 長さと太さが同じ導線(どうせん)を使って、次の図のような電磁石をつくりました。電磁石がいちばん強いものを、㋐～㋓から選びましょう。（　　　）

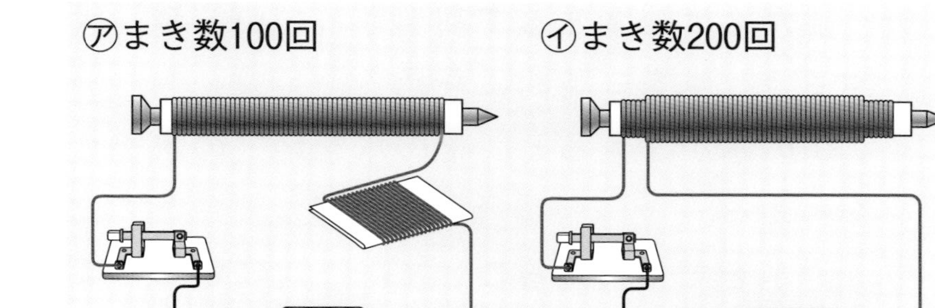

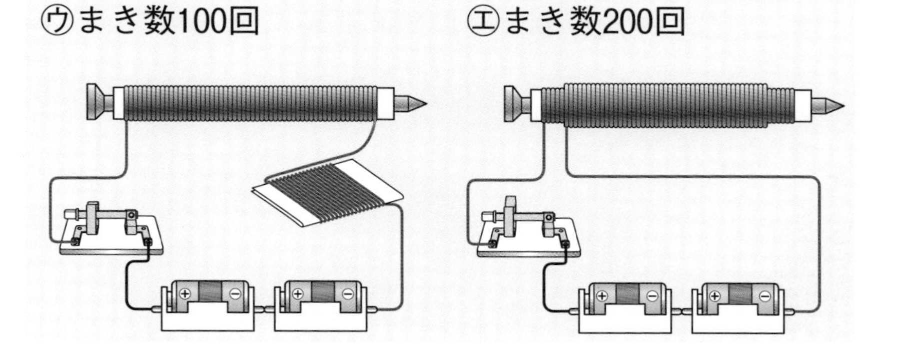

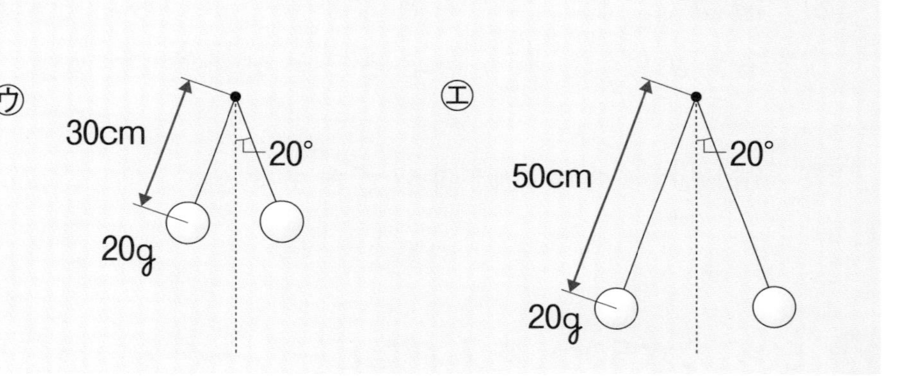

(1) ふりこの1往復する時間と次の①～③との関係を調べたいとき、それぞれ㋐～㋓のどれとどれを比(くら)べますか。
① おもりの重さ（　　と　　）
② ふれはば（　　と　　）
③ ふりこの長さ（　　と　　）

(2) ふりこの1往復する時間は、何によって変わりますか。（　　　　　　）

(3) ふりこの1往復する時間を長くするには、どうすればよいですか。
（　　　　　　　　　　　　）

1往復する時間を1回で正確にはかるのはむずかしいから、10往復する時間をはかって、平均を求めるといいよ！

復する時間の平均を10でわって、
15.3÷10＝1.53
小数第2位で四しゃ五入すると、
ふりこの1往復する時間は1.5秒となる。

(1) みかん5個の重さをはかると、それぞれ95g、103g、101g、99g、93gでした。これらのみかんの平均の重さは何gですか。小数第1位で四しゃ五入した重さを答えましょう。

(　　　　　)

(2) 図と同じように、ふりこが1往復する時間を求めました。次の①～⑥に当てはまる数字をそれぞれ□に書きましょう。ただし、②は小数第2位まで書きましょう。

10往復する時間を3回はかった結果

	10往復する時間(秒)
1回目	16.4
2回目	16.1
3回目	16.2

ふりこの10往復する時間の平均は、10往復する時間の3回分の合計を3でわって、

(16.4＋16.1＋16.2)÷①□＝②□…(秒)

②を小数第2位で四しゃ五入して、③□秒となる。

ふりこの1往復する時間の平均は、③を10でわって、

③÷④□＝⑤□(秒)

⑤を小数第2位で四しゃ五入して、ふりこが1往復する時間の平均は、⑥□秒となる。

れないでね！

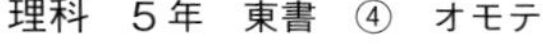

2 ろ過のしかたについて、あとの問いに答えましょう。

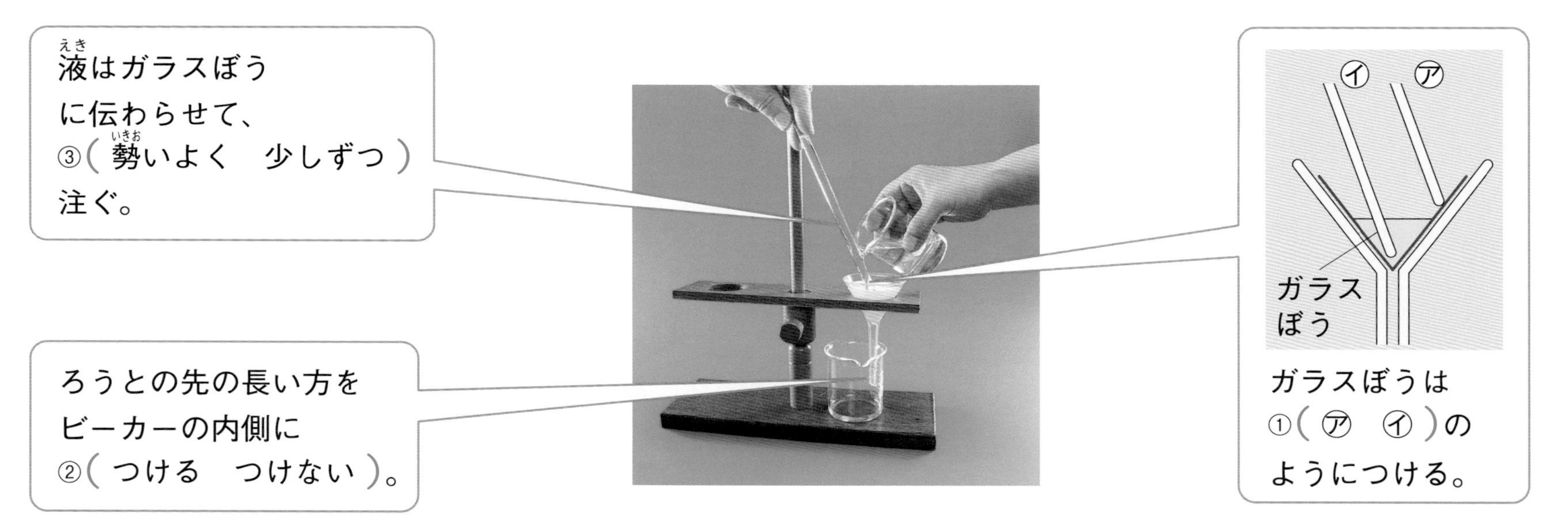

(1)　ガラスぼうは、ろ紙にどのようにつけますか。①の（　）のうち、正しいほうを◯で囲みましょう。

(2)　ろうとの先は、どのようにしますか。②の（　）のうち、正しいほうを◯で囲みましょう。

(3)　液は、どのように注ぎますか。③の（　）のうち、正しいほうを◯で囲みましょう。

(4)　ろ過した液体は、どのように見えますか。次のア～ウから選びましょう。　（　　　）

ア　にごって見える。

イ　すき通って見える。

ウ　にごっている部分とすき通っている部分が見える。

●勉強した日　　月　　日

実力判定テスト かくにん！実験器具の使い方

時間 30分

名前

できた数　　/7問中

おわったらシールをはろう

実験器具の使い方をかくにんしよう！

答え 31ページ

ろ過のしかた

1 ろ紙の折り方について、①～③に当てはまる言葉をそれぞれ下の［　　］から選びましょう。

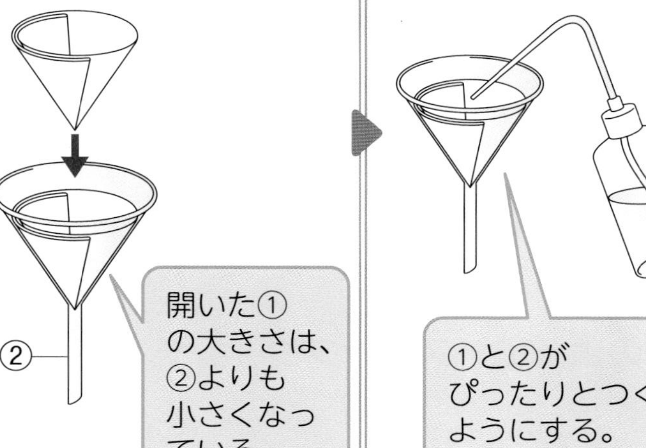

1. ①［　　　］を半分に折る。
2. さらに半分に軽く折る。
3. ①を開く。
4. 開いた①を②［　　　］におしつける。
5. ①を③［　　　］でぬらす。

画用紙　　ろ紙　　メスシリンダー　　ろうと
水　　アルコール

ろ過のしかたは、中学校の理科でも学習するよ。わす

●勉強した日　　月　　日

実力判定テスト かくにん！数や量の平均

時間 30分

平均の求め方をかくにんしよう！

名前　　できた数 ／7問中

おわったらシールをはろう

答え 31ページ

平均

たいせつ

さまざまな大きさの数や量をならして、同じ大きさにしたものを平均といいます。
平均は、次の式で求めることができます。
平均＝(数や量の合計)÷(数や量の個数)

例　走りはばとびを３回行ったところ、１回目が2.5m、２回目が2.7m、３回目が2.3mだった。３回の平均は、
(2.5＋2.7＋2.3)÷３＝2.5m

1 図のように、ストップウォッチを使って、ふりこの１往復する時間を求めました。あとの問いに答えましょう。

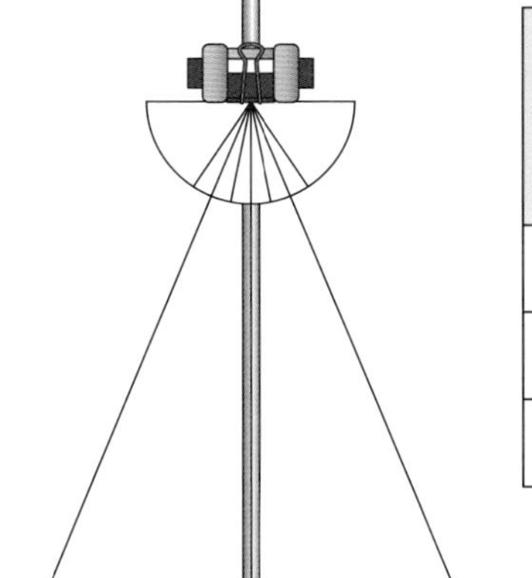

10往復する時間を３回はかった結果

	10往復する時間(秒)
１回目	15.3
２回目	15.5
３回目	15.2

ふりこの10往復する時間の平均は、10往復する時間の３回分の合計を３でわって、
(15.3＋15.5＋15.2)÷3＝15.33…
小数第２位で四しゃ五入して、
15.3秒となる。

ふりこの1往復する時間の平均は、10往

ヒント

教科書ワーク

答えとてびき

「答えとてびき」は、とりはずすことができます。

東京書籍版

理科5年

使い方

まちがえた問題は、もう一度よく読んで、なぜまちがえたのかを考えましょう。正しい答えを知るだけでなく、なぜそうなるかを考えることが大切です。

1 天気の変化

2ページ 基本のワーク

❶ (1)①「3」に◯ ②「10」に◯
(2)③晴れ ④くもり

❷ (1)①「変化する」に◯
②「変化する」に◯
(2)③量

まとめ ①晴れ ②くもり ③量

3ページ 練習のワーク

❶ (1)雲(の量) (2)ア (3)ウ

❷ ①ウ ②イ ③ア

てびき ❶ (1)晴れとくもりは、空全体を10としたときのおよその雲の量で決めます。

(2)空全体を10として、雲の量が0～8のときを晴れ、9～10のときをくもりとします。

(3)雲の形や量は、1日の間でも時こくによって変わり、雲のようすが変わると、天気が変わることがあります。また、雲には、雨をふらせる雲と、雨をふらせない雲があります。雲があると必ず雨がふるというわけではありません。

❷ ①はらんそう雲、②はけんそう雲、③は積らん雲のようすです。らんそう雲は雨雲ともよばれ、広い地いきに弱い雨を長い時間ふらせます。けんそう雲はうす雲ともよばれ、うすく白い雲が空をおおいます。積らん雲は入道雲やかみなり雲ともよばれ、せまい地いきに強い雨を短い時間ふらせます。

このほかにも、けん雲(すじ雲)、高積雲(ひつじ雲)、けん積雲(うろこ雲)、高そう雲(おぼろ雲)、そう雲(きり雲)、そう積雲(うね雲)、積雲(わた雲)などの雲があります。

わかる!理科 雲のようすを調べるときは、数時間あけて2回以上観察すると、どのように変わっていくかがよくわかります。観察する場所と方位は毎回同じにして、変えないようにします。雲のようすを記録するときは、目じるしになる建物や木をかきこみましょう。カメラを使って記録してもよいです。

4ページ 基本のワーク

❶ (1)①雲 ②晴れ
(2)③「雨の強さ」に◯

❷ (1)①「西」に◯ ②「東」に◯
(2)③西 (3)④晴れ

まとめ ①西から東 ②西 ③予想

5ページ 練習のワーク

❶ (1)アメダス
(2)①西 ②東 ③西 ④東
(3)イ (4)ア (5)イ (6)雨

てびき ❶ (2)4月20日から22日の雲画像からわかるように、雲(雲画像の白い部分)はおよそ西から東へと動いています。雲の動きにつれて、天気も西から東へと変わっていきます。また、アメダスの雨量情報から、雲があると必ず雨がふるとはいえないことがわかります。

⑷雲画像を見ると、20日から22日まで札幌にはあまり雲がかかっていません。また、アメダスの雨量情報でも、札幌には雨がふっていないことがわかります。

⑸雲画像から、大阪付近には21日は雲がかかっていたことがわかります。さらに、雨量情報から21日に雨がふり、20日、22日は雨がふっていないことがわかります。

⑹21日の雨量情報を見ると、東京の西の地いきでは雨がふっています。天気は西から変わるので、21日の夜には、東京では雨がふることが予想できます。

6・7ページ **まとめのテスト**

1 ⑴雲の量　⑵エ　⑶晴れ　⑷ア
⑸ある。

2 ⑴㋐ウ　㋑イ　㋒ア　⑵㋒　⑶イ

3 ⑴雲　⑵㋐　⑶㋐　⑷㋑
⑸西から東へ変わっていく。

4 ⑴くもり　⑵アメダス　⑶晴れ

てびき **1** ⑴～⑶空全体を10として、雲の量が0～8のときが晴れ、9～10のときがくもりなので、午前10時の天気は晴れだとわかります。

⑷午前10時にはあまり雲がありませんでしたが、午後2時には空全体が雲でおおわれているので、雲の量がふえていることがわかります。このように、雲の形や量は時こくによって変わることがわかります。

2 ⑴㋐高く発達していることから、積らん雲だとわかります。㋑白くてすじのようになっているので、けん雲です。㋒低い空全体に黒い雲が厚く広がっているので、らんそう雲です。

⑵⑶らんそう雲は広い地いきに弱い雨を長い時間ふらせます。積らん雲はせまい地いきに強い雨を短い時間ふらせます。集中ごう雨になることもあります。けん雲は雨をふらせる雲ではありません。

3 ⑵雲は、西から東へと動くことから、㋐で日本付近をおおっていた雲が東へ動いて、㋑のようになったと考えられます。このことから、5月13日の雲画像は㋐であると考えられます。

⑶㋒の雨量情報では、北海道と関東地方から中国地方、四国地方にかけて、広く雨がふっていることがわかります。これらの地いきに雲がかかっているのは、㋐のときです。

⑷空に雲がなく、晴れていることがわかります。東京付近に雲がないのは、㋑のときです。

4 ⑴問題文に「雲の量は9」と書かれていて、雲画像を見ると東京付近に雲がかかっています。雨量情報を見ると東京付近に雨はふっていないことから、くもりであったと考えられます。

⑶雲は西から東へ動き、天気も西から東へと変わっていきます。福岡の西の方には雲がないので、次の日は晴れると考えられます。

わかる! 理科 春のころに雲が西から東に動くのは、日本付近の上空に、西から東に向かってふいているへん西風という強い風があるためです。秋のころにも、地いきによりますが、春のころと同じように雲が動き、天気が変わっていくことが多いです。

2 植物の発芽と成長

8ページ **基本のワーク**

1 ⑴①発芽
⑵②「変える」に〇
③「変えない」に〇

2 ⑴①水　②温度　③空気
⑵④「する」に〇　⑤「しない」に〇
⑶⑥水

まとめ ①発芽　②水

9ページ **練習のワーク**

1 ⑴発芽　⑵ウ

2 ⑴ア　⑵イ、ウ
⑶㋐発芽する。　㋑発芽しない。
⑷水

てびき **1** ⑵この実験では、発芽に水が必要かどうかを調べています。調べる条件（水の条件）以外は変えないようにするので、㋐も㋑も同じ温度の場所に置きます。

2 ⑴㋐と㋑で、水をあたえるかあたえないかという条件を変えていることから、発芽に水が必要かどうかを調べる実験だとわかります。

(2)調べる条件(水の条件)以外の条件は、㋐と㋑で変えないようにします。

(3)(4)水をあたえた㋐だけ発芽するので、発芽に水が必要だということがわかります。

わかる！理科 1つの条件について調べるとき、調べる条件以外の条件はすべて変えないで実験をして、結果を比べます。そうすることで、結果にちがいがあったときに、何の条件が原因(げんいん)だったのかを知ることができます。2つの条件を同時に変えてしまうと、2つの条件のうち、どちらの条件が原因だったのかを知ることができません。変える条件(調べる条件)と変えない条件をしっかり考えて、実験しましょう。

10ページ 基本のワーク

❶ (1)①「する」に◯　②「しない」に◯
(2)③温度

❷ (1)①空気　②水　③温度
(②、③は順不同)
(2)④「する」に◯　⑤「しない」に◯
(3)⑥空気

まとめ ①温度　②空気

11ページ 練習のワーク

❶ (1)イ　(2)ア、ウ　(3)箱をかぶせる。
(4)㋐発芽する。　㋑発芽しない。
(5)適当な温度

❷ (1)ウ　(2)ア、イ　(3)空気
(4)㋐発芽する。　㋑発芽しない。
(5)空気

丸つけのポイント

❶ (3)おおいをするなど、光を当てないくふうが書かれていれば正解です。

てびき ❶ (2)温度以外の条件はすべて同じにして実験をします。

(3)冷ぞう庫の中は暗いので、㋐に箱をかぶせるなどして暗くする必要があります。そうすることで、㋐と㋑で光の条件も同じにすることができます。

❷ (3)水にしずめると、空気にふれないようにすることができます。

12ページ 基本のワーク

❶ (1)㋐子葉
(2)①あと結ぶ。　②いと結ぶ。

❷ (1)①ヨウ素　(2)②の切り口をぬる。
(3)④多い　⑤少ない　(4)⑥発芽

まとめ ①でんぷん　②発芽

13ページ 練習のワーク

❶ (1)でんぷん　(2)㋐　(3)イ

❷ (1)㋐い　㋑あ　(2)子葉
(3)ヨウ素液　(4)㋐イ　㋑ア
(5)ふくまれている。　(6)イ
(7)①でんぷん　②発芽

てびき ❶ (1)ヨウ素液はでんぷんを青むらさき色に変える性質があることから、でんぷんがあるかどうかを調べるときに使います。

(2)ヨウ素液で青むらさき色に変化するのは養分(でんぷん)がふくまれている部分です。葉、くき、根になる部分は色が変化しません。

(3)ヨウ素液を実験で使うときには、もとの液を10～20倍にうすめて使います。ヨウ素液を手や服につけないように注意しましょう。

❷ (1)(2)㋐は葉、くき、根になる部分です。㋑は子葉で、でんぷんをふくんでいます。

(4)～(6)㋑の子葉にはでんぷんがふくまれているので、ヨウ素液で青むらさき色に変化します。このでんぷんは発芽のときの養分として使われるので、発芽してしばらくたったあにはでんぷんがほとんど残っていません。

14・15ページ まとめのテスト❶

1 (1)発芽　(2)イ　(3)ウ

2 (1)㋐発芽する。　㋑発芽しない。
㋒発芽しない。　㋓発芽しない。
㋔発芽する。
(2)㋐と㋑　(3)㋒と㋔　(4)㋐と㋓
(5)発芽には水、適当な温度、空気が必要であること。

3 (1)㋐
(2)㋑
(3)でんぷん
(4)子葉
(5)右図

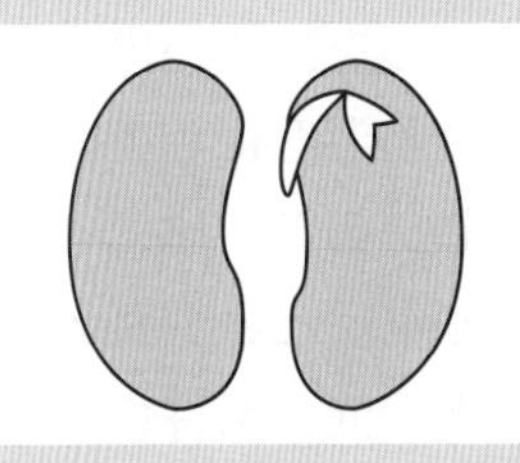

4 (1)青むらさき色　(2)㋑
(3)ふくまれている。　(4)イ
(5)少なくなっている。　(6)発芽

丸つけのポイント

2 (5)発芽に必要な条件(水、適当な温度、空気)が3つとも書かれていれば正解です。問題文に「わかること」とあるので、「〜こと。」という形で答えましょう。

てびき **1** (2)(3)調べる条件である空気の条件以外を変えないようにします。

2 (1)発芽に必要な3つの条件(水、適当な温度、空気)がそろっているものが発芽します。
下の表のようにまとめるとわかりやすいです。

	㋐	㋑	㋒	㋓	㋔
水	ある	ない	ある	ある	ある
温度	20℃	20℃	6〜7℃	20℃	20℃
空気	ある	ある	ある	ない	ある

(2)水の条件だけがちがう2つを選びます。
(3)温度の条件だけがちがう2つを選びます。冷ぞう庫の中は暗いので、光の条件が同じ㋔を選び、温度の条件以外を変えないようにします。
(4)空気の条件だけがちがう2つを選びます。
(5)発芽に必要な水、適当な温度、空気の3つの条件はしっかり覚えておきましょう。

3 子葉には発芽に必要なでんぷんなどの養分が多くふくまれています。そのため、葉、くき、根になる部分よりも子葉の部分のほうが大きいことが多いです。

4 (2)(3)ヨウ素液にひたしたときに色が変わるのは、でんぷんがふくまれている部分です。子葉にはでんぷんがたくさんふくまれています。
(4)〜(6)でんぷんが少ないと、ヨウ素液にひたしても色があまり変化しません。子葉のでんぷんは発芽するときに使われるので、発芽してしばらくたった子葉にはほとんど残っていません。

わかる! 理科 発芽と温度の関係を調べるとき、1つを冷ぞう庫に入れ、もう1つをまわりと同じ温度にして実験します。冷ぞう庫の中は暗いので、比べるもう1つも暗いところに置かないと、発芽と温度の関係が調べられません。光の条件にも注意が必要です。

16ページ 基本のワーク

1 (1)①日光　②水
③肥料(②、③は順不同)
(2)④あに◯　(3)⑤日光

2 (1)①肥料　(2)②あに◯　(3)③肥料

まとめ ①日光　②肥料

17ページ 練習のワーク

1 (1)ア　(2)イ　(3)ア、ウ
(4)㋐　(5)日光　(6)日光に当てる。

2 (1)ウ　(2)㋑　(3)肥料

てびき **1** (1)育ち方が同じぐらいのなえを準備して、調べる条件以外を同じにします。
(2)(3)同じように水と肥料をあたえて、㋐は日光に当て、㋑は日光に当てないので、変えた条件は日光の条件です。
(4)(5)植物がよく成長するためには、日光に当てることが必要です。
(6)日光に当てずにあまり成長しなかったなえも、おおいをとって日光に当てることでよく成長するようになります。実験が終わったら、大切に育てましょう。

2 (1)この実験では、成長と肥料との関係を調べるので、水の条件、日光の条件は変えません。

18・19ページ まとめのテスト❷

1 (1)イ　(2)イ　(3)ア、ウ
(4)インゲンマメのなえを日光に当てないため。
(5)肥料　(6)㋐
(7)日光

2 (1)ウ　(2)ア、イ
(3)㋑　(4)肥料

3 (1)①ウ　②ア　③イ
(2)④オ　⑤カ　⑥エ
(3)⑦キ　⑧ケ　⑨ク
(4)㋑と㋒　(5)㋐と㋑
(6)日光、肥料が必要であること。

丸つけのポイント

1 (4)日光をさえぎるなど、日光に当てないことが書かれていれば正解です。

3 (6)成長に必要な条件(日光、肥料)が2つとも書かれていれば正解です。

てびき 1 日光に当てる(㋐)、当てない(㋑)という条件だけを変えます。㋐はよく成長しますが、㋑はあまり成長しないことから、よく成長するためには日光が必要だとわかります。

2 肥料をあたえない(㋐)、あたえる(㋑)という条件だけを変えます。㋐よりも㋑のほうがよく成長することから、よく成長するためには肥料が必要だとわかります。

3 (4)日光の条件だけがちがう2つを比べることで調べられます。

(5)肥料の条件だけがちがう2つを比べることで調べられます。

わかる！理科 植物がよく成長するためには、日光や肥料が必要です。肥料がなくても成長はしますが、肥料をあたえるとよりよく成長します。
また、発芽に必要な水、適当な温度、空気も成長のためには必要です。
発芽に必要…水、適当な温度、空気
(日光や肥料は必要ではない。)
よりよい成長に必要…日光、肥料
＋水、適当な温度、空気

3 魚のたんじょう

20ページ 基本のワーク

1 (1)①めす ②おす
(2)③せびれ ④しりびれ

2 (1)①「当たらない」に〇
(2)②水草
(3)③たまご (4)④精子

まとめ ①受精 ②受精卵

21ページ 練習のワーク

1 (1)①おす ②めす ③めす ④おす
⑤めす (2)㋐めす ㋑おす
(3)①たまご ②精子 ③受精 ④受精卵

2 (1)日光 (2)水草 (3)ウ
(4)イ (5)イ

てびき 1 (1)(2)メダカのおすとめすは、せびれ、しりびれ、はらのふくれ方で見分けられます。それぞれの特ちょうを覚えておきましょう。

2 (2)めすがたまごをうみ、おすが精子を出して受精させた後、たまごを水草につけます。

(3)メダカのおすとめすをいっしょに飼うことで、めすがうんだたまごとおすが出した精子が受精して受精卵ができます。おすだけ、めすだけで飼っても受精卵はできません。

わかる！理科 メダカの飼い方
・日光が直接当たらないところに置く。→
日光が直接当たると、水温が上がりすぎてしまうことがあります。
・くみ置きの水を使う。→
水道水には消毒(しょうどく)のために塩素(えんそ)が入っているので、そのまま水そうに入れません。
・たまごは別の入れ物に移す。→
おとなのメダカに食べられないためです。

22ページ 基本のワーク

1 (1)①レンズ ②ステージ
③調節ねじ ④反しゃ鏡
(2)⑤「当たらない」に〇

2 ①目 ②心ぞう ③まく ④養分

まとめ ①養分 ②まく

23ページ 練習のワーク

1 (1)イ (2)㋐目 ㋑むなびれ
(3)①㋑ ②㋓ ③㋒ ④㋐
(4)㋓→㋐→㋒→㋑
(5)たまごの中

2 (1)ウ (2)養分 (3)イ

てびき 1 (1)たまごは水草につけたままペトリ皿に移して、観察します。

(3)(4)受精後のたまごは、まずあわのような物がたくさん見え、1日ほどでからだの形が見えるようになります。その後、目、むなびれ、心ぞうや血管などがはっきりしてきます。11日ほどでメダカの子どもがたまごのまくを破って出てきます。

(5)たまごの中にある養分を使って、メダカの子どもはたまごの中で育ちます。

2 (1)受精してからかえるまでの日数は約11日ですが、かんきょうによって変わります。

(2)(3)かえったばかりのメダカの子どもは、はらに養分が入ったふくろがあり、2～3日はこの養分を使うので、何も食べないですごします。

24・25ページ まとめのテスト

1 (1)せびれ
(2)しりびれ
(3)右図
(4)はらがふくれていること。

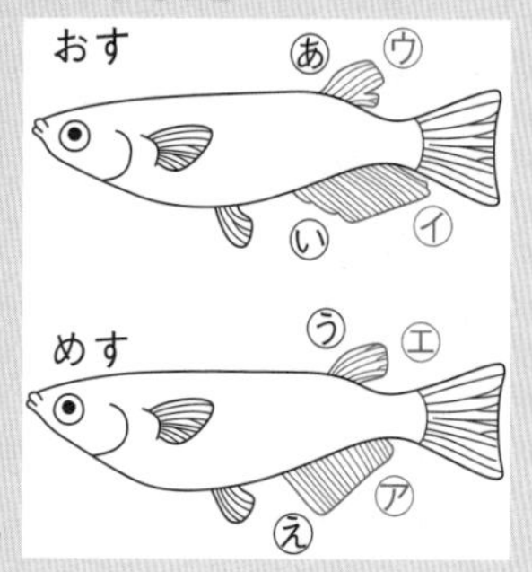

2 (1)日光が直接当たらない、明るいところ。
(2)イ
(3)たまごをうむようにするため。
(4)イ　(5)ウ

3 (1)㋐レンズ　㋑反しゃ鏡
(2)ア　(3)ウ→ア→エ→イ

4 (1)精子　(2)受精　(3)受精卵
(4)㋑→㋒→㋐　(5)たまごの中
(6)はらに養分の入ったふくろがあるから。

丸つけのポイント

1 (4)はらが大きい、出ているなど、はらの特ちょうが書かれていれば正解です。

2 (1)「日光が直接当たらない」は必要です。
(3)たまごをうませる、受精卵をつくらせるなどでも正解です。

4 (6)はらに養分があることが書かれていれば正解です。

てびき **1** (3)メダカのせびれは、おすには切れこみがあり、めすには切れこみがありません。また、しりびれは、おすは平行四辺形に近い形、めすは後ろのはばがせまいというちがいがあります。
(4)めすはおすに比べてはらがふくれていることがあります。

2 (5)サケもメダカもかえったとき、はらに養分が入ったふくろがあります。サケの子どもはかえるまでに約60日かかります。また、サケも受精しないとたまごの中で子どもが成長しません。

3 (2)かいぼうけんび鏡は、比(ひ)かく的大きい物の観察に適(てき)しています。

4 (1)〜(3)育つのは受精してできた受精卵だけです。受精していないたまごは育ちません。
(4)最初はあわのような物が見えて、しだいにからだの形ができていき、心ぞうや血管などが見えてきて、メダカの子どもがかえります。

4 花から実へ

26ページ 基本のワーク

1 (1)①めばな　②おばな
(2)③花びら　④がく　⑤めしべ
⑥おしべ
(3)⑦実

2 (1)①おしべ　②がく
③花びら　④めしべ
(2)⑤めしべ　⑥おしべ

まとめ ①おばな　②めばな　③おしべ
④めしべ(③、④は順不同)

27ページ 練習のワーク

1 (1)虫めがね
(2)㋐めばな　㋑おばな
(3)㋐めしべ　㋑花びら　㋒おしべ
(4)イ　(5)㋒

2 (1)㋐花びら　㋑おしべ
㋒がく　㋓めしべ
(2)エ
(3)ア
(4)イ

てびき **1** (2)めばなにあるめしべのもとの部分は、ふくらんでいます。
(3)めしべはめばなに、おしべはおばなにあります。花びらとがくは、めばなとおばなの両方にあります。
(4)ヘチマの実は、細長くふくらんだ形をしています。
(5)粉は花粉です。花粉はおしべでつくられるので、おしべの先にたくさんついています。

2 (1)アサガオの花は、外側から、がく、花びら、おしべ、めしべの順についています。
(2)アサガオもヘチマと同じように、めしべのもとの部分が実になります。
(3)アサガオの花とヘチマの花は、どちらもおしべとめしべがあり、めしべのもとの部分がふくらんでいます。ただし、ヘチマでは、おしべはおばな、めしべはめばなにありますが、アサガオはおしべとめしべが1つの花にあるというちがいがあります。
(4)目をいためるので、絶対に虫めがねで太陽を見てはいけません。

28ページ 基本のワーク

❶ (1)①接眼レンズ　②ステージ
③調節ねじ　④対物レンズ
⑤反しゃ鏡
(2)⑥×

❷ (1)①スライドガラス　②カバーガラス
(2)③プレパラート
(3)④右

まとめ　①倍率　②対物レンズ
③逆

29ページ 練習のワーク

1 (1)㋐接眼レンズ　㋑反しゃ鏡
(2)①当たらない　②明るい
(3)200倍

2 (1)㋒→㋐→㋑→㋓
(2)逆に見える。
(3)

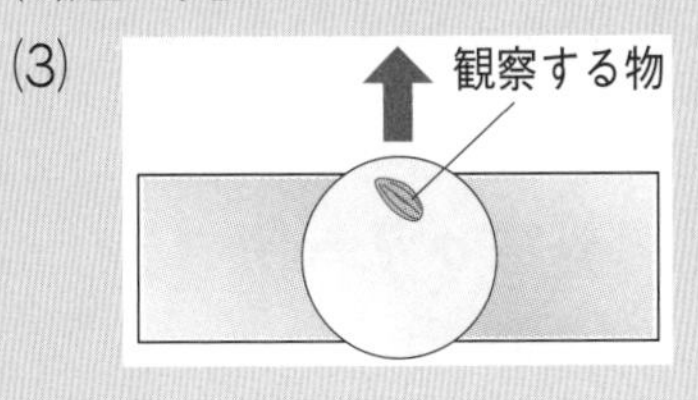

てびき 1 (2)日光が直接当たるところで観察すると、目をいためてしまいます。絶対にやめましょう。

(3)けんび鏡の倍率＝接眼レンズの倍率×対物レンズの倍率なので、10×20＝200より、200倍となります。

2 (1)最初は対物レンズを倍率の低いものにしておきます。そうすると、観察する物を見つけやすくなります。

(2)(3)けんび鏡では、観察する物の上下左右が逆になって見えます。上に見える物を下の方向に動かしたいときは、プレパラートを逆向きの上の方向に動かします。

わかる! 理科　けんび鏡で観察するときは、真横から見ながら対物レンズとプレパラートをできるだけ近づけてから、遠ざけながらはっきり見えるところを探します。もし、近づけながらはっきり見えるところを探してしまうと、対物レンズとプレパラートが当たって、プレパラートがわれたり、対物レンズがきずついたりすることがあります。

30ページ 基本のワーク

❶ (1)①花粉
(2)②「アサガオ」に◯
③「ヘチマ」に◯

❷ (1)①めばな
(2)②「いない」に◯
③「いる」に◯
(3)④受粉

まとめ　①花粉　②受粉

31ページ 練習のワーク

1 (1)ア　(2)花粉
(3)プレパラート
(4)㋑

2 (1)㋑　(2)ついていない。
(3)ついている。
(4)花がさいた後
(5)おしべ　(6)受粉

てびき 1 (1)(2)花粉はおしべでつくられ、めしべの先につきます。

(4)㋐はアサガオの花粉、㋑はヘチマの花粉です。

2 (1)～(3)つぼみの中のめしべ(㋑)には花粉はついていませんが、さいている花のめしべ(㋐)には花粉がついています。

32・33ページ まとめのテスト❶

1 ①△　②○　③◎　④○
⑤◎　⑥◎　⑦◎

2 (1)㋐　(2)めしべ
(3)おしべ　(4)㋒
(5)㋐　(6)㋑

3 (1)㋐花びら　㋑おしべ
㋒めしべ　㋓がく
(2)㋑
(3)めしべのもと(の部分)
(4)ない。

4 (1)㋑　(2)受粉
(3)さいている花のめしべ

5 (1)アーム　(2)イ
(3)ウ→ア→エ→イ
(4)ウ　(5)㋒

てびき **1** ①②ヘチマにはめばなとおばながありますが、アサガオは１つの花にめしべとおしべがあります。

2 (1)(2)めばなにはめしべがあり、めしべのもとの部分がふくらんでいます。

(4)(5)花粉はおしべでつくられ、めしべの先に運ばれます。めしべの先は花粉がつきやすいようにべたべたしています。

(6)めしべのもとの部分は、実のような形をしています。

3 (2)花粉はおしべ(の先)でつくられます。

(4)アサガオの花はどれも同じ形をしていて、１つの花にめしべとおしべがあります。

4 (1)㋐はアサガオの花粉、㋑はヘチマの花粉です。

(3)ヘチマのめばなにはめしべしかないので、つぼみのうちは花粉がつくことはありません。花がさくと、おしべの花粉が運ばれてきて、めしべの先に花粉がつきます。

5 (1)けんび鏡を持つときは、片手でアームを持ち、もう一方の手で台を下から支えます。

(2)けんび鏡は水平なところに置き、直接日光が当たらない、明るいところで観察します。

(4)対物レンズとプレパラートを遠ざけながらはっきりと見えるようにします。これは、対物レンズとプレパラートがぶつかってしまうことを防ぐためです。

(5)けんび鏡では上下左右が逆に見えるので、動かしたい方向と逆向きにプレパラートを動かします。

34ページ **基本のワーク**

1 (1)①花粉　②ふくろ
(2)③受粉　④花粉
(3)⑤㋒と結ぶ。　⑥㋓と結ぶ。
(4)⑦受粉

まとめ　①受粉　②種子

35ページ **練習のワーク**

1 (1)めばな　(2)花粉
(3)受粉　(4)㋑
(5)実　(6)受粉

2 (1)受粉
(2)種子

てびき **1** (1)実ができるかどうかを調べるために、めしべがあるめばなを使います。

(2)花粉がつく(受粉する)かどうかだけを変えているので、花粉のはたらき(受粉が必要かどうか)を調べることができます。

(3)つぼみのときから花がしぼむまでふくろをかぶせることで、自然に花粉がつかない(受粉しない)ようにしています。花粉がつくかどうかの条件以外は変えないようにするため、花粉をつけた後もふくろをかぶせます。

(4)〜(6)受粉すると、めしべのもとの部分はやがて実になり、中に種子ができます。

2 (1)受粉しなかっためしべは実にならず、やがてかれます。

(2)実の中には種子ができています。種子が発芽して育ち、次の世代になっていくことで、植物の生命はつながっていくのです。

36ページ **基本のワーク**

1 (1)①花粉　②ふくろ
(2)③おしべ　(3)④花粉
(4)⑤㋓と結ぶ。　⑥㋒と結ぶ。

まとめ　①めしべ　②実

37ページ **練習のワーク**

1 (1)おしべ　(2)ウ　(3)ア

2 (1)イ　(2)㋐　(3)実
(4)受粉すること。(めしべに花粉がつくこと。)

てびき **1** (1)(2)アサガオの花粉のはたらきを調べる実験を行うときは、つぼみからすべてのおしべをとりのぞいておきます。

(3)アサガオは１つの花の中におしべとめしべがあるので、花がさくときに自然に受粉してしまいます。

2 (1)ふくろをかぶせることで、外から花粉やほかの物が入ることを防ぎます。㋐で受粉させた後にも、ふくろをかぶせておかないと、実ができたのが花粉のためなのか、わかりません。

(2)(3)受粉したのは㋐なので、㋐のめしべのもとがふくらみ、実になります。

(4)受粉した㋐には実ができ、受粉しなかった㋑には実ができなかったことから、この実験から、実ができるためには受粉することが必要だとわかります。

38・39ページ まとめのテスト②

1 (1)

(2)イ　(3)受粉

2 (1)(つぼみの中の)おしべを全部とりのぞく。

(2)変える条件…花粉をつける。

変えない条件…ふくろをかぶせる。

(3)㋑

3 (1)ア　(2)イ

(3)自然に受粉することを防ぐため。

(4)㋑と条件を同じにするため。

(5)㋐　(6)ウ　(7)①受粉　②種子

丸つけのポイント

2 (1)全部のおしべをとる、はずす、切るなど、とりのぞくことがわかるように書かれていれば正解です。

3 (3)めしべに花粉がつくことを防ぐなど、受粉を防ぐ内容(ないよう)ならば正解です。

(4)受粉した後に花粉以外の物がつくことを防ぐため、という内容でも正解です。

てびき **1** (2)(3)受粉しなかっためしべは、実になりません。

2 (1)つぼみのうちにおしべをとりのぞかないと、花がさくときに、自然に受粉してしまいます。

(2)調べたい条件だけを変える条件として、それ以外の条件は変えない条件とします。

3 (1)イはさく日がちがってしまうため、適していません。

(3)つぼみのめばなにふくろをかぶせておくと、花がさいたときにこん虫などによって自然に花粉がつくことを防げます。

(4)花粉をつけてからもふくろをかぶせておかないと、受粉してからほかの物がついて実ができたとも考えられます。ふくろをかぶせることで、㋑と条件を同じにしておくと、受粉によって実ができることがわかります。

(6)ヘチマの花粉は主にこん虫などによって運ばれます。トウモロコシなどの花粉は、風によって運ばれます。

わかる! 理科 多くの植物では、花粉はこん虫や風によっておしべからめしべに運ばれます。こん虫はみつや花粉を求めて、花から花に飛び回る間に、からだに花粉がつきます。その花粉がめしべの先について受粉するのです。多くの花に受粉させるために、農家ではハチの巣箱を畑に置くこともあります。

5　台風と天気の変化

40ページ 基本のワーク

1 (1)①南

(2)②西　③北

2 ①大雨　②強い風　③強い風　④大雨

まとめ ①南　②北や東の方

③天気のようす

41ページ 練習のワーク

1 (1)雨…強くなる。　風…強くなる。

(2)イ　(3)①南　②西

(4)ちがう。　(5)イ

(6)①×　②×　③○

てびき **1** (3)台風は、日本の南の方の海上で発生し、初めは西の方に動き、やがて北や東の方に移動していくことが多いです。月によって、台風の進路はちがっています。

(4)春のころの雲は、およそ西から東へ動いていきます。一方、台風は、初めは西の方、やがて北や東の方に動きます。

(6)台風で大雨がふることによって水がたくわえられ、水不足が解消(かいしょう)されるというめぐみもあります。

42・43ページ まとめのテスト

1 (1)ウ　(2)ア

(3)風も雨も強くなる。

(4)ウ　(5)よくない。

(6)台風によってちがう。

2 (1)ア　(2)①南　②夏　③秋

(3)テレビ、ウェブサイト(インターネット)、新聞、ラジオなどから2つ

(4)①西　②北　③東(②、③は順不同)

(5)西から東へ動く。
(6)いえない。

3 (1)雨　(2)イ
(3)(水がダムなどにためられて)水不足が解消される。

丸つけのポイント

1 (3)大雨、強風など、いずれも強くなることが書かれていれば正解です。

3 (3)農業用水や工業用水になるなど、使われ方が書かれていても正解とします。

てびき **1** (1)気象衛星の雲画像では、台風は白いうずまきのように見えます。

(2)この台風は、図の下から右上へ動いているので、およそ南西から北東に動いたことがわかります。

(4)9月4日午後3時の雲画像を見ると、近畿地方が台風の雲におおわれていることがわかります。

(5)台風の雨や風が強くなったときは、外に出るときけんなので、ようすを見に出たりせず、安全な場所にいるようにしましょう。

(6)台風の進路は時期によって変わります。また、台風によってもちがっています。

2 (1)アメダスの雨量情報から、札幌では雨がふっていないことがわかります。ただし、雲画像では、雲がかかっています。

(4)〜(6)春のころの雲は西から東へと動きます。台風は、初めは西の方に、やがて北や東の方へ動きます。このように、春のころの雲の動き方と台風の雲の動き方はちがっています。

3 (1)台風による大雨で、写真のように川岸がこわれたり、山がくずれたりすることがあります。

(2)台風が近づいたら、必要がなければ外に出ないようにしましょう。ハザードマップを見てひなん場所をあらかじめ調べておくとよいでしょう。きけんをさけるため、最新の情報を知る必要があるので、インターネットなどを活用するとよいでしょう。

(3)台風による大雨がふると、ダムなどに水がたくわえられて、水不足が解消(かいしょう)することがあります。

わかる! 理科 台風は、日本の南の方の熱帯地方とよばれる地いきのあたたかい海上で発生します。そして、夏から秋にかけて日本付近に近づきます。
台風では、最大の風速(風の速さ)が秒速17.2m以上になっています。これは、1秒の間に17.2mも進む速さです。
台風の雲は、たくさんの積らん雲が集まってできています。

6 流れる水のはたらき

44ページ 基本のワーク

1 (1)①せまい　②広い
(2)③大きい　④小さい
(3)⑤大きい　⑥小さい
(4)⑦速い　⑧ゆるやか

まとめ ①速く　②角ばった
③ゆるやかで　④まるみ

45ページ 練習のワーク

1 (1)㋐平地へ流れ出たあたり　㋑平地
㋒山の中
(2)①大きい　②小さい　③速い
④ゆるやか　⑤せまい　⑥広い
⑦角ばっていて大きい
⑧まるくて小さい
(3)㋔→㋕→㋓

てびき **1** (2)山の中では、土地のかたむきが大きいので、水の流れが速く、川はばがせまく、角ばった大きな石が多いです。平地へ行くほど、土地のかたむきは小さくなるので、水の流れはゆるやかになり、川はばは広く、小さくまるい石が多くなります。

(3)山の中には大きな石、平地は小さな石、平地へ流れ出たあたりはその中間の大きさの石が見られます。置いてあるものさしから石の大きさを考えることができるので、石の大きさを比べてみるとよいでしょう。大きな石は角ばっているものが多く、小さな石はまるみがあるものが多くなっています。

46ページ 基本のワーク

❶ ①けずられる　②運ばれる　③積もる

❷ ①しん食　②運ぱん　③たい積

まとめ　①しん食　②運ぱん　③たい積

47ページ 練習のワーク

❶ (1)ア　(2)ウ

❷ (1)大きい。

(2)地面がけずられている。

(3)小さい。

(4)土が積もっている。

❸ (1)①しん食　②運ぱん　③たい積

(2)しん食、運ぱん

(3)たい積　(4)ア

てびき ❶ (1)ぞうきんなどをバットの下に置いて、バットを少しかたむけるようにします。

(2)水を流すと、土がなかったところ(ウ)に土が運ばれてきて、積もります。

❷ 水の流れが速いところでは、地面のかたむきが大きく、地面がけずられています。水の流れがゆるやかなところでは、地面のかたむきが小さく、土が積もっています。

❸ 水の流れが速いところでは、しん食したり運ぱんしたりするはたらきが大きいです。水の流れがゆるやかなところでは、たい積するはたらきが大きいです。そのため、水の流れる場所によって、土地のようすはちがいます。

48・49ページ まとめのテスト①

1 (1)ア　(2)ウ　(3)ア　(4)ウ

2 (1)形…角ばっている。　大きさ…大きい。

(2)形…まるみがある。　大きさ…小さい。

(3)山の中では川はばがせまく、平地では川はばが広くなっている。

(4)イ　(5)ア

3 (1)ア　(2)ア　(3)しん食　(4)イ

(5)たい積　(6)運ぱん　(7)ア

4 (1)山の中　(2)しん食

(3)たい積　(4)V字谷

丸つけのポイント

2 (3)川はばが平地より山の中のほうがせまいことが書かれていれば正解です。

てびき 1 山の中では、土地のかたむきが大きく、川はばがせまいです。平地では、水の流れがゆるやかで、石の大きさは小さいです。

2 (1)(2)山の中では角ばっていて大きな石が多く、平地ではまるくて小さな石が多いです。

(3)山の中では川はばがせまく、水が流れる速さは速いです。一方、平地では川はばが広く、水が流れる速さはゆるやかです。そのため、流れる水のはたらきもちがっています。

(4)山の中など、流れが速いところではしん食したり運ぱんしたりするはたらきが大きいです。

(5)平地のように、流れがゆるやかなところではたい積するはたらきが大きいです。

3 土地のかたむきが大きいところほど、水の流れが速くなります。また、しん食したり運ぱんしたりするはたらきも大きくなります。

4 (1)V字谷は山の中、扇状地は川が平地に流れ出たあたりにできる土地のようすです。

(2)V字谷は、川はばがせまく、流れが速い川の水が土地をしん食してできます。

(3)扇状地は、川の水が運ぱんしてきた土や石が、川が平地に流れ出たあたりでたい積したものです。おうぎ形に広がることから、扇状地という名前でよばれます。

わかる！理科 川の石を観察すると、山の中では角ばっていて大きな石が多く、平地ではまるくて小さな石が多く見られます。これは、石が流れる水に運ばれていく間に、たがいにぶつかり合ってわれたり、角がけずられたりすることによって、小さくまるくなっていくからです。また、小さな石ほど水に運ばれやすいので、遠い平地まで運ばれます。

50ページ 基本のワーク

❶ (1)①水の量

②土の量　③しゃ面のかたむき

(②、③は順不同)

(2)④「ゆるやか」に○

⑤「小さい」に○

⑥「少ない」に○　⑦「速い」に○

⑧「大きい」に○　⑨「多い」に○

まとめ　①大きく　②変わる

51ページ 練習のワーク

❶ (1)イ　(2)㋑
(3)㋑　(4)㋐
(5)しん食するはたらき…大きくなる。
運ぱんするはたらき…大きくなる。

❷ (1)イ　(2)㋑
(3)㋐　(4)㋑

てびき ❶ (1)水の量と流れる水のはたらきとの関係を調べているので、水の量だけを変えて、ほかの条件は同じにします。

(2)～(5)流れる水の量が多くなると、水の流れが速くなります。そのため、しん食したり運ぱんしたりするはたらきが大きくなります。

❷ (1)せんじょうびんの数を変えることにより流す水の量を変えて、ほかの条件は変えません。

(2)～(4)流れる水の量を多くすると、流れる水の速さが速くなり、しん食したり運ぱんしたりするはたらきが大きくなります。

52ページ 基本のワーク

❶ ①さ防ダム　②けずられる
❷ (1)①「ふえて」に◯
(2)②「がけ」に◯　③「川原」に◯

まとめ　①ダム　②さ防ダム　③ブロック

53ページ 練習のワーク

❶ (1)①ウ　②ア　③イ
(2)ア　(3)ウ

❷ (1)ア　(2)川原
(3)ア　(4)外側

てびき ❶ (1)大雨がふったときに、いちどに大量の水、土や石が下流に流れると、こう水が起こったり、橋がこわれたり、川岸がけずられたりすることがあります。それを防ぐために、ダムやさ防ダムがつくられています。

(2)川にブロックを置いて、川の流れの勢いを弱めています。

(3)こう水ハザードマップは、こう水の被害が予想される地いきやひなん場所などがしめされた地図です。各市町村などでもつくられています。ライブカメラでは、川の近くに行かなくても、インターネットなどで、現在の川のようすを知ることができます。雨量情報はインターネットなどで調べることができます。

❷ (1)川の観察をするときは、安全に注意することが大切です。川の水の量がふえているときはきけんなので、川に近づかないようにします。

(2)(3)川の曲がっているところの内側には川原が広がっています。川原の石は、水に流されている間に角がとれて、まるみのある石が多いです。

(4)曲がって流れているところの外側(川岸)は、しん食のはたらきによってけずられやすいので、コンクリートで固めることもあります。

わかる！理科　川の流れが曲がっているところの外側は流れが速く、しん食するはたらきが大きいので、川岸がけずられたり、がけになったりしていることがよくあります。また、川の底もけずられて深くなっています。川の内側は流れがゆるやかで、たい積するはたらきが大きいので、川原がよく見られます。内側の川の底は、たい積した土やすなのために浅くなっています。

54・55ページ まとめのテスト❷

1 (1)①変える条件　②変えない条件
③変えない条件
(2)㋑　(3)しん食　(4)㋑
(5)運ぱん　(6)㋐
(7)水の量が多くなると、流れる水のしん食したり、運ぱんしたりするはたらきが大きくなること。
(8)ア、イ　(9)ア

2 (1)水の量…ふえる。(多くなる。)
流れる水の速さ…速くなる。
(2)しん食するはたらきも運ぱんするはたらきも大きくなる。
(3)コンクリート　(4)弱くなる。
(5)①水　②下

3 (1)イ　(2)ア、イ　(3)ハザードマップ

丸つけのポイント

2 (2)しん食と運ぱんの両方とも大きくなるとしていれば正解です。どちらか一方だけでは不正解です。

てびき **1** (1)流れる水の量と流れる水のはたら

きの関係について調べるので、流れる水の量だけを変えて、そのほかの条件はすべて同じにして実験をします。

(2)水の量が多くなると、流れる水の速さは速くなります。

(3)(4)水の量が多くなり、水の流れが速くなると、しん食するはたらきが大きくなります。

(5)(6)水の量が多くなり、水の流れが速くなると、運ぱんするはたらきが大きくなります。

(7)水の量が多くなると、水の流れが速くなり、しん食したり運ぱんしたりするはたらきが大きくなります。

(8)(9)雨がふり続いたり、大雨がふったりすると、川に流れこむ水がふえるので、川の水の量がふえます。その結果、流れる水のはたらきが大きくなり、短時間で土地のようすが大きく変化することがあります。

2 (1)(2)大雨がふると、川の水の量がふえるため、水の流れが速くなります。その結果、流れる水のはたらきも大きくなります。

(3)川岸をコンクリートで固めて、川岸がけずられるのを防いでいます。

(4)川の流れが曲がっているところの外側は、川の流れの勢いが強くなっています。ブロックを置くことで川の流れを弱め、川岸がけずられるのを防いでいます。

(5)ダムは、ふった雨をためて、大量の水がいちどに下流に流れこまないようにつくられています。ダムで調節しながら水を流すことで、こう水などを防いでいます。

3 (1)大雨がふって川の水の量がふえているときに川に近づくのはきけんです。現在の川のようすをインターネットで見ることができるライブカメラなどで確かめるようにしましょう。

(2)災害が起きそうになったときには、生命を守る行動をとることが大切です。テレビやインターネット、ラジオなどで最新の正確な情報を入手しましょう。災害が起こってからひなんの準備をするのではなく、災害が起こる前に準備を整えておきましょう。

(3)災害から生命を守るために、ハザードマップで災害が起きやすい場所やひなん場所を確かめるなど、備えることが大切です。

7 物のとけ方

56ページ 基本のワーク

1 (1)① 185　(2)②「変わらない」に◯

2 (1)①「すき通って」に◯
(2)②水よう液

まとめ ①変わらない　②水よう液

57ページ 練習のワーク

1 (1)㋐　(2)変わらない。
(3)54g　(4)食塩がとけた液
(5)ウ

2 (1)㋐イ　㋑ウ
(2)㋐　(3)水よう液
(4)ウ

てびき **1** (1)(2)重さを比べるときは、全体の重さをはかります。㋐のように、食塩を入れていた入れ物も台ばかりにのせて、重さをはかる必要があります。㋑のようにはかると、食塩を入れていた入れ物の重さの分だけ軽くなってしまいます。食塩をとかす前ととかした後では、全体の重さは変わりません。

(3)食塩をとかす前ととかした後で全体の重さは変わらないので、50＋4＝54(g)より、54gの食塩の水よう液ができます。

(4)食塩がとけた液から水をじょう発させたとき、スライドガラスにはとけていた食塩が白く残ります。

(5)物が水にとけると、すき通って見え、とけた物は見えなくなりますが、とけた物はなくなっていません。

2 (1)コーヒーシュガーを水に入れて混ぜると、つぶが見えなくなり、茶色で、すき通った液になります。かたくり粉を水に入れて混ぜると白くにごり、次の日には粉が下にしずんでいます。

(2)コーヒーシュガーはつぶが見えず、液がすき通っているので、とけたといえます。しかし、かたくり粉は底にしずんでいるので、とけたとはいえません。

(3)物が水にとけている液を水よう液といいます。水よう液には、色がついているものも、ついていないものもあります。

(4)水にとけた物は、水よう液全体に同じように広がっています。

わかる! 理科

(食塩の重さ)+(水の重さ)
=(食塩の水よう液の重さ)
食塩や水を入れている入れ物の重さもいっしょにはかっている場合は、
(食塩の重さ)+(水の重さ)+(すべての入れ物の重さ)
=(食塩の水よう液の重さ)+(すべての入れ物の重さ)
となります。

58ページ 基本のワーク

1 (1)①スポイト ②メスシリンダー
(2)③水平
(3)④い
2 ①「ある」に○ ②「ある」に○
③「ちがう」に○
まとめ ①限りがある ②ちがう

59ページ 練習のワーク

1 (1)メスシリンダー (2)水平なところ
(3)イ (4)い (5)58mL
2 (1)食塩…ある。 ミョウバン…ある。
(2)①6 ②2 (3)食塩 (4)イ

てびき 1 メスシリンダーを使うと、決まった体積の液体をはかりとることができます。正確(せいかく)にはかるために、水平なところに置いて、真横(イ)から液面(い)の目もりを見ます。ななめから目もりを見ると、正確にはかることができません。

2 (1)決まった量の水には、物は決まった量までしかとけません。

(2)食塩は7はい目でとけ残りが出たので、6はい目まではすべてとけたことがわかります。また、ミョウバンは3ばい目でとけ残りが出たので、2はい目まではすべてとけたことがわかります。

(3)食塩はすり切り6はい、ミョウバンはすり切り2はいとけていることから、50mLの水には食塩のほうがたくさんとけることがわかります。

(4)食塩とミョウバンのように、物によって水にとける量にはちがいがあります。

60・61ページ まとめのテスト1

1 (1)ウ (2)イ (3)食塩 (4)イ
2 (1)変わらない。 (2)軽くなった。
(3)食塩を入れていた入れ物も電子てんびんにのせる。
(4)58g (5)10g (6)変わらない。
3 (1)ウ (2)水よう液
(3)①、④に○ (4)ウ
4 (1)イ
(2)食塩…ある。 ミョウバン…ある。
(3)食塩 (4)ちがう。

丸つけのポイント

2 (3)食塩を入れていた入れ物に関して書かれていれば正解です。

てびき 1 (1)水を早くじょう発させるために、日光がよく当たる場所にスライドガラスを置きます。

(2)(3)白い物は水にとけていた食塩です。

(4)物が水にとけると、見えなくなりますが、なくなったわけではありません。そのため、水をじょう発させるととけていた物が出てきます。

2 (1)物は、水にとけてもなくなりません。そのため、重さも変わりません。

(2)(3)食塩を水にとかしても全体の重さは変わりません。しかし、アでは食塩を入れ物に入れてはかっているのに、イではその入れ物を電子てんびんにのせていません。そのため、入れ物の分だけ軽くなります。食塩を入れていた入れ物もふくめた全体の重さは、食塩をとかす前ととかした後で変わりません。重さを比べるときは、入れ物もふくめた全体の重さを比べます。

(4)食塩を水にとかしても全体の重さは変わらないことから、50+8=58(g)より、58gの液ができることがわかります。

(5)できた液の重さが110gで、水の重さが100gなので、とかした食塩の重さは、
110−100=10(g)より、10gであったことがわかります。

(6)食塩以外のどのような物でも、水にとかす前ととかした後の全体の重さは変わりません。

3 水よう液は、物が液全体に同じように広がっていて、すき通って見えます。食塩の水よう液は色がついていませんが、コーヒーシュガーの

水よう液は色がついています。色がついている水よう液も、色がついていない水よう液も、水よう液であればすき通って見えます。一方、かたくり粉を水に入れてかき混ぜると、白くにごり、やがてかたくり粉が底にしずみます。これは水よう液とはいえません。かたくり粉は、水にとけないことがわかります。

4 (1)液面は、はしのもり上がっているところではなく、へこんだところを読みとります。

(3)食塩は7はい目でとけ残りが出たので、6はいまで、ミョウバンは3ばい目でとけ残りが出たので、2はいまでとけました。これより、食塩のほうが多くとけることがわかります。

62ページ **基本のワーク**

1 (1)①2　②3　③2　④3

(2)⑤ふえる

まとめ　①ふえる　②量

63ページ **練習のワーク**

1 (1)ア

(2)

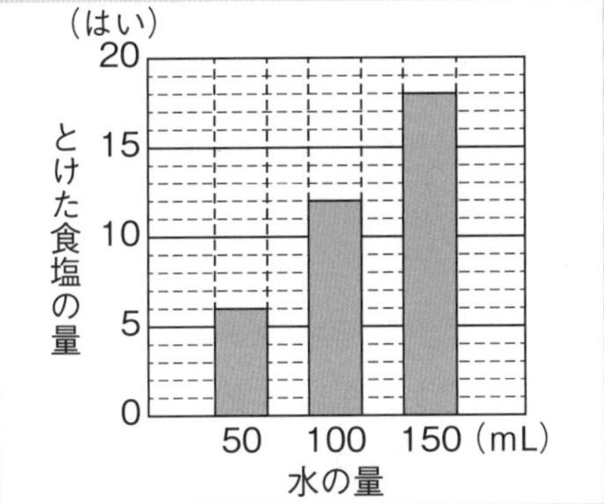

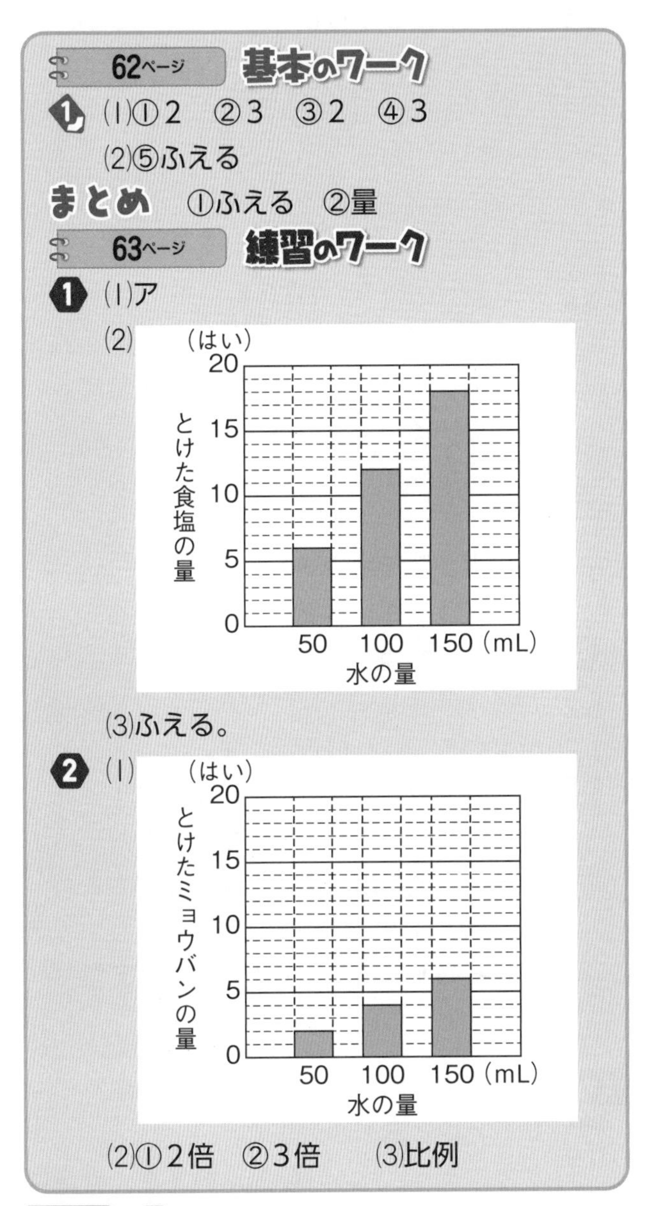

(3)ふえる。

2 (1)

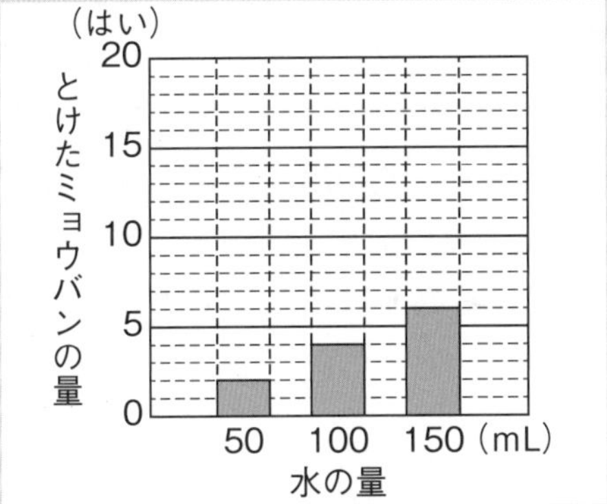

(2)①2倍　②3倍　(3)比例

てびき **1** (1)水の量と水にとける食塩の量との関係を調べているので、調べる条件(水の量)だけを変えます。

(2)50mLのときは6はい、100mLのときは12はい、150mLのときは18はいのところまでぼうをかいてグラフにします。

2 (1)50mLのときは2はい、100mLのときは4はい、150mLのときは6はいのところまでぼうをかいてグラフにします。

(2)(3)水の量が2倍、3倍となると、とけたミョウバンの量も2倍、3倍になっていることがわかります。このような関係を比例といいます。

わかる! 理科 水の量が2倍、3倍、…となると、とける物の量も2倍、3倍、…となります。算数で、このような関係を比例ということを学習します。つまり、「とける物の量は、水の量に比例する。」といえます。

64ページ **基本のワーク**

1 (1)①量　(2)②変わらない　③ふえる

(3)④ちがう

まとめ　①とける量　②ちがう

65ページ **練習のワーク**

1 (1)イ　(2)(ほとんど)変わらない。

(3)50mL　(4)ア

2 (1)ア、ウ　(2)ふえる。　(3)イ

てびき **1** (1)ガラスぼうの先にゴム管をつけた物を使って、静かにかき混ぜます。温度計はこわれやすいので、温度をはかること以外に使ってはいけません。

(2)20℃のときも40℃のときも6はいで、変わりません。

(3)水の温度以外の条件はすべて同じにします。20℃、40℃のときは水の量を50mLにして調べていたので、60℃のときも50mLの水で調べます。

(4)食塩の場合、水の温度を上げてもとける量はほとんど変わりません。

2 (1)水の温度と水にとけるミョウバンの量との関係を調べているので、調べる条件(水の温度)以外の条件は同じにします。

(2)20℃のときは2はいでしたが、40℃のときは4はいとけていることから、とける量がふえることがわかります。

わかる! 理科 水の温度が2倍、3倍、…となっても、とける物の量が2倍、3倍、…となるわけではありません。つまり、とける物の量は水の温度に比例するとはいえません。水の温度が上がったときのとける物の量のふえ方は、物によってちがいがあります。

66ページ 基本のワーク

1 (1)①ろうと ②ろ紙
(2)③ガラスぼう ④長い

2 (1)①「出てくる」に◯
②「出てこない」に◯
③「出てくる」に◯
④「出てくる」に◯
(2)⑤ミョウバン ⑥食塩 ⑦ミョウバン
⑧食塩(⑦、⑧は順不同)

まとめ ①食塩 ②水にとけていた物

67ページ 練習のワーク

1 (1)㋐ろ紙 ㋑ろうと (2)イ (3)ろ過
(4)ア (5)出てくる。

2 (1)イ (2)ア

てびき 1 (2)ろ紙は、ろうとにおしつけて、しっかり折ってから、水でぬらしてろうとにぴったりとはりつけます。

(3)ろ紙を使って、液体に混ざった固体を分ける方法をろ過といいます。液体はろ紙を通りぬけて、下のビーカーに集まります。とけていない固体は、ろ紙の上に残ります。

(4)(5)ミョウバンをたくさんとかした水よう液を冷やすとミョウバンをとり出すことができます。また、水をじょう発させてもミョウバンをとり出すことができます。

2 食塩をたくさんとかした水よう液を冷やしても、食塩はほとんどとり出すことができません。しかし、水をじょう発させると食塩をとり出すことができます。

ミョウバンは水よう液を冷やしても、水をじょう発させても、とり出すことができます。

このちがいは、水の温度を上げたときの、水にとける量の変化のしかたが大きいか、小さいかによって起こります。

わかる! 理科 ミョウバンのように、水の温度が変化したときにとける量が大きく変化する物は、水よう液を冷やすととけていた物をとり出すことができます。
食塩のように、水の温度が変化してもとける量がほとんど変わらない物は、水よう液を冷やしてもとけていた物をほとんどとり出すことができません。

68・69ページ まとめのテスト②

1 (1)ふえた。 (2)ふえた。
(3)食塩 (4)2倍

2 (1)(すり切り)2はい
(2)40℃の水…出る。
60℃の水…出ない。
(3)(すり切り)8はい
(4)水の温度を上げると、ミョウバンのとける量がふえること。

3 (1)(ほとんど)変わらない。
(2)食塩…出ない。 ミョウバン…出る。
(3)食塩…出る。 ミョウバン…出ない。
(4)食塩…イ ミョウバン…ア
(5)水よう液から水をじょう発させる。

4 (1)㋑
(2)水よう液を冷やす。
水よう液から水をじょう発させる。

丸つけのポイント

2 (4)水の温度とミョウバンのとける量の関係が書かれていれば正解です。

3 (5)水よう液を熱するなど、水をじょう発させることにつながる内容ならば正解です。

4 (2)水よう液の温度を下げるなどでも正解です。水よう液を熱するなど、水をじょう発させることにつながる内容ならば正解です。

てびき 1 (1)(2)水の量をふやすと、食塩やミョウバンのとける量もふえます。

(3)グラフより、水が100mLのとき、食塩は12はい、ミョウバンは4はいとけることがわかります。

(4)グラフより、水の量が2倍、3倍、…になると、とける量も2倍、3倍、…になることがわかります。このような関係を比例といいます。

2 (1)グラフの20℃のところを見ると、2はいまでとけることがわかります。

(2)グラフより、40℃の水には4はい、60℃の水には11はいとけることから、40℃の水にはとけ残りが出ますが、60℃の水にはすべてとけてとけ残りは出ません。

(3)40℃の水の量が2倍になるので、とけるミョウバンの量も2倍(8はい)になります。

3 (2)グラフより、20℃で食塩は6はいまでとけますが、ミョウバンは2はいまでしかとけないことがわかります。

(3)グラフより、60℃で食塩は6はいまでしかとけませんが、ミョウバンは11はいまでとけることがわかります。

(4)ミョウバンは、60℃のときに11はいまでとけていた物が、20℃になると2はいまでしかとけなくなります。そのため、とけきれなくなったミョウバンが出てきます。食塩は水の温度が60℃でも20℃でもとける量があまり変わらないので、ほとんど出てきません。

4 (1)液はガラスぼうに伝わらせて入れます。また、ろうとの先の長い方をビーカーの内側につけます。

(2)水よう液から水をじょう発させると、とけていた物をとり出すことができます。また、ミョウバンは、水よう液を冷やすことでもとり出すことができます。

わかる! 理科

・ミョウバンをとけるだけとかした60℃の水よう液を、20℃まで冷やすと…
60℃では11はいまでとけますが、20℃では2はいまでしかとけないので、11－2＝9(はい)より、9はい分のミョウバンがとけきれずに出てきます。

・食塩をとけるだけとかした60℃の水よう液を、20℃まで冷やすと…
60℃では6はいまでとけ、20℃でも6はいまでとけるので、6－6＝0(はい)より、食塩はほとんど出てきません。

8 人のたんじょう

70ページ 基本のワーク

1 (1)①受精卵　(2)②「38週」に◯

2 (1)①子宮
(2)②たいばん　③へそのお　④羊水

まとめ ①受精　②子宮　③へそのお

71ページ 練習のワーク

1 (1)①卵　②精子　③受精　④受精卵
(2)①8週　②36週　③4週　④24週
(3)ウ

2 (1)①㋐　②㋒　③㋑
(2)①子宮　②へそのお　③たいばん
(3)羊水　(4)イ

てびき **1** (1)女性の体内では卵(卵子)が、男性の体内では精子がつくられます。卵と精子が結びつくことを受精といい、受精によって生命がたんじょうして、受精卵となります。

(2)(3)子どものようすや、うまれ出てくるまでの期間は目安です。

2 人の子どもは、たいばん、へそのおを通して母親から養分を受けとっています。そのため、子宮の中では何も食べなくても成長できます。

また、子どもは子宮の中では、羊水に守られています。

72・73ページ まとめのテスト

1 (1)㋑　(2)ア
(3)女性
(4)受精　(5)受精卵

2 (1)㋑→㋓→㋒→㋐
(2)㋑
(3)㋓
(4)㋒
(5)ア
(6)(母親の)乳

3 (1)子宮
(2)記号…㋐　名前…たいばん
(3)記号…㋒　名前…へそのお
(4)羊水
(5)母親からへそのおを通してとり入れている。

4 (1)イ　(2)ア　(3)①○　②×　③○

丸つけのポイント

3 (5)「へそのお」という言葉が入っていなくても、母親から養分をもらっていることが書かれていれば正解です。

てびき **1** (2)卵の直径は約0.14mm、精子の長さは約0.06mmです。

(3)卵は女性の体内でつくられます。また、精子は男性の体内でつくられます。

(4)(5) 1つの卵と1つの精子が受精して、受精卵ができます。受精卵は、女性の子宮の中で育ちます。

2 (1)㋐は約36週、㋑は約4週、㋒は約24週、㋓は約8週の子どものようすを表しています。

(2)～(5)受精してから約4週で心ぞうが動き始め、約8週で目や耳ができてからだを動かし始めます。約24週のころにはよく動くようになり、約36週には回転できないほどに大きくなっていて、約38週たつとうまれ出てきます。このように、人の子どもは、受精卵から少しずつ人のからだの形ができていきます。

3 ㋐はたいばん、㋑は羊水、㋒はへそのお、㋓は子宮を表しています。

(2)たいばんは、子宮のかべにあります。

(4)羊水の中でうかんだようになっていることで、子どもは子宮の中で手やあしを動かすことができます。また、羊水によって、外部からの力がやわらげられます。

(5)子宮の中の子どもは、たいばん、へそのおを通して母親から養分を受けとり、成長しています。母親からの養分と子どもからのいらなくなった物は、たいばんで交かんされます。

4 (1)人の受精卵は、直径が約0.14mmです。メダカの受精卵は、その約10倍の大きさです。

(2)人の子どもは、受精後およそ38週でうまれ出てきます。メダカの子どもは受精後11日ぐらいでたまごからかえります。

(3)①人もメダカも、受精卵から育ち、少しずつ子どものからだの形ができてからうまれてきます。

②人の子どもは母親からへそのおを通して養分をもらって成長しますが、メダカの子どもはたまごの中にある養分を使って成長します。

③人もメダカも、うまれた子どもが成長して親となることで生命をつないでいます。

わかる! 理科

・植物の種子
　→種子の中の養分を使って発芽します。
・たまごの中のメダカ
　→たまごの中の養分を使って成長します。
・人の子ども
　→たいばん、へそのおを通して母親から養分をもらい、成長します。

9　電流がうみ出す力

74ページ　基本のワーク

1 (1)①導　②鉄しん
(2)③コイル　④電磁石

2 (1)①「つく」に⬭　②「つかない」に⬭
(2)③電流

まとめ　①コイル　②電磁石

75ページ　練習のワーク

1 (1)銅(どう)　(2)通さない。
(3)コイル
(4)(紙やすりで)けずる。
(5)鉄

2 (1)電磁石　(2)つかない。
(3)つく。
(4)つかない。　(5)イ
(6)(コイルに)電流を流したとき。

丸つけのポイント

1 (4)「エナメルをとる」、「中の銅をむき出しにする」など、エナメルをはがすことが書かれていれば正解です。

2 (6)電流が流れていることが書かれていれば正解です。

てびき **1** (1)(2)電気を通す銅に、電気を通さないエナメルなどをつけた物を、エナメル線といいます。

(3)エナメル線をまいた物をコイルといい、コイルに鉄しんを入れて、電流を流したときに鉄を引きつけるようになる物を電磁石といいます。

(4)エナメルは電気を通しません。そのため、かん電池などにつなぐ部分はエナメルをけずって、電流が流れるようにします。エナメルは、紙やすりなどでけずることができます。

⑸電磁石をつくるときに使う鉄しんには、磁石につく金属を使います。

❷ ⑵かん電池につないでいないときは、コイルに電流が流れないので、電磁石は磁石の性質をもちません。

⑶スイッチを入れるとコイルに電流が流れるので、電磁石は磁石の性質をもちます。

⑷スイッチを切るとコイルに電流が流れないので、電磁石は磁石の性質をもちません。

⑸鉄のゼムクリップは電磁石の中央付近よりも、両はし付近によくつきます。

⑹電磁石はコイルに電流を流したときにだけ、磁石の性質をもちます。

わかる! 理科 電磁石はコイルに電流が流れているときだけ磁石の性質をもち、電流が流れなくなると磁石の性質を失います。ごみしょ理場などでは、大量の鉄を運ぶのに、この性質を利用しています。コイルに電流を流して鉄を持ち上げ、目的の場所で電流を流すのをやめると、電磁石は鉄をはなします。電磁石は身のまわりのさまざまな物に使われています。

76ページ 基本のワーク

❶ ⑴①「一定の向きで止まる」に◯

⑵②「ある」に◯

⑶③反対

⑷④S　⑤N　⑥N　⑦S

⑸⑧反対

まとめ ①N　②S（①、②は順不同）　③反対

77ページ 練習のワーク

❶ ⑴極（N極とS極）　⑵ある。

⑶㋐S極　㋑N極

⑷右図

⑸①○　②×　③×　④×

⑹イ

⑺㋒N極　㋓S極

⑻反対になること。

丸つけのポイント

❶ ⑻「逆になる」「N極とS極が入れかわる」など、N極がS極に、S極がN極になることがわかる内容が書かれていれば正解です。

てびき ❶ ⑴方位磁針のN極のはりは電磁石のS極に、S極のはりは電磁石のN極に引きつけられます。方位磁針のはりがどうなるかで、極を調べることができます。

⑵電磁石は、コイルに電流を流すと、磁石の性質をもつようになります。

⑶㋐に方位磁針のN極が引きつけられていることから、㋐がS極になっていることがわかります。このとき、㋑はN極になっています。

⑷㋑はN極なので、㋑にはS極が引きつけられます。そのため、方位磁針のS極が左を、N極が右をさす向きで止まります。

⑸かん電池の向きと電磁石の性質との関係を調べたいので、かん電池の向き以外の条件は同じにします。かん電池の向きを反対にすると、コイルに流れる電流の向きも変わるので、①が調べる（変える）条件です。

⑹～⑻かん電池の向きを反対にすると、コイルに流れる電流の向きも反対になります。電流の向きが反対になると、電磁石のN極とS極も反対（㋒がN極、㋓がS極）になります。

78・79ページ まとめのテスト❶

1 ⑴コイル　⑵エナメル線　⑶電磁石　⑷電流（電気）

2 ⑴ア　⑵もっている。　⑶ウ

⑷もっていない。

⑸電磁石は、（コイルに）電流を流している間だけ磁石の性質をもつこと。

3 ⑴

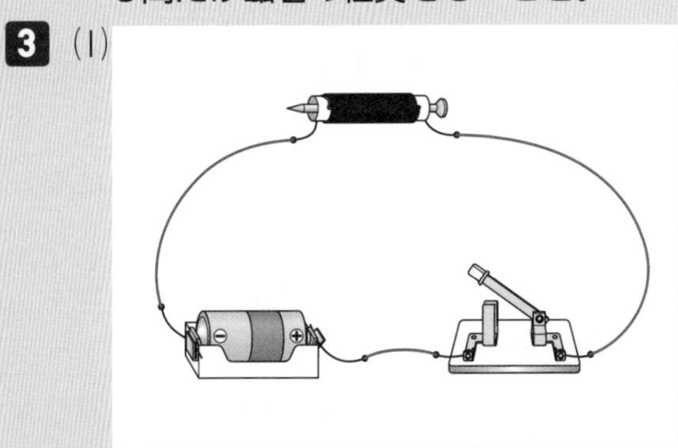

⑵イ　⑶ある。

4 (1)ⓐS極
ⓘN極
(2)イ
(3)右図
(4)ⓤN極
ⓔS極
(5)コイルに流れる電流の向きを反対にすること。

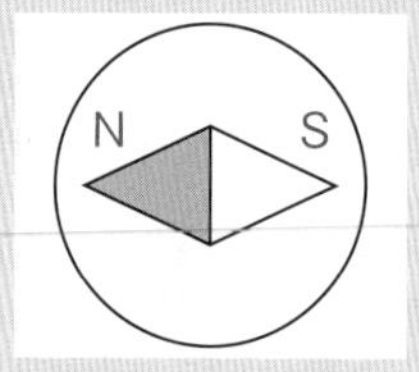

丸つけのポイント

2 (5)電流を流している間だけ、鉄を引きつけるなど、電磁石の性質を書いていても正解です。「電流を流している間だけ」という内容が入っていないと正解にはなりません。

4 (5)電流の向きを反対にするという内容が書かれていれば正解です。「かん電池の向きを反対にすること。」でも、正解です。

てびき **1** (4)エナメル線は、電気を通す銅を、電気を通さないエナメルでおおった物です。回路をつくるとき、導線をつなぐ部分は電気を通す必要があります。そこで、エナメルをけずって銅を出し、電気が通るようにしてからつなぎます。

2 (1)(2)電磁石は、コイルに電流を流すと磁石の性質をもつので、鉄を引きつけます。

(3)(4)電磁石は、コイルに電流を流していないときは磁石の性質をもたないので、鉄を引きつけません。そのため、電磁石についていたすべてのゼムクリップが落ちます。

3 (1)かん電池、スイッチ、電磁石がひと続きの回路になるように線をつなぎます。

(2)(3)スイッチを入れるとコイルに電流が流れるので、電磁石は磁石の性質をもちます。そのため、電磁石にはN極とS極ができ、方位磁針のはりは一定の向きで止まります。

4 (1)ⓐの左に置いた方位磁針のN極がⓐに引きつけられているので、ⓐはS極になっていることがわかります。このとき、ⓘはN極になっています。

(2)かん電池の向きを反対にすると、コイルに流れる電流の向きも反対になります。

(3)(4)コイルに流れる電流の向きが反対になったので、電磁石のN極とS極も反対になります。よって、ⓘのとき、ⓤがN極、ⓔがS極となっています。ⓤはN極なので、ⓤには方位磁針のS極が引きつけられます。そのため、ⓤの左に置いた方位磁針は、S極が右を、N極が左をさす向きで止まります。

(5)この実験から、かん電池の向きを反対にしてコイルに流れる電流の向きを反対にすると、電磁石のN極とS極が反対になることがわかります。

わかる! 理科 電磁石のN極とS極の向きは、コイルに流れる電流の向きとコイルのまき方によって決まっています。くわしくは、中学校で学習します。この単元では、ほかの条件はすべて変えないで、電流の向きだけを反対にすると、N極とS極が反対になるということを理解しましょう。

80ページ 基本のワーク

1 (1)①－ ②＋
(2)

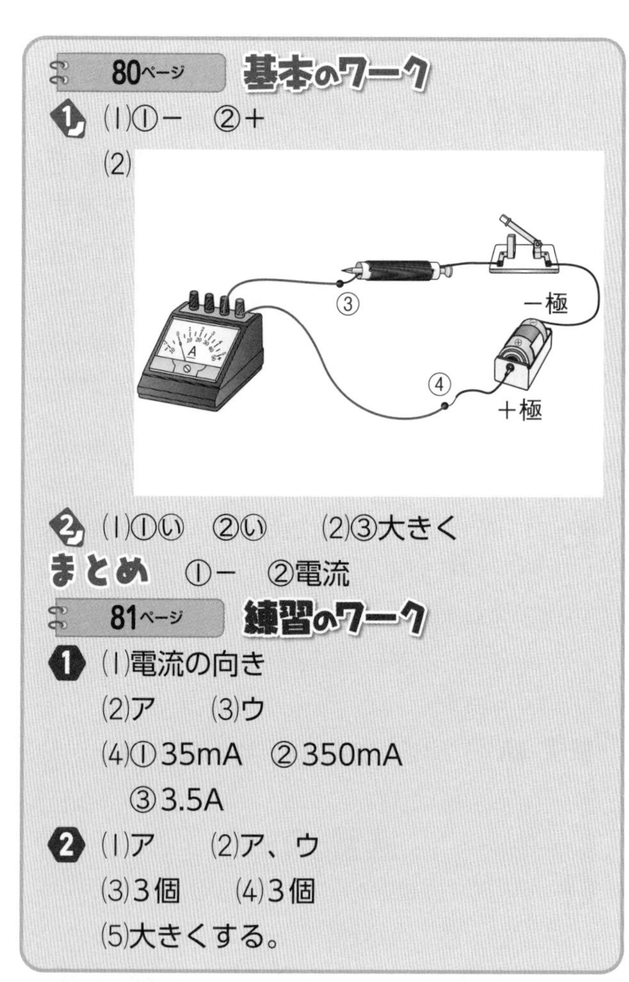

2 (1)①ⓘ ②ⓘ (2)③大きく

まとめ ①－ ②電流

81ページ 練習のワーク

1 (1)電流の向き
(2)ア (3)ウ
(4)①35mA ②350mA
③3.5A

2 (1)ア (2)ア、ウ
(3)3個 (4)3個
(5)大きくする。

てびき **1** (1)検流計を使うと、はりのさす目もりから電流の大きさが、はりのふれる向きから回路に流れている電流の向きが調べられます。

(2)検流計も電流計も、かん電池、スイッチ、電磁石とひと続きの回路になるようにつなぎます。検流計や電流計とかん電池だけをつなぐと、大きすぎる電流が流れてこわれてしまいます。絶対につないではいけません。

(3)電流の大きさをくわしくはかりたいときには、電流計を使います。回路を流れる電流の大きさがわからないときは、かん電池の＋極側の導線を電流計の＋たんしに、－極側の導線を電流計の5Aの－たんしにつなぎます。

(4)①最大の目もりが50mAとなるように目もりを読みます。下側の目もりで、単位をmAとして読みます。

②最大の目もりが500mAとなるように目もりを読みます。下側の目もりの数字を10倍して、または上側の目もりの数字を100倍して、単位をmAとして読みます。

③最大の目もりが5Aとなるように目もりを読みます。上側の目もりで、単位をAとして読みます。

❷ (2)かん電池の数と電磁石の強さとの関係を調べるので、かん電池の数(電流の大きさ)だけを変えて、そのほかの条件はすべて同じにして、実験をします。

(3)かん電池を直列にたくさんつなぐほど、回路に流れる電流は大きくなります。

(4)(5)電流の大きさを大きくするほど、電磁石は強くなります。電磁石が強くなるほど、鉄のゼムクリップをたくさん引きつけます。

わかる! 理科

磁石と電磁石で同じところ
- 鉄を引きつける。
- 鉄を強く引きつけるのは、磁石の両はしの部分である。
- N極とS極がある。

電磁石だけの特ちょう
- 電磁石は、電流が流れている間だけ磁石の性質をもつ。
- 電磁石は、N極とS極を反対にできる。
- 電磁石は、その強さを変えることができる。

82ページ 基本のワーク

❶ (1)①大きさ
(2)②い　③い
(3)④多く

❷ ①入れる　②切る　③大きく　④多く

まとめ ①多く　②電磁石

83ページ 練習のワーク

❶ (1)ア、イ　(2)ウ　(3)イ
(4)多くする。

❷ (1)電流
(2)できない。
(3)導線のまき数を多くする。
(4)①、⑤に○

丸つけのポイント

❷ (3)まき数をふやすことが書かれていれば正解です。導線でなく、コイル、エナメル線と書いてもかまいません。

てびき ❶ (1)導線のまき数と電磁石の強さとの関係を調べるので、導線のまき数だけを変えて、そのほかの条件はすべて同じにする必要があります。

(2)導線のまき数を変えただけで、ほかの条件はすべて同じにして調べているので、コイル(回路)を流れる電流の大きさはどちらの電磁石でも同じになっています。

(3)(4)導線のまき数を多くすると、電磁石は強くなるので、鉄のゼムクリップを多く引きつけます。

❷ (1)(2)空きかん拾い機は、電流が流れている間だけ磁石になる電磁石の性質を利用しています。電磁石を磁石にかえてしまうと、必要な場所で空きかんをはなすことができません。

(3)電磁石を強くする方法を考えます。コイルに流れる電流を大きくすること以外では、導線のまき数を多くする方法があります。

(4)電磁石を利用したモーターは、せん風機、電動えん筆けずり、そうじ機、冷ぞう庫など、身のまわりのさまざまな物に使われています。また、電気自動車にも使われています。モーターに流れる電流が大きいほど、電磁石が強くなり、モーターの回転が速くなります。方位磁針は、電磁石ではなく、磁石を使った物です。

84・85ページ まとめのテスト②

1 (1)㋐、㋑　(2)㋓　(3)ミリアンペア
(4)0.5A　(5)360mA

2 (1)㋑　(2)㋑
(3)(コイルに流れる)電流を大きくすると電磁石も強くなること。

3 (1)㋑と㋒　(2)㋐と㋑

4 (1)㋒　(2)㋓　(3)①㋕　②㋐
(4)(コイルに流れる)電流を大きくする。導線のまき数を多くする。

丸つけのポイント

2 (3)電流の大きさが大きいほど電磁石が強くなるという内容が書かれていれば正解です。

4 (4)電流を大きくすること、コイルのまき数をふやすことの両方を答えます。電流を大きくすることは、「(直列につなぐ)かん電池の数をふやす」などでも正解です。コイルは、導線やエナメル線でもかまいません。

てびき **1** (1)電磁石、スイッチ、かん電池、電流計がひと続きの回路になるようにつなぎます。また、かん電池の＋極側の導線と電流計の＋たんし(赤いたんし)をつなぎ、－極側の導線と電流計の－たんし(黒いたんし)をつなぎます。

(2)㋓では、ひと続きの回路ができていますが、かん電池の－極側の導線が電流計の＋たんしにつながっています。

(3)(4)Aはアンペア、mAはミリアンペアと読みます。1Aは1000mAです。

(5)500mAの－たんしにつないでいるので、最大の目もりが500mAとなるように、下側の目もりを10倍、または、上側の目もりを100倍して読みます。下側の目もりが36をさしているので、このときの電流は360mAだとわかります。

2 (1)かん電池を直列につなぐと、コイルに流れる電流が大きくなります。かん電池2個をへい列につなぐと、かん電池1個のときと同じ大きさの電流がコイルに流れます。

(2)(3)コイルに流れる電流が大きくなると電磁石も強くなり、鉄のゼムクリップを多く引きつけます。この実験では変える条件が電流の大きさで、変えない条件は導線のまき数です。

3 (1)比べたいことである電流の大きさだけがちがい、そのほかの条件が同じである㋑と㋒を比べます。変える条件と変えない条件をしっかりつかみましょう。

(2)比べたいことである導線のまき数だけがちがい、そのほかの条件が同じである㋐と㋑を比べます。

4 (1)㋐、㋑、㋒では、導線のまき数だけがちがっており、電流の大きさ、導線全体の長さなど、ほかの条件はすべて同じになっています。よって、導線のまき数によるちがいを考えればよいことがわかります。導線のまき数が多いほど、電磁石は強くなります。

(2)㋐と㋓では、かん電池の数(コイルに流れる電流の大きさ)だけがちがっており、導線のまき数、導線全体の長さなど、ほかの条件はすべて同じになっています。コイルに流れる電流の大きさが大きいほど、電磁石は強くなります。

(3)①電磁石が強いほど、ゼムクリップは多くつきます。したがって、導線のまき数がいちばん多く、かん電池の数もいちばん多い(電流が大きい)ものを選びます。

②電磁石が弱いほど、つくゼムクリップは少なくなります。したがって、導線のまき数がいちばん少なく、かん電池の数もいちばん少ない(電流が小さい)ものを選びます。

(4)実験より、電磁石を強くするには、導線のまき数と電流の大きさが関係することがわかります。それを文にまとめましょう。

わかる! 理科 導線のまき数と電磁石の強さとの関係を調べるとき、まき数以外の条件をすべて同じにしないと、正確な結果がえられません。そのため、コイルに流れる電流の大きさのほかに、回路につないでいる導線の全体の長さも同じにします。
まき数100回のときは、200回のときよりも導線が余ってしまいますが、余った導線を切ると、導線の全体の長さという条件が変わってしまいます。切らずに厚紙などにまいておきましょう。

10 ふりこのきまり

86ページ **基本のワーク**

❶ (1)①長さ　②1往復

(2)

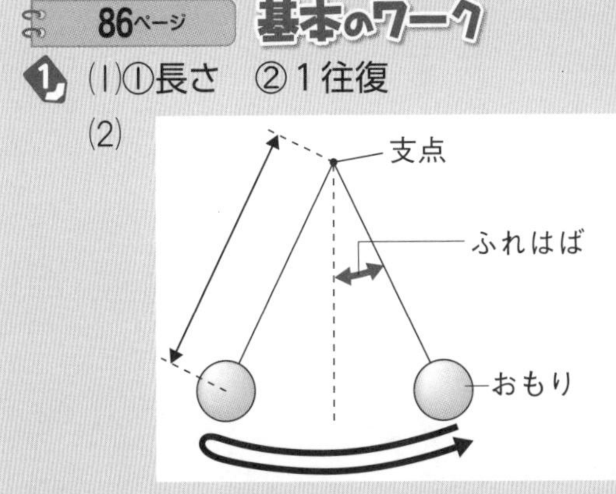

❷ ①11.4　②1.1

まとめ　①平均　②10

87ページ **練習のワーク**

❶ (1)ふりこ　(2)支点　(3)ふれはば

(4)ふりこの長さ　(5)ウ

(6)①に○

❷ (1)12.2秒

(2)1.2秒　(3)ア　(4)1.4秒

てびき ❶ (2)ふりこの糸を固定した点を支点といいます。

(4)ふりこの長さとは、ふりこの支点からおもりの中心までの長さのことです。おもりの上の部分やおもりの下の部分まではないことを覚えておきましょう。

(5)おもりがはしまで進んでもどってくるまでを1往復とします。

(6)ブランコはふりこに関係のある遊具です。はさみやこまは、おもりをつけて左右にふれるようにしたふりことは関係ありません。

❷ (1)10往復する時間の3回分の合計を3でわると、10往復する時間の平均が計算できます。小数第2位で四しゃ五入して、小数第1位まで求めます。

(1回目＋2回目＋3回目)÷3

＝(10往復する時間の平均)

(12.0＋12.3＋12.2)÷3

＝12.16…→12.2(秒)

(2)10往復する時間の平均を10でわると、1往復する時間の平均が計算できます。小数第2位で四しゃ五入して、小数第1位まで求めます。

12.2÷10＝1.22→1.2(秒)

(3)ふりこが1往復する時間は短いので、ストップウォッチなどを使っても正確にはかるのはとてもむずかしいです。

(4)10往復する時間の平均を計算すると、

(14.1＋13.8＋14.1)÷3＝14.0(秒)

となります。これを10でわり、1往復する時間の平均を求めます。

14.0÷10＝1.40→1.4(秒)

わかる！理科　1往復する時間は、10往復する時間を3回調べ、平均をとります。記録するときは小数第2位で四しゃ五入して、小数第1位までかきます。

四しゃ五入とは、4、3、2、1、0は切りすて、5、6、7、8、9は切り上げることです。たとえば、1.87は1.9になります。

88ページ **基本のワーク**

❶ (1)①重さ

(2)②10.2　③1.0　④14.4

⑤1.4　⑥17.7　⑦1.8

(3)⑧長くなる

まとめ　①長く　②重さ

89ページ **練習のワーク**

❶ (1)①変えない条件　②変える条件

③変えない条件

(2)ふりこの長さ

❷ (1)ふれはば

(2)①10.1　②14.4　③17.8

(3)㋐1.0　㋑1.4　㋒1.8

(4)ア　(5)ふりこの長さを短くする。

丸つけのポイント

❷ (2)(3)小数第1位までかきます。

(5)「ふりこの長さ」をどうすればよいかは必ず書きます。

てびき ❶ ふりこの長さだけがちがい、ほかの条件はすべて同じにしています。このことから、ふりこの長さとふりこの1往復する時間との関係を調べることができます。

❷ (1)ふりこの長さだけを変え、そのほかの条件(おもりの重さ、ふれはば)はすべて同じにして実験をします。

(2)10往復する時間の平均は、10往復する時間の3回分の合計を3でわって求めます。
①(10.2＋10.0＋10.1)÷3＝10.1
②(14.4＋14.5＋14.3)÷3＝14.4
③(17.6＋18.1＋17.7)÷3＝17.8
(3)1往復する時間の平均は、
10往復する時間の平均を10でわって求めます。
㋐10.1÷10＝1.01
小数第2位で四しゃ五入して、1.0秒。
㋑14.4÷10＝1.44
小数第2位で四しゃ五入して、1.4秒。
㋒17.8÷10＝1.78
小数第2位で四しゃ五入して、1.8秒。
(4)(5)ふりこの長さが長いほど、1往復する時間が長くなることがわかります。

90ページ 基本のワーク

1 ①ふれはば ②変わらない
2 ①ふりこの長さ ②変わらない
まとめ ①おもりの重さ ②変わらない

91ページ 練習のワーク

1 (1)①ふりこの長さ ②イ
(2)①ふれはば ②ウ
(3)①おもりの重さ ②ウ
(4)ふりこの長さ

てびき 1 (1)ふれはばとおもりの重さが同じで、ふりこの長さだけがちがうので、ふりこの長さと1往復する時間との関係を調べることができます。
(2)ふりこの長さとおもりの重さが同じで、ふれはばだけがちがうので、ふれはばと1往復する時間との関係を調べることができます。
(3)ふれはばとふりこの長さが同じで、おもりの重さだけがちがうので、おもりの重さと1往復する時間との関係を調べることができます。
(4)ふりこの1往復する時間は、ふりこの長さによって変わります。ふれはばやおもりの重さは関係ありません。

わかる! 理科 おもりを2個、3個とつるすとき、上下につながないようにします。上下につないでしまうと、ふりこの長さが変わってしまい、正しく調べられないからです。

92・93ページ まとめのテスト

1 (1)支点 (2)㋒
(3)ウ (4)1.3秒
2 (1)

(2)ウ
(3)同じにする。
3 (1)①イ ②ウ ③ア ④ウ ⑤ア ⑥イ
(①と②、③と④、⑤と⑥はそれぞれ順不同)
(2)⑦1.5 ⑧1.5 ⑨1.5
⑩1.5 ⑪1.5 ⑫1.5
⑬1.0 ⑭1.4 ⑮1.8
(3)変わらない。 (4)変わらない。
(5)変わる。
(6)ふりこの長さを長くする。

丸つけのポイント
3 (6)ふりこの糸を長くするなど、ふりこの長さを長くする方法が書かれていても正解です。

てびき 1 (3)1往復する時間を正確にはかるのはとてもむずかしいので、10往復する時間を3回はかって、平均を計算します。
(4)10往復する時間の平均を計算すると、
(13.1＋12.9＋13.3)÷3＝13.1(秒)
となります。1往復する時間の平均は、10往復する時間の平均を10でわって求めます。
13.1÷10＝1.31(秒)
小数第2位で四しゃ五入して、1.3秒。
2 (1)2個目のおもりをつるすとき、1個目のおもりの下につるすと、ふりこの長さが変わってしまいます。すべてのおもりを糸にかけるようにつるします。
(2)おもりの重さが変わっても、1往復する時間は変わりません。
(3)比べたい条件だけを変える条件にして、それ以外は変えない条件にするので、ふれはばとふりこの長さは変えません。

3 (2)⑦ 10往復する時間の平均を計算すると、
(15.0 + 15.2 + 14.8) ÷ 3 = 15.0(秒)
となります。10往復する時間の平均を10でわると1往復する時間の平均が計算できます。
よって、1往復する時間の平均は、
15.0 ÷ 10 = 1.50(秒)
小数第2位で四しゃ五入して、1.5秒。

⑧ 10往復する時間の平均を計算すると、
(15.1 + 15.1 + 14.8) ÷ 3 = 15.0(秒)
より、1往復する時間の平均は、
15.0 ÷ 10 = 1.50 → 1.5秒。

⑨ 10往復する時間の平均を計算すると、
(14.8 + 15.3 + 14.9) ÷ 3 = 15.0(秒)
より、1往復する時間の平均は、
15.0 ÷ 10 = 1.50 → 1.5秒。

⑩ 10往復する時間の平均を計算すると、
(15.1 + 14.8 + 15.1) ÷ 3 = 15.0(秒)
より、1往復する時間の平均は、
15.0 ÷ 10 = 1.50 → 1.5秒。

⑪ 10往復する時間の平均を計算すると、
(14.8 + 15.0 + 15.2) ÷ 3 = 15.0(秒)
より、1往復する時間の平均は、
15.0 ÷ 10 = 1.50 → 1.5秒。

⑫ 10往復する時間の平均を計算すると、
(15.0 + 15.1 + 14.9) ÷ 3 = 15.0(秒)
より、1往復する時間の平均は、
15.0 ÷ 10 = 1.50 → 1.5秒。

⑬ 10往復する時間の平均を計算すると、
(10.2 + 10.4 + 10.0) ÷ 3 = 10.2(秒)
より、1往復する時間の平均は、
10.2 ÷ 10 = 1.02 → 1.0秒。

⑭ 10往復する時間の平均を計算すると、
(14.3 + 14.5 + 14.4) ÷ 3 = 14.4(秒)
より、1往復する時間の平均は、
14.4 ÷ 10 = 1.44 → 1.4秒。

⑮ 10往復する時間の平均を計算すると、
(17.8 + 17.4 + 17.9) ÷ 3 = 17.7(秒)
より、1往復する時間の平均は、
17.7 ÷ 10 = 1.77 → 1.8秒。

プラスワーク

94〜96ページ プラスワーク

1 (1)種子が空気にふれないようにするため。
(2)ア、イ
(3)調べられなかった理由…水の条件がちがっているから。
正しく調べる方法…㋐のだっし綿をいつも水でしめらせておく。

2 (1)日光が直接当たるところに水そうを置いている点。
(2)おすとめすをいっしょに飼っていないから。(おすしかいないから。)

3 (1)受粉
(2)(からだに花粉をつけて)花粉を運んで、受粉を助ける。

4 (1)㋐　(2)㋒
(3)石の大きさを比べられるようにするため。

5 (1)ろ過
(2)右図

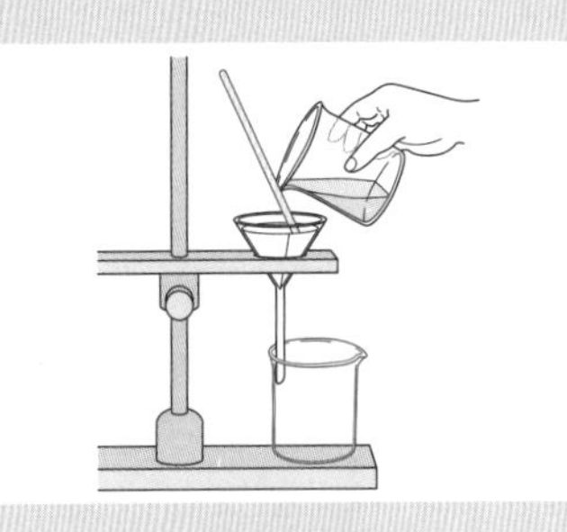

6 (1)イ
(2)ア、ウ
(3)(導線の全体の長さが)㋐と㋑でちがっているから。
(4)流れる電流を大きくする。(かん電池の数をふやして直列につなぐ。)

7 (1)ウ
(2)ウ
(3)目玉クリップを動かして、ふりこの長さを短くする。

丸つけのポイント

1 (1)「空気に当たらない」「空気にさわらない」などでも正解です。
(3)理由では、「2つ以上の条件がちがうから。」などでも正解です。方法では、㋐に水をあたえることが書かれていれば正解です。

2 (1)日光が直接当たっていることが書かれていれば正解です。

(2)おすとめすがいっしょにいないことが書かれていれば正解です。

3 (2)マメコバチが花粉を運ぶことが書かれていれば正解です。

4 (3)ものさしを大きさを知る手がかりとすることが書かれていれば正解です。

6 (3)導線全体の長さがちがうことにふれていれば正解です。

(4)電流を大きくすること、または具体的にかん電池を(3個以上に)ふやして直列につなぐこと、いずれでも正解とします。

7 (3)目玉クリップで、ふりこの長さを短くすることに関して書かれていれば正解です。

てびき **1** (1)種子を水にしずめると、空気にふれないという条件に当てはまります。

(2)発芽と空気の条件について調べたいとき、ほかの条件はすべて同じにする必要があります。そうしないと、結果のちがいが、調べたい条件のちがいによるものなのか、ほかの条件のちがいによるものなのか、わからなくなってしまいます。変えるのは、調べたい条件1つにします。

(3)㋐と㋑では、空気の条件だけでなく、水の条件も変えてしまっています。同時に2つの条件を変えてしまっているので、正しく調べることができません。正しく調べるためには、水の条件を同じにする必要があります。そのため、㋐のだっし綿がいつも水でしめっているようにするなど、㋐の種子が空気にふれながら、いつも水をあたえられているようにします。

2 (1)メダカを飼うとき、水そうを日光が直接当たるところに置いてはいけません。日光が直接当たることのない、明るいところに置くようにします。

(2)図2を見ると、どのメダカもせびれに切れこみがあり、しりびれが平行四辺形に近い形をしています。このことから、水そうに入れたメダカはすべておすであることがわかります。メダカがたまごをうむようにするには、おすとめすをいっしょに飼う必要があります。

おすとめすを半数ずつくらい入れるのがのぞましいです。

3 (1)植物は花がさいても、受粉しないと、実ができません。

(2)リンゴの実をたくさん実らせるためには、たくさんの花の1つ1つで受粉が起こることが大切です。受粉が起こらないと実ができないからです。そこで、マメコバチの助けを借りています。マメコバチは花のみつを集めるために、多くの花の間を飛び回ります。そのときにからだに花粉をつけて運び、たくさんの花に受粉させる役わりをしてくれます。リンゴ農家では、マメコバチをはなすほか、毛玉のような物に花粉をつけて、1つ1つの花に直接つける作業をすることがあります。ただ、これは非常に大変な作業なので、受粉のときにハチなどのこん虫の力を借りている農家はたくさんあるのです。

4 (1)(2)㋐の石は、ものさしよりもずっと大きい石であることがわかります。反対に、㋒の石は、㋐や㋑の石よりも小さい石であることがわかります。

(3)別々の場所を写した3まいの写真ですが、写真に写っている同じものさしをもとにすることで、それぞれの石の大きさを比べることができます。このように、写真をとるときは、大きさを比べるもとになるような物もいっしょに写すと、後で比べやすくなります。

5 (1)ろ紙を使って、液体とその中にとけ残っている固体を分ける方法をろ過といいます。ろ紙には細かいあながあいていて、水などにとけている物はあなを通りぬけますが、つぶが大きい固体はろ紙の上に残ります。

(2)正しいろ過の方法を確かめておきましょう。液の入れ方、ろうとの位置の2つのポイントは大切です。

まず、ろ紙をしめらせてろうとにつけてから、ろ過したい液をガラスぼうに伝わらせながら少しずつ入れます。図1のように、直接ろうとに入れることはしません。また、図1のように、ろうとの先をビーカーの内側からはなしておくと、液を入れたときにはねることがあります。ろうとの先の長い方をビーカーの内側につけるようにします。こうすることで、ろ過された液がビーカーの内側に伝わっていくので、液がはねることを防げます。

6 ⑴⑵導線のまき数と電磁石の強さとの関係を調べるので、変える条件が導線のまき数です。そのほかの条件は変えない条件なので、すべて同じにします。

⑶同じ長さの導線を用いた場合、㋐のまき数は100回、㋑のまき数は200回なので、㋐の導線が余るはずですが、図では表されていません。そのため、導線全体の長さという条件が㋐と㋑でちがっています。これでは、結果のちがいがまき数のちがいのためなのか、導線全体の長さのちがいのためなのか、わかりません。そのため、実験をするときは、コイルにまかずに余った導線は、切らずにまとめておくようにします。

⑷電磁石を強くする方法には、コイルのまき数をふやす方法と、流れる電流を大きくする方法があります。「導線のまき数を変えない」とあるので、電流を大きくすることが答えになります。電流を大きくするということは、直列につないでいるかん電池をふやすということなので、「かん電池をふやす」と答えても正解です。

7 ⑴問題の図はふりこです。ふりこのおもりの重さを変えても、1往復する時間は変わりません。

⑵ふりこのふれはばを大きくしても、1往復する時間は変わりません。

⑶ふれ方が曲のテンポよりおそいということは、1往復する時間が長いということです。曲のテンポに合うように、ふれ方を速くするためには、1往復する時間を短くすればよいということです。ふりこの1往復する時間を短くするには、ふりこの長さを短くする必要があります。図では、目玉クリップを動かして、下に出ているぼうの部分を短くします。

このようなふりこを利用した身近な物に、音楽で使うメトロノームなどがあります。メトロノームは、おもりの位置を調整して、ふりこの長さを変えることで1往復する時間を調整します。身のまわりにふりこを使った物がないか、さがしてみましょう。

わかる! 理科 1つの条件のちがいを比べる実験は、いろいろな単元で出てきます。そのときに大切なのは、調べたい条件を変える条件として、それ以外の条件を変えない条件とすることです。変えない条件はすべて同じにします。もし、変える条件がいくつもあったら、実験の結果のちがいがどの条件によって起こったものかわからなくなるからです。実験をするときに、変える条件と変えない条件をしっかり考えておきましょう。

実力判定テスト 夏休みのテスト①

1 次の写真は、ある日の午前10時と午後２時の雲のようすです。あとの問いに答えましょう。　1つ8〔24点〕

(1) 空全体を１０としたとき、雲の量がいくつからいくつまでのときを、「晴れ」としますか。（ 0 ～ 8 ）

(2) 午前１０時の天気は、晴れとくもりのどちらですか。（ くもり ）

(3) 雲の量は、午前１０時から午後２時にかけてどう変化しましたか。（少なくなった。(減った。)）

2 次の図は、４月20日から４月22日までの午後３時の雲画像です。あとの問いに答えましょう。　1つ8〔24点〕

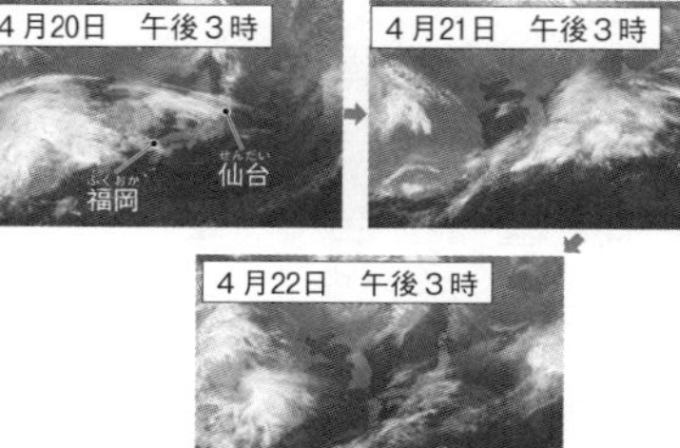

(1) 日本付近の雲は、およそどの方位からどの方位へ動いていきましたか。（ 西 から 東 ）

(2) 図より、４月２２日午後３時の福岡の天気は、何だと考えられますか。（ 晴れ ）

(3) ４月２２日午後３時の雲画像から、４月２３日の仙台の天気は、晴れと雨のどちらだと考えられますか。（ 晴れ ）

3 次の図の㋐～㋓のように、プラスチックの入れ物にインゲンマメの種子を置き、発芽するかどうかを調べました。あとの問いに答えましょう。　1つ7〔28点〕

(1) ㋐と㋑を比べると、発芽には何が必要かどうかを調べられますか。（ 水 ）

(2) ㋐と㋒を比べると、発芽には何が必要かどうかを調べられますか。（ 適当な温度 ）

(3) ㋐と㋓を比べると、発芽には何が必要かどうかを調べられますか。（ 空気 ）

(4) ㋐～㋓のどれが発芽しますか。（ ㋐ ）

4 次の図１は、発芽する前のインゲンマメの種子のつくりを、図２は発芽して成長したインゲンマメを表したものです。あとの問いに答えましょう。　1つ8〔24点〕

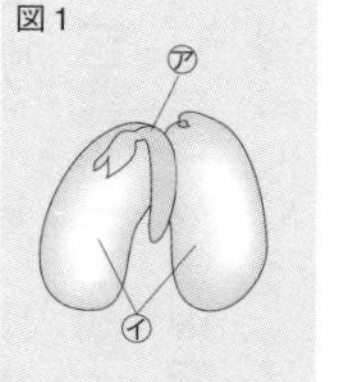

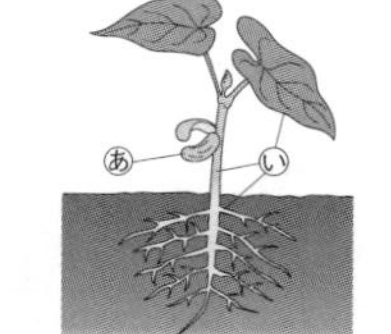

(1) 図１の㋐の部分は、発芽した後、図２のあ、いのどちらの部分になりますか。（ い ）

(2) でんぷんがふくまれているかどうかを調べるとき、何という液を使いますか。（ ヨウ素液 ）

(3) 図１の㋑の部分と、図２のあを半分に切ったものを、(2)の液にひたすと、どうなりますか。次のア、イから選びましょう。（ ア ）

ア 図１の㋑だけが、青むらさき色になる。

イ 図２のあだけが、青むらさき色になる。

実力判定テスト 夏休みのテスト②

1 育ち方が同じぐらいのインゲンマメのなえ３本を用意し、次の㋐～㋒のようにして育てました。あとの問いに答えましょう。　1つ7〔28点〕

(1) 植物の成長に日光が関係しているかどうかを調べるには、㋐～㋒のどれとどれを比べればよいですか。（ ㋑ と ㋒ ）

(2) 植物の成長に肥料が関係しているかどうかを調べるには、㋐～㋒のどれとどれを比べればよいですか。（ ㋐ と ㋑ ）

(3) いちばんよく育つなえを、㋐～㋒から選びましょう。（ ㋑ ）

(4) この実験から、植物がよく成長するために必要な条件について、わかることは何ですか。（植物がよく成長するためには、日光と肥料が必要であること。）

2 メダカのたんじょうについて、次の問いに答えましょう。　1つ7〔42点〕

(1) メダカのおすは、㋐、㋑のどちらですか。（ ㋑ ）

(2) メダカを水そうで飼うとき、水草を入れるのはなぜですか。次のア、イから選びましょう。（ イ ）

ア メダカが水草を食べるから。

イ メダカがうんだたまごをつけるから。

(3) 水そうの水を入れかえるとき、どうしますか。次のア、イから選びましょう。（ イ ）

ア すべての水を水道水と入れかえる。

イ 半分ぐらいの水をくみ置きの水と入れかえる。

(4) めすがうんだたまごとおすが出した精子が結びつくことを、何といいますか。（ 受精 ）

(5) (4)によってできたたまごのことを何といいますか。（ 受精卵 ）

(6) たまごの中のメダカの変化について正しいものを、次のア、イから選びましょう。（ ア ）

ア たまごの中の養分を使って、少しずつメダカのからだができる。

イ 親から養分をもらいながら、小さいメダカが大きくなる。

3 次の図のけんび鏡について、あとの問いに答えましょう。　1つ6〔30点〕

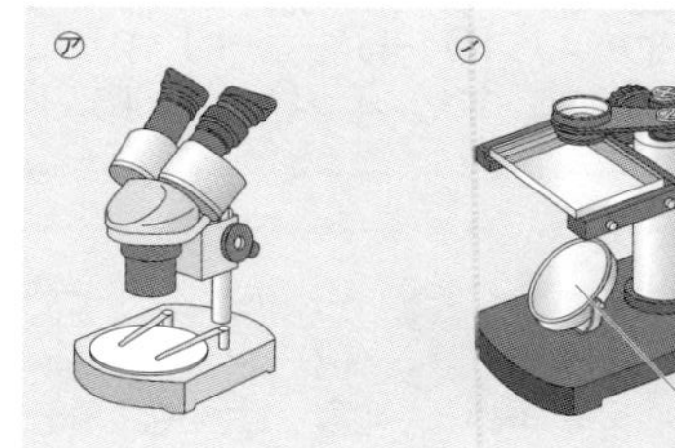

(1) かいぼうけんび鏡を、㋐、㋑から選びましょう。（ ㋑ ）

(2) ㋑のけんび鏡は、どんなところに置いて使いますか。次のア、イから選びましょう。（ ア ）

ア 日光が直接当たらない、明るいところ。

イ 日光が当たらない、暗いところ。

(3) ㋑のけんび鏡では、あの向きで明るさを調節します。あを何といいますか。（ 反しゃ鏡 ）

(4) ㋑のけんび鏡について、次のア～エをそうさの順にならべましょう。（ ウ → エ → イ → ア ）

ア レンズを観察する物から遠ざけていき、はっきり見えるところで止める。

イ 真横から見ながら、レンズを観察する物にできるだけ近づける。

ウ あの向きを変えて、見やすい明るさにする。

エ ステージに観察する物をのせる。

(5) 厚みのある物を立体的に観察することができるけんび鏡を、㋐、㋑から選びましょう。（ ㋐ ）

もんだいのてびきは 32 ページ

実力判定テスト　冬休みのテスト①

1 **次の図は、ヘチマやアサガオの花のつくりを表したものです。あとの問いに答えましょう。** 1つ4〔40点〕

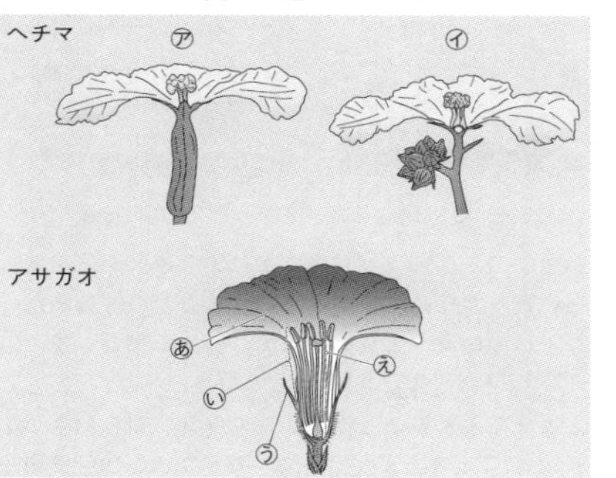

(1) ヘチマの㋐、㋑の花を何といいますか。
㋐（ めばな ）㋑（ おばな ）

(2) アサガオの花のあ～えのつくりを何といいますか。
あ（ 花びら ）い（ おしべ ）
う（ がく ）え（ めしべ ）

(3) いの先についている粉のような物を何といいますか。（ 花粉 ）

(4) (3)の粉がえの先につくことを何といいますか。（ 受粉 ）

(5) (4)が起こると、えのもとの部分は何になりますか。（ 実 ）

(6) (5)の中には何ができますか。（ 種子 ）

2 **右の図のようなけんび鏡について、次の問いに答えましょう。** 1つ5〔25点〕

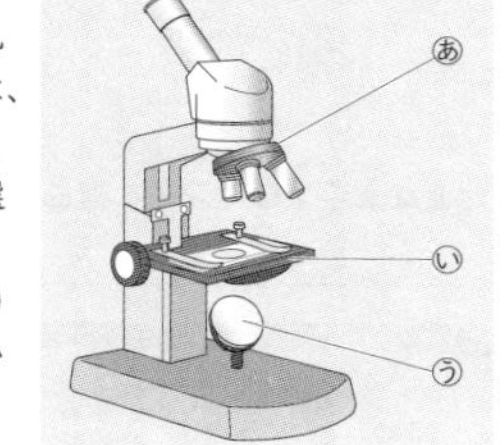

(1) 接眼レンズをのぞいたときに明るく見えるようにするには、どの部分を調節しますか。あ～うから選びましょう。（ う ）

(2) (1)の部分を何といいますか。（ 反しゃ鏡 ）

(3) 接眼レンズの倍率が15倍、対物レンズの倍率が10倍のとき、けんび鏡の倍率は何倍ですか。（ 150倍 ）

(4) よく見えるように調節するとき、どうしますか。次の（　）に当てはまる言葉を書きましょう。

接眼レンズをのぞきながら①（ 調節ねじ ）を回し、プレパラートを対物レンズから少しずつ②（ 遠ざけ ）ながら、よく見えるところで止める。

3 **台風について、次の問いに答えましょう。** 1つ5〔15点〕

(1) 台風はどこで発生しますか。次のア～ウから選びましょう。（ イ ）
ア 日本の北の方　イ 日本の南の方
ウ 日本の東の方

(2) 台風が近づくと、風の強さはどうなりますか。（ 強くなる。 ）

(3) 台風によるめぐみには、どんなことがありますか。次のア～ウから選びましょう。（ ア ）
ア ふった雨によって、ダムの水がふえる。
イ 強い風がふいて、木がたおれる。
ウ 大雨によって、山のがけがくずれる。

4 **右の㋐～㋒は、山の中の川、平地へ流れ出たあたりの川、平地の川の、それぞれの石の写真です。次の問いに答えましょう。** 1つ5〔20点〕

(1) ㋐～㋒は、山の中、平地へ流れ出たあたり、平地のうち、どこで見られますか。
㋐（ 山の中 ）
㋑（ 平地 ）
㋒（ 平地へ流れ出たあたり ）

(2) 次のア、イのうち、㋑の石のようすとして当てはまるほうを選びましょう。（ イ ）
ア 角ばっていて大きい。
イ まるくて小さい。

実力判定テスト　冬休みのテスト②

1 **次の図の㋐～㋒付近での川のようすについて、あとの問いに答えましょう。** 1つ5〔30点〕

(1) 川の流れが速く、川はばがせまくなっているのは、㋐、㋒のどちらですか。（ ㋐ ）

(2) 流れる水の3つのはたらきのうち、㋐で大きいはたらきは何ですか。2つ答えましょう。（ しん食 ）（ 運ぱん ）

(3) 流れる水の3つのはたらきのうち、㋒で大きいはたらきは何ですか。（ たい積 ）

(4) ㋑で、川岸がけずられているのは、あ、いのどちら側ですか。（ い ）

(5) 川の水による災害から生命を守るため、けずられた土や石が、下流にいちどに流れるのを防ぐダムを何といいますか。（ さ防ダム ）

2 **物が水にとけた液について、次の問いに答えましょう。** 1つ8〔40点〕

(1) 物が水にとけた液を何といいますか。（ 水よう液 ）

(2) 物が水にとけた液は、すき通っていますか、にごっていますか。（ すき通っている。 ）

(3) 100gの水に10gの食塩をとかしました。できた液の重さは何gですか。（ 110g ）

(4) 20℃の水50mLに食塩をとかしました。食塩のとける量に限りはありますか。（ ある。 ）

(5) 20℃の水50mLにミョウバンをとかしました。ミョウバンのとける量に限りはありますか。（ ある。 ）

3 **次のグラフは、50mLの水にとけるミョウバンと食塩の量を、水の温度を変えて調べた結果を表したものです。あとの問いに答えましょう。** 1つ5〔30点〕

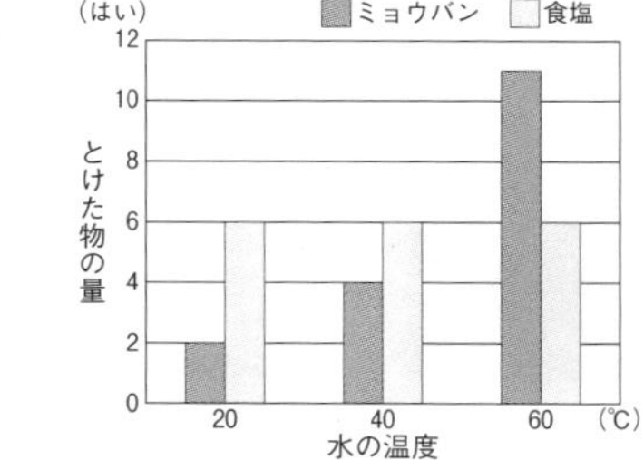

(1) 水の温度を上げると、ミョウバンのとける量はどうなりますか。（ ふえる。 ）

(2) 水の温度を上げると、食塩のとける量はどうなりますか。（ (ほとんど)変わらない。 ）

(3) 食塩のとける量をふやしたいとき、水の量をどうすればよいですか。（ ふやす。 ）

(4) ミョウバンをとけ残りが出るまでとかした水よう液の温度を下げました。とけていたミョウバンをとり出すことができますか。（ できる。 ）

(5) ミョウバンをとけ残りが出るまでとかした水よう液から水をじょう発させました。とけていたミョウバンをとり出すことができますか。（ できる。 ）

(6) 食塩をとけ残りが出るまでとかした水よう液からとけている食塩をとり出すには、どうすればよいですか。（ 水よう液から水をじょう発させる。 ）

もんだいのてびきは 32 ページ

実力判定テスト　学年末のテスト①

1 右の図は、母親の体内で育つ子どものようすです。次の問いに答えましょう。　1つ7〔35点〕

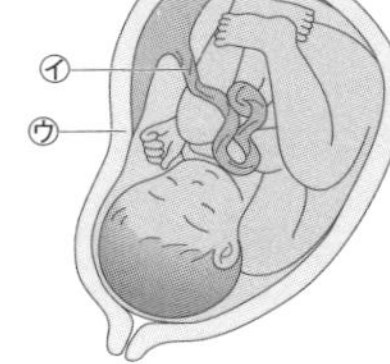

(1) 人の受精卵は、母親の体内の何というところで育ちますか。　（　子宮　）

(2) (1)の中を満たし、子どもを守るはたらきをする液体を何といいますか。　（　羊水　）

(3) 母親から運ばれてきた養分と、子どもから運ばれてきたいらない物を交かんしている部分を、図の㋐～㋒から選びましょう。　（　㋐　）

(4) (3)の部分と子どもをつなぎ、養分などを運んでいる部分を何といいますか。　（　へそのお　）

(5) 受精してから約何週で子どもがたんじょうしますか。次のア～エから選びましょう。　（　ウ　）

ア　約4週　　イ　約16週
ウ　約38週　　エ　約60週

2 電磁石について、次の問いに答えましょう。　1つ5〔30点〕

(1) 電磁石は、どんなときに磁石の性質をもちますか。
（　電流が流れているとき。　）

(2) 長さと太さが同じ導線を使って、次の図のような電磁石をつくりました。電磁石がいちばん強いものを、㋐～㋓から選びましょう。　（　㋓　）

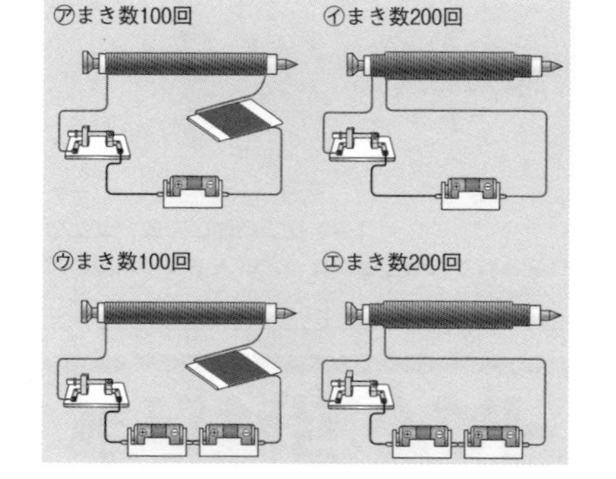

(3) 電磁石を強くするには、どうすればよいですか。2つ答えましょう。
（　電流を大きくする。　）
（　導線のまき数を多くする。　）

(4) 電磁石のN極とS極を反対にするには、電流が流れる向きをどうすればよいですか。
（　反対にする。　）

(5) 身のまわりには電磁石の性質を利用したさまざまな物があります。次のア～ウのうち、電磁石を使っている物を選びましょう。　（　ウ　）

ア　実験用ガスこんろ
イ　方位磁針
ウ　モーター

3 次の図のふりこの1往復する時間について、あとの問いに答えましょう。　1つ7〔35点〕

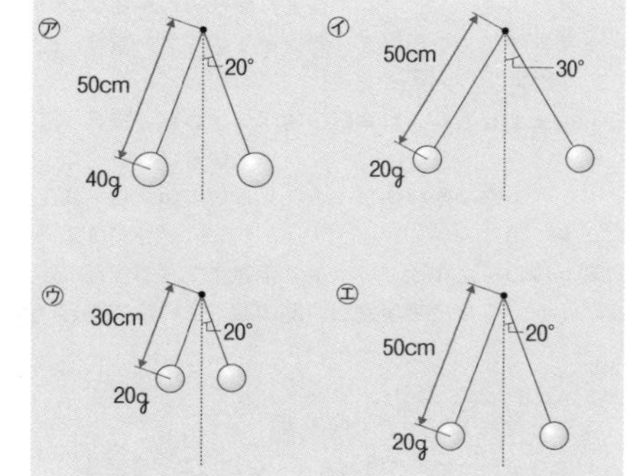

(1) ふりこの1往復する時間と次の①～③との関係を調べたいとき、それぞれ㋐～㋓のどれとどれを比べますか。

① おもりの重さ　（　㋐　と　㋓　）
② ふれはば　（　㋑　と　㋓　）
③ ふりこの長さ　（　㋒　と　㋓　）

(2) ふりこの1往復する時間は、何によって変わりますか。　（　ふりこの長さ　）

(3) ふりこの1往復する時間を長くするには、どうすればよいですか。
（　ふりこの長さを長くする。　）

実力判定テスト　学年末のテスト②

1 次の問いに答えましょう。　1つ5〔40点〕

(1) 春のころの日本付近の天気は、およそどの方位からどの方位へ変わっていきますか。
（　西　から　東　）

(2) 植物の発芽に必要なものを、ア～オからすべて選びましょう。　（　イ、エ、オ　）

ア　日光　イ　水　ウ　肥料
エ　空気　オ　適当な温度

(3) 植物の成長と日光との関係を調べるとき、変える条件と変えない条件は何ですか。それぞれア～オからすべて選びましょう。

ア　日光　イ　水　ウ　肥料
エ　空気　オ　温度

変える条件（　ア　）
変えない条件（　イ、ウ、エ、オ　）

(4) メダカを飼うとき、水そうはどんなところに置きますか。
（　日光が直接当たらない、明るいところ。　）

(5) メダカのめすがうんだたまごとおすが出した精子が結びついてできたたまごを何といいますか。
（　受精卵　）

(6) 植物で、めしべのもとの部分がふくらんで実ができるためには、何が起こることが必要ですか。
（　受粉　）

(7) 植物の実の中には何ができますか。
（　種子　）

2 60℃の水50mLを入れたビーカーを2つ用意し、1つには食塩を、もう1つにはミョウバンをとけるだけとかしました。次の問いに答えましょう。　1つ9〔36点〕

(1) 2つの水よう液を20℃まで冷やしました。2つの水よう液のようすはどうなりますか。ア～エから選びましょう。　（　エ　）

ア　食塩もミョウバンも出てくる。
イ　食塩もミョウバンも出てこない。
ウ　食塩は出てくるが、ミョウバンは出てこない。
エ　食塩はほとんど出てこないが、ミョウバンは出てくる。

(2) 2つの水よう液からそれぞれ水をじょう発させました。食塩とミョウバンはそれぞれ出てきますか。
（　食塩もミョウバンも出てくる。　）

(3) とけ残った物をろ紙でこして、固体と液体に分ける方法を何といいますか。
（　ろ過　）

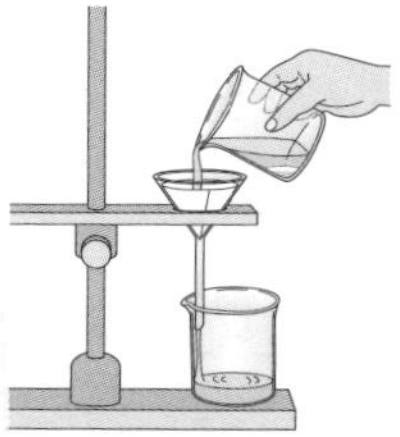

(4) 右の図は、(3)のそうさを表していますが、まちがっているところがあります。それはどんなことですか。
（　ガラスぼうを使わずに、液をろうとに入れていること。　）

3 右の写真は、こう水を防ぐためのくふうを表したものです。次の問いに答えましょう。　1つ8〔24点〕

(1) このくふうを何といいますか。ア～ウから選びましょう。　（　ウ　）

ア　ブロック
イ　さ防ダム
ウ　ダム

(2) (1)のくふうは、どんなはたらきをしていますか。ア～ウから選びましょう。　（　ウ　）

ア　ふだんは公園として利用されているが、大雨がふると、水を一時的にためる。
イ　川の水がふえると、その水を地下の水そうにたくわえる。
ウ　雨水をたくわえることで、下流にいちどに大量の水が流れるのを防ぐ。

(3) 台風などにより、短い時間に多くの雨がふったときに、こう水が起こりやすくなります。川を流れる水の量がふえると、しん食と運ぱんのはたらきはどうなりますか。
（　大きくなる。　）

もんだいのてびきは 32 ページ

実力判定テスト かくにん! 実験器具の使い方

ろ過のしかた

1 ろ紙の折り方について、①～③に当てはまる言葉をそれぞれ下の[　]から選びましょう。

折り目がつくように折る。	先に半分に折ったときとはちがい、中心側に折り目をつけないようにする。	①が一重だけの部分と、三重に重なる部分ができるように開く。	開いた①の大きさは、②よりも小さくなっている。	①と②がぴったりとつくようにする。
① ろ紙 を半分に折る。	さらに半分に軽く折る。	①を開く。	開いた①を ② ろうと におしつける。	①を ③ 水 でぬらす。

画用紙　ろ紙　メスシリンダー　ろうと
水　アルコール

ろ過のしかたは、中学校の理科でも学習するよ。わすれないでね！

2 ろ過のしかたについて、あとの問いに答えましょう。

液はガラスぼうに伝わらせて、③(勢いよく (少しずつ))注ぐ。

ろうとの先の長い方をビーカーの内側に②((つける) つけない)。

ガラスぼうは①((ア) イ)のようにつける。

(1) ガラスぼうは、ろ紙にどのようにつけますか。①の(　)のうち、正しいほうを◯で囲みましょう。

(2) ろうとの先は、どのようにしますか。②の(　)のうち、正しいほうを◯で囲みましょう。

(3) 液は、どのように注ぎますか。③の(　)のうち、正しいほうを◯で囲みましょう。

(4) ろ過した液体は、どのように見えますか。次のア～ウから選びましょう。　(イ)

ア　にごって見える。
イ　すき通って見える。
ウ　にごっている部分とすき通っている部分が見える。

実力判定テスト かくにん! 数や量の平均

平均

たいせつ
さまざまな大きさの数や量をならして、同じ大きさにしたものを平均といいます。
平均は、次の式で求めることができます。
平均＝(数や量の合計)÷(数や量の個数)

例　走りはばとびを3回行ったところ、1回目が2.5m、2回目が2.7m、3回目が2.3mだった。3回の平均は、
(2.5＋2.7＋2.3)÷3＝2.5m

1 図のように、ストップウォッチを使って、ふりこの1往復する時間を求めました。あとの問いに答えましょう。

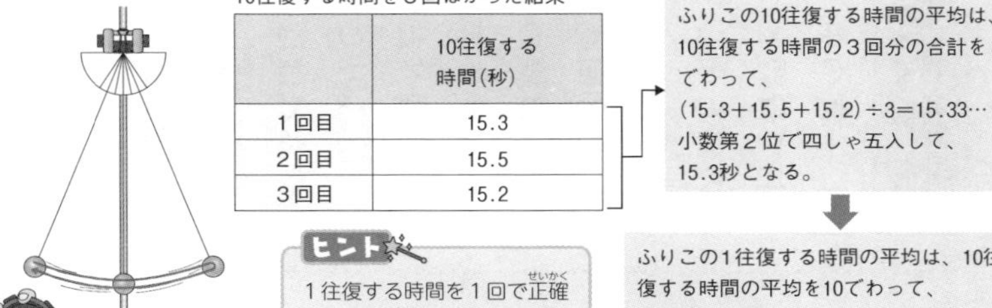

10往復する時間を3回はかった結果

	10往復する時間(秒)
1回目	15.3
2回目	15.5
3回目	15.2

ふりこの10往復する時間の平均は、10往復する時間の3回分の合計を3でわって、
(15.3＋15.5＋15.2)÷3＝15.33…
小数第2位で四しゃ五入して、15.3秒となる。

↓

ふりこの1往復する時間の平均は、10往復する時間の平均を10でわって、
15.3÷10＝1.53
小数第2位で四しゃ五入すると、ふりこの1往復する時間は1.5秒となる。

ヒント
1往復する時間を1回で正確にはかるのはむずかしいから、10往復する時間をはかって、平均を求めるといいよ！

(1) みかん5個の重さをはかると、それぞれ95g、103g、101g、99g、93gでした。これらのみかんの平均の重さは何gですか。小数第1位で四しゃ五入した重さを答えましょう。　(98g)

(2) 図と同じように、ふりこが1往復する時間を求めました。次の①～⑥に当てはまる数字をそれぞれ[　]に書きましょう。ただし、②は小数第2位まで書きましょう。

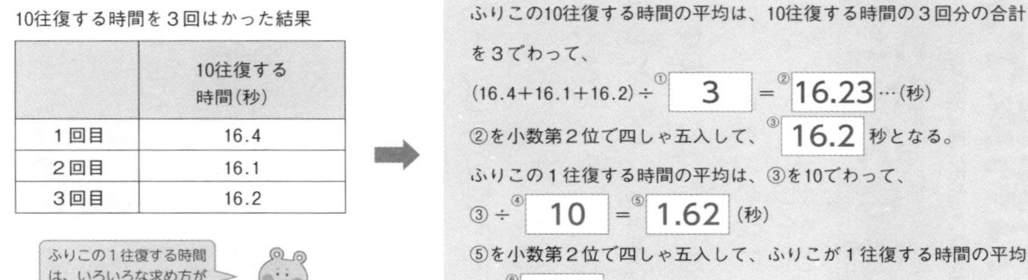

10往復する時間を3回はかった結果

	10往復する時間(秒)
1回目	16.4
2回目	16.1
3回目	16.2

ふりこの1往復する時間は、いろいろな求め方があるよ。

ふりこの10往復する時間の平均は、10往復する時間の3回分の合計を3でわって、
(16.4＋16.1＋16.2)÷① 3 ＝② 16.23 …(秒)
②を小数第2位で四しゃ五入して、③ 16.2 秒となる。
ふりこの1往復する時間の平均は、③を10でわって、
③÷④ 10 ＝⑤ 1.62 (秒)
⑤を小数第2位で四しゃ五入して、ふりこが1往復する時間の平均は、⑥ 1.6 秒となる。

もんだいのてびきは32ページ

実力判定テスト もんだいのてびき

夏休みのテスト①

1 (1)(2)空全体を10としたとき、雲のしめる量が9～10のときを「くもり」とします。0～8のときは「晴れ」とします。雨がふっていれば雲の量に関係なく「雨」とします。

2 雲が西から東へと動くので、天気も西から東へと変わります。

3 (2)冷ぞう庫の中は、ドアをしめると暗くなるので、㋐と㋒を比べるときは㋐も暗くします。

4 (3)㋑は子葉で、発芽のための養分がふくまれています。(あ)は、養分が使われた後の子葉です。

夏休みのテスト②

1 (1)(2)調べる条件だけを変えている2つを比べます。

2 (4)(5)めすのうんだたまごとおすの出した精子が受精すると、受精卵ができます。

冬休みのテスト①

1 (3)(4)おしべの先はふくろのようになっていて、その中に花粉が入っています。花粉はこのふくろから出されてめしべの先につきます。このことを受粉といいます。

2 (3)接眼レンズと対物レンズの倍率より、けんび鏡の倍率は、15×10＝150(倍)　です。

3 (1)台風は日本のはるか南の海上で発生し、主に夏から秋にかけて日本に近づきます。

4 (2)㋐の大きな石は角ばっていますが、㋑の小さい石にはまるみがあります。

冬休みのテスト②

2 (3)水よう液の重さは、水の重さととかした物の重さの和なので、100＋10＝110(g)

3 (1)(2)水の温度を上げたとき、ミョウバンのとける量はふえますが、食塩のとける量はほとんど変わりません。

(4)(6)ミョウバンは、水よう液の温度を下げると出てきますが、食塩は、水よう液の温度を下げてもあまり出てきません。

学年末のテスト①

1 子宮の中にいる子どもは、たいばんとへそのおで母親とつながっていて、たいばんからへそのおを通して、成長に必要な養分などを母親から受けとっています。

2 (2)(3)回路に流れる電流が大きくなるほど、また、導線のまき数が多くなるほど、電磁石は強くなります。

3 (1)調べたい条件だけがちがう2つを比べます。

(2)ふりこが1往復する時間は、おもりの重さやふれはばによっては変わりません。ふりこの長さによって変わります。

学年末のテスト②

1 (2)発芽には、水、空気、適当な温度が必要です。日光や肥料は、成長に関係しています。

(6)(7)受粉すると、めしべのもとの部分が実になり、中に種子ができます。

2 (1)(2)ミョウバンは水よう液の温度を下げても水をじょう発させても出てきます。食塩は水よう液から水をじょう発させると出てきます。

(4)ろうとに液を入れるときは、液をガラスぼうに伝わらせて少しずつ入れます。

3 (3)流れる水の量がふえると、しん食、運ぱんのはたらきはそれぞれ大きくなります。

かくにん! 実験器具の使い方

1 ろ紙は、2回折った物を開いてからろうとにつけます。開いたろ紙を水でぬらすと、ろ紙とろうとがぴったりとつきます。

2 (4)ろ過をすると、液体に混ざっていた固体がろ紙の上に残り、ビーカーにはすき通った液体がたまります。

かくにん! 数や量の平均

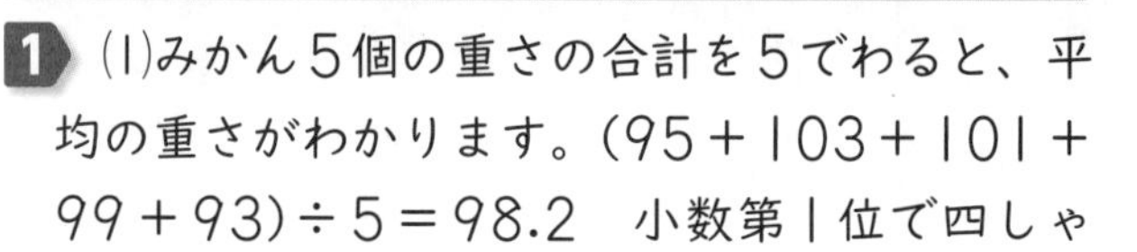

1 (1)みかん5個の重さの合計を5でわると、平均の重さがわかります。(95＋103＋101＋99＋93)÷5＝98.2　小数第1位で四しゃ五入すると、98gとなります。

3 2 1 0 9 8 7 6 5 4
＊ ＊ D C B A